兽医临床诊疗技术

◎ 李善春　主编

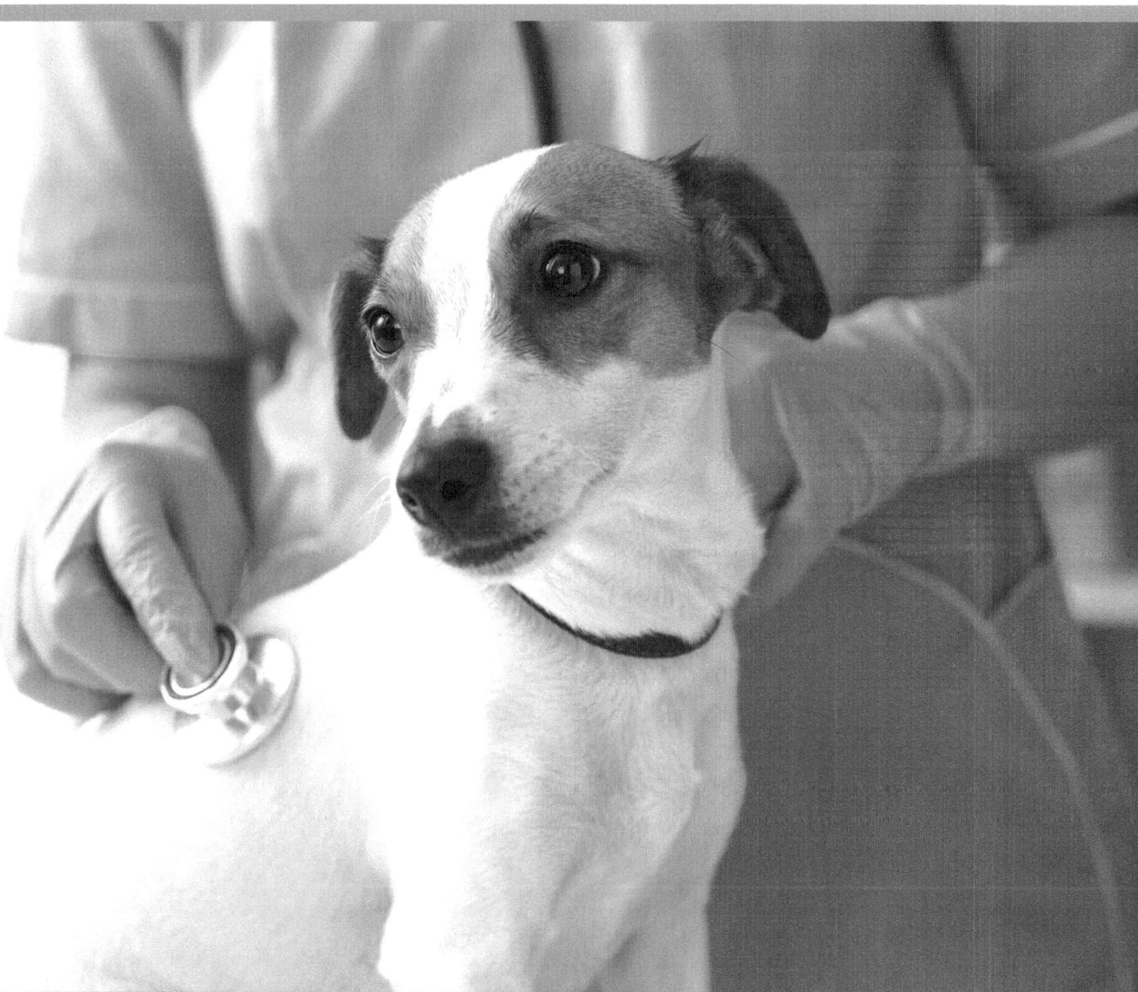

中国农业科学技术出版社

图书在版编目(CIP)数据

兽医临床诊疗技术 / 李善春主编 . --北京：中国农业科学技术出版社，2024. 9. --ISBN 978-7-5116-7097-7

Ⅰ. S854

中国国家版本馆 CIP 数据核字第 2024W4G661 号

责任编辑 张诗瑶
责任校对 李向荣
责任印制 姜义伟　王思文

出 版 者 中国农业科学技术出版社
北京市中关村南大街 12 号　　邮编：100081
电　　话 (010) 82106625 (编辑室)　　(010) 82106624 (发行部)
(010) 82109709 (读者服务部)
网　　址 https://castp. caas. cn
经 销 者 各地新华书店
印 刷 者 中煤(北京)印务有限公司
开　　本 185 mm×260 mm　1/16
印　　张 15
字　　数 346 千字
版　　次 2024 年 9 月第 1 版　2024 年 9 月第 1 次印刷
定　　价 38. 00 元

编写人员

主　编　李善春

副主编　李　凯　杨启林　段成文

参　编　林伟山　李国才　炊文婷　董宝霞

魏　斌　常永芳　马春花　陈　璟

陈　瑾　吴祥财　王永科　曹振民

贺海萍　高明艳　唐　洁

前言

为了满足社会需求，现代畜牧业生产格局也正在形成，随着我国畜牧业及宠物行业的快速发展，亟须培养一批具备兽医临床诊疗技术技能的新型高素质人才。兽医临床诊疗技术是现代动物医学的专业核心基础课程之一，是集理论性与应用性于一体的职业课程。本课程主要学习动物疾病诊断和治疗的理论和技术，是兽医专业职业素质基础课程与职业素质能力课程的桥梁，是进一步学习动物疾病防治相关课程的基础。

本教材以任务为导向，以动物疾病诊疗为工作过程，以临床实际案例为载体，以学做一体化的教学实训室为诊治与学习场所，对课程内容进行整合。通过教学模式设计、教学方法设计、教学手段灵活运用、教学目标开放性设计、教学考核方法改革等，保证学生综合能力的全面培养。此外，积极探索以实践能力考核为主的课程评价方法，切实提高学生的职业能力和就业竞争力。

本教材结合国内高校实际教学条件，重点介绍了牛、羊、猪、禽、犬、猫等动物临床常见疾病诊疗方法。为了便于授课和学习，本教材根据实训内容和操作技能的训练，基于兽医临床诊疗技术的授课内容，共分为六个项目。各项目均结合疾病诊疗实际情况，从诊断方法入手，以项目导读、知识目标、技能目标、素养目标、思政目标、任务训练、项目检测为主线，划定不同的任务，学生以完成任务为目的，掌握相应的理论知识和技能。为了便于学生知识的迁移，每个任务中囊括了动物解剖生理、动物病理、动物内科、动物药理等专业基础知识和基本技能。

本教材分为六个项目，项目一与项目二由李善春完成。项目三与项目四由李凯、杨启林及段成文完成。项目五与项目六由其他人员完成。李善春为主编，单位为青海农牧科技职业学院；李凯、杨启林、段成文为副主编，李凯单位为大通县农业农村局，杨启林、段成文单位为青海农牧科技职业学院。参编有林伟山（青海畜牧兽医科学院）、李国才（青海省湟源县申中乡畜牧兽医站）、炊文婷（青海省动物疫病预防控制中心）、董宝霞（化隆县农业农村和科技局）、魏斌（青海省湟源县寺寨乡畜牧兽医站）、常永芳（平安区农业农村和科技局）、马春花（大通县农业农村局）、唐洁（平安区古城乡畜牧兽医站），其余参编人员单位均为青海农牧科技职业学院（陈璟、陈瑾、吴祥财、王永科、曹振民、贺海萍、高明艳）。

本教材在编写过程中，参阅了大量的参考资料及相关书籍，在此向相关作者表示真诚的感谢。由于本教材涉及的学科较多，知识内容范围较广，有不足之处，请广大师生、读者及同行批评指正。

编　者

2024 年 1 月

目 录

项目一　兽医临床一般检查技术

项目导读

本项目内容包括动物临床检查、动物疾病处理方法等。主要使学生具备基本疾病处置的能力，从而逐步培养学生收集和处理信息、分析和解决问题的能力。

知识目标

（1）掌握动物疾病临床检查的基本程序。

（2）掌握动物疾病临床检查的基本方法和特征症状的临床意义。

（3）掌握动物全身状态及被毛皮肤的检查。

（4）掌握眼结膜及浅表淋巴结的检查。

（5）熟悉体温、脉搏及呼吸的测定方法。

技能目标

（1）安全地接近动物并实施有效的保定措施。

（2）通过临床检查收集动物发病症状，并对症状进行综合分析与归类。

（3）针对常见患病动物临床病症做出分析诊断，并给出初步诊断结果。

（4）熟练掌握临床一般检查各项技能。

素质目标

（1）培养热爱本专业技术工作，具有良好的职业道德。

（2）具有团队精神和协作能力，培养学生的敬业精神。

（3）具有较强的自我知识更新意识、创新意识和创业能力及关爱动物的理念。

（4）掌握实验室化验技术及指标分析的能力，培养学生正确使用仪器的意识、保持实验室卫生的意识等。

（5）通过体验兽医临床实训过程与方法，理解临床技术本质，培养学生临床动手能力及科学探究能力。

思政目标

（1）培养学生的工匠精神。

（2）在实验室检查中培养学生严谨的科学态度。

（3）培养学生的职业精神，做好农牧人、干好农牧事。

（4）培养学生的安全意识。

任务一　全身状态的观察

任务导入

犬，3岁，食欲不振，骨骼凸显，被毛杂乱、干燥易断、无光泽，饮水减少，身体消瘦，脂肪蓄积量低，运动姿势无异常，根据兽医一般检查技术得出诊断结果。

根据任务情况，完成表1-1-1的任务工单。

表1-1-1　任务工单

<table>
<tr><td>班级：</td><td colspan="2">姓名：</td><td>学号：</td></tr>
<tr><td>任务名称</td><td colspan="3">全身状态的观察</td></tr>
<tr><td>任务描述</td><td colspan="3">根据实际情况，填写本任务的内容、目的、流程和方法。
任务内容：根据对犬全身状态的观察，得出合理的诊断结果。
任务目的：锻炼学生整体观察和分析能力。
任务流程：皮肤、被毛的观察；肌肉脂肪的观察；运动姿势的观察。
任务方法：视诊、触诊。</td></tr>
<tr><td>获取信息</td><td colspan="3">要完成任务，需要掌握相关的知识。请收集资料，回答以下问题。
1. 查阅整体状态检查内容。
2. 营养状态判定标准是什么？
3. 异常运动姿势有哪些？</td></tr>
<tr><td>制订计划</td><td colspan="3"></td></tr>
</table>

续表

<table>
<tr><td>班级：</td><td colspan="2">姓名：</td><td colspan="2">学号：</td></tr>
<tr><td rowspan="6">任务实施</td><td colspan="4">按照预先制订的工作计划，完成本任务，并记录任务实施过程。</td></tr>
<tr><td>序号</td><td>完成的任务</td><td>遇到的问题</td><td>解决办法</td></tr>
<tr><td></td><td></td><td></td><td></td></tr>
<tr><td></td><td></td><td></td><td></td></tr>
<tr><td></td><td></td><td></td><td></td></tr>
<tr><td></td><td></td><td></td><td></td></tr>
</table>

任务准备

- **知识准备**

一、精神状态检查

在自然状态下，对动物不加保定和控制，让其自由活动，注意观察动物的神态，根据其耳、眼的活动，面部表情及各种反应、动作而判定。

1. 兴奋状态

患病动物呈现惊恐不安、前冲后撞、竖耳刨地，甚至攀登饲槽。牛则瞪眼怒视、哞叫，甚至攻击人和动物；猪有时伴有癫痫样动作，主要见于脑及脑膜炎症、日射病与热射病以及某些中毒病等；典型的狂躁行为是狂犬病的特征。

2. 抑制状态

患病动物精神沉郁，重则嗜睡，甚至呈现昏迷状态，沉郁时可见离群呆立萎靡不振，头低耳，对刺激反应迟钝。猪多表现为独居一隅或钻入垫草；鸡常缩颈闭眼，两翅下垂，主要见于各种热性病、消耗性疾病和衰竭性疾病。

二、营养状态检查

主要根据动物肌肉的丰满程度、皮下脂肪的蓄积量及被毛情况而判定动物的营养状况。根据动物肌肉的丰满程度、皮下脂肪的蓄积量及被毛的状态和光泽，可将动物的营养状态分为营养良好、营养中等和营养不良三级。

(1) 营养良好的动物，肌肉丰满，皮下脂肪充盈，结构匀称，骨不显露，皮肤富有弹性，被毛有光泽。

(2) 营养不良的动物，消瘦，毛焦肷吊，皮肤松弛缺乏弹性，骨骼显露明显。常见于消化不良、长期腹泻、代谢障碍和慢性传染病和寄生虫病（如结核、鼻疽及肝片吸虫病等）。

(3) 营养中等的表现则介于两者之间。

三、体格发育状况检查

主要根据骨骼的发育程度及躯体的大小而确定，要注意患病动物的头、颈、躯干及四肢、关节各部的发育情况及其形态比例关系。必要时测量体长、体高、胸围等体尺。

四、姿势与步态检查

主要观察动物运动中或休息状态下所表现的姿态。注意识别特征性的异常姿态，临床上常见异常姿势如下。

1. 强迫姿势

其特征为头颈平伸、背腰僵硬、四肢僵直、尾根举起，呈典型的“木马样”姿势，常见于破伤风。

2. 异常站立

如单肢疼痛则患肢提起，不愿负重；两前肢疾病则两后肢极力前伸，两后肢疼痛则两前肢极力后移，以减轻病肢负重，多见于蹄叶炎；风湿症时，四肢频频交替负重，站立困难。

鸡两腿前后叉开，则为马立克病的表现，站立不稳，躯体歪斜，倚柱靠壁站立，常见于脑病或中毒。鸡扭头曲颈，可见于鸡新城疫、B 族维生素缺乏等。

3. 骚动不安

骚动不安常为腹痛的特有症状。

4. 异常躺卧

患病动物躺卧不能站立，常见于奶牛生产瘫痪、佝偻病的后期、仔猪低血糖症等；后躯瘫痪见于脊髓损伤、肌麻痹等。

5. 运步异常

患病动物运动受限，常见于四肢病，如蹄病、牛肩骨移位、习惯性髌骨脱位；步态不稳多为脑病或中毒，也可见于垂危患病动物。

- **工具准备**

实验动物、保定用具、工作服、消毒用品、动物医院或临床检查室。

- **人员准备**

人员分组，每组 5 人，明确职责分工（表 1–1–2）。

表 1–1–2　任务分配

任务角色	任务内容
组长：	任务：
组员 1：	任务：
组员 2：	任务：
组员 3：	任务：
组员 4：	任务：

任务筹划

一、方法筹划

（1）触诊。了解不同的触诊方法以及触感的分类，并针对不同部位触摸感觉。
（2）视诊。了解个体视诊和群体视诊的区别和营养状态的视诊判断标准。

二、流程筹划

第一步：利用一般检查内容对病犬进行全面检查，得出初步诊断结果。
第二步：利用触诊和视诊的方法观察是否精神异常及对外界刺激的敏感性。
第三步：观察运动姿势是否异常。
第四步：判定体格发育状况并做出综合判定。

任务实施

根据任务筹划情况，完成表 1-1-3 的任务实施步骤。

表 1-1-3　任务实施步骤

步骤	任务内容
步骤一	
步骤二	
步骤三	
步骤四	
步骤五	
步骤六	

任务评价

根据任务完成情况，完成任务评价（表 1-1-4）。

表 1-1-4　工作任务完成过程评价

班级：	组别：	姓名：		
项目	评分标准	自我评价	小组评价	教师评价
资料收集（30 分）	优秀：操作熟练，分析合理，判断准确（25~30 分）			
	良好：操作较熟练，报告较准确清晰（15~25 分）			
	及格：操作不太熟练，报告有少量错误（5~15 分）			
	不及格：操作不熟练，判断不准确（0~5 分）			

续表

班级：		组别：		姓名：
项目	评分标准	自我评价	小组评价	教师评价
检查内容（30 分）	熟悉动物疾病临床检查的基本程序和方法，各种检查操作熟练，对症状的认知（临床意义）明确（0~10 分）			
	营养状态的判定分析（0~10 分）			
	精神状态观察（0~10 分）			
课后评价（40 分）	是否熟悉任务内容（0~10 分）			
	是否能够准确判定营养及精神状态（0~10 分）			
	是否掌握常见患病动物正常运步姿势（0~15 分）			
	实训结束是否打扫卫生及东西归位（0~5 分）			
合计				
自我评价与总结				
教师点评				

任务二　被毛和皮肤的检查

任务导入

鸡群精神沉郁、食欲减少至废绝，体温升高，常甩头发出“咯咯”声，排黄绿色不成型稀粪，被毛粗乱、肛门附近羽毛沾粪便，开始出现零星鸡只瘫痪，2 d 后表现肌肉震颤，病鸡嗉囊积液。病程一般为 5~7 d，康复后出现歪颈、“观星”等神经症状。根据兽医临床一般检查得出诊断结果。

根据任务情况，完成表 1-2-1 的任务工单。

表 1-2-1　任务工单

班级：	姓名：	学号：
任务名称	被毛和皮肤的检查	
任务描述	根据实际情况，填写本任务的内容、目的、流程和方法。 任务内容：根据对鸡异常情况检查，得出合理诊断结果。 任务目的：培养学生对典型病例的认知。 任务流程：皮肤、被毛的观察；通过对肛门羽毛的检查，判定是否腹泻；运动姿势的观察。 任务方法：视诊、触诊。	

续表

<table>
<tr><td>班级：</td><td colspan="2">姓名：</td><td colspan="2">学号：</td></tr>
<tr><td rowspan="1">获取信息</td><td colspan="4">要完成任务，需要掌握相关的知识。请收集资料，回答以下问题。
1. 收集被毛、皮肤检查的内容。
2. 鸡新城疫的典型症状是什么？
3. 皮下组织检查的内容有哪些？</td></tr>
<tr><td>制订计划</td><td colspan="4"></td></tr>
<tr><td rowspan="6">任务实施</td><td colspan="4">按照预先制订的工作计划，完成本任务，并记录任务实施过程。</td></tr>
<tr><td>序号</td><td>完成的任务</td><td>遇到的问题</td><td>解决办法</td></tr>
<tr><td></td><td></td><td></td><td></td></tr>
<tr><td></td><td></td><td></td><td></td></tr>
<tr><td></td><td></td><td></td><td></td></tr>
<tr><td></td><td></td><td></td><td></td></tr>
</table>

任务准备

- **知识准备**

一、鼻盘

健康牛、猪、犬鼻盘均湿润，并附有少量水珠，触诊有凉感。

二、鼻镜及鸡冠的检查

检查牛、猪、犬时，要特别关注鼻镜、鼻盘及鼻尖的观察；而检查鸡时，则应注意冠及肉髯的观察，主要注意检查其颜色、温度、湿度。

三、被毛检查情况

应注意观察被毛的清洁度、光泽、分布状态、完整性及与皮肤结合的牢固性等。检查时还要注意被毛的污染。当患病动物腹泻时，肛门附近、尾部及后肢等可被粪便污染；马骡腹痛病时，可由于起卧、滚转导致被毛被泥土污染。主要通过视诊和触诊进行，应注意起疹等病变。

四、皮肤检查

1. 颜色

白色皮肤或浅色的动物点状出血（指压不褪色）、较大的红色、皮肤黄染或发绀。

2. 温度

用手指或手背触诊检查。

（1）对马可触摸耳根、颈部及四肢。

（2）牛、羊可检查鼻镜、角根、胸侧及四肢。

（3）猪可检查耳及鼻端。

（4）犬、猫可检查耳根、腹部的皮温。

（5）禽可检查肉髯。

3. 湿度

主要通过视诊及触诊进行，主要注意鼻部、腋下及腹股沟部是否有出汗或用手感知被毛的湿度。

4. 弹性

不同动物检查皮肤弹性的部位有所不同，马在颈侧，牛在最后肋骨后部，小动物可在背部。检查方法是将检查部皮肤做一皱襞后再放开，观察其恢复原状的情况。

5. 丘疹、水疱和脓疱

视诊重点观察被毛稀疏处、眼周围、唇、蹄趾间等处是否有丘疹、水疱和脓疱。

五、皮下组织检查

皮下或体表有肿胀时，应注意观察肿胀部位的大小、形状，并触诊判定其内容物性状、硬度、温度、移动性及敏感性等。注意识别肿胀类型及其特征，如皮下浮肿、皮下气肿、脓肿及淋巴外渗等。

- **工具准备**

实验动物、保定用具、工作服、消毒用品、动物医院或临床检查室。

- **人员准备**

人员分组，每组5人，明确职责分工（表1-2-2）。

表 1-2-2　任务分配

任务角色	任务内容
组长：	任务：
组员 1：	任务：
组员 2：	任务：
组员 3：	任务：
组员 4：	任务：

任务筹划

一、方法筹划

（1）触诊。通过触诊检查皮肤的湿度、弹性、硬度、敏感度等。
（2）视诊。了解个体视诊和群体视诊的区别及视诊内容。

二、流程筹划

第一步：对病鸡进行常规的全面检查，做出初步诊断。
第二步：通过触诊和视诊的方法查找是否存在弹性下降、硬度增加的现象。
第三步：观察运动姿势是否异常。
第四步：综合判定，得出结果。

任务实施

根据任务筹划情况，完成表 1-2-3 的任务实施步骤。

表 1-2-3　任务实施步骤

步骤	任务内容
步骤一	
步骤二	
步骤三	
步骤四	
步骤五	
步骤六	

任务评价

根据任务完成情况，完成任务评价（表 1-2-4）。

表 1-2-4 工作任务完成过程评价

班级：	组别：		姓名：	
项目	评分标准	自我评价	小组评价	教师评价
资料收集（30 分）	优秀：操作熟练，分析合理，判断准确（25~30 分）			
	良好：操作较熟练，报告较准确清晰（15~25 分）			
	及格：操作不太熟练，报告有少量错误（5~15 分）			
	不及格：操作不熟练，判断不准确（0~5 分）			
检查内容（30 分）	熟悉动物疾病临床检查的基本程序和方法，各种检查操作熟练，对症状的认知（临床意义）明确（0~10 分）			
	皮肤状态的判定分析（0~10 分）			
	皮下组织的观察（0~10 分）			
课后评价（40 分）	是否熟悉任务内容（0~10 分）			
	是否能够准确判定皮肤状态（0~10 分）			
	是否掌握结节、疱疹形态特征（0~15 分）			
	实训结束是否打扫卫生及东西归位（0~5 分）			
合计				
自我评价与总结				
教师点评				

任务三 眼结膜及浅表淋巴结的检查

任务导入

一只 3 月龄的白色雌性贵宾犬来宠物医院就诊。主诉，病犬在吃了大量肥腻猪肉后，当天出现呕吐、腹泻，随后伴有不食、喜卧、精神欠佳等症状。病犬精神萎靡，消瘦，全身无力，喜卧嗜眠；呕吐，食欲废绝；眼结膜、口腔黏膜及全身皮肤呈鲜亮的黄色，腹部等无毛区更为明显；尿液呈深黄色，粪便稀软发白；体温为 37.2℃，呼吸、心跳均正常。根据兽医常规检查给出诊断结果。

根据任务情况，完成表 1-3-1 的任务工单。

表 1-3-1　任务工单

<table>
<tr><td colspan="2">班级：</td><td colspan="2">姓名：</td><td>学号：</td></tr>
<tr><td>任务名称</td><td colspan="4">眼结膜及浅表淋巴结的检查</td></tr>
<tr><td>任务描述</td><td colspan="4">根据实际情况，填写本任务的内容、目的、流程和方法。
任务内容：根据主诉及检查情况，做出综合分析判定。
任务目的：培养学生对症状的综合分析及判定能力。
任务流程：观察眼结膜、皮肤的颜色；查找黄疸的症状；对肝进行触诊。
任务方法：视诊、触诊。</td></tr>
<tr><td>获取信息</td><td colspan="4">要完成任务，需要掌握相关的知识。请收集资料，回答以下问题。
1. 收集黄疸型肝炎的症状及发病机制。
2. 黄疸判定的标准是什么？
3. 触诊肝有什么变化？</td></tr>
<tr><td>制订计划</td><td colspan="4"></td></tr>
<tr><td rowspan="6">任务实施</td><td colspan="4">按照预先制订的工作计划，完成本任务，并记录任务实施过程。</td></tr>
<tr><td>序号</td><td>完成的任务</td><td>遇到的问题</td><td>解决办法</td></tr>
<tr><td></td><td></td><td></td><td></td></tr>
<tr><td></td><td></td><td></td><td></td></tr>
<tr><td></td><td></td><td></td><td></td></tr>
<tr><td></td><td></td><td></td><td></td></tr>
</table>

任务准备

- **知识准备**

一、眼睑的检查

首先观察眼睑有无肿胀、外伤及眼分泌物的数量、性质，然后再打开眼睑进行检查。

二、马眼结膜的检查法

检查马的眼结膜时，通常检查者站立于马头一侧，一只手持缰绳，另一只手食指第一指节置于上眼睑中央的边缘处，拇指放在下眼睑，其余三指屈曲并放于眼眶上面作为支点，食指向眼窝略加压力，拇指则同时拨开下眼睑即可使结膜露出而检查，如图 1-3-1 所示。

图 1-3-1 马眼结膜的检查方法

三、牛眼结膜的检查法

检查牛时主要观察其巩膜的颜色及其血管情况，检查时可一只手握牛角，另一只手握住鼻中隔并用力扭转其头部，即使巩膜露出；也可用两手握牛角并向一侧扭转，使牛头偏向侧方观察巩膜。检查牛眼睑结膜时，可用大拇指和食指将下眼睑拨开观察，如图 1-3-2 所示。

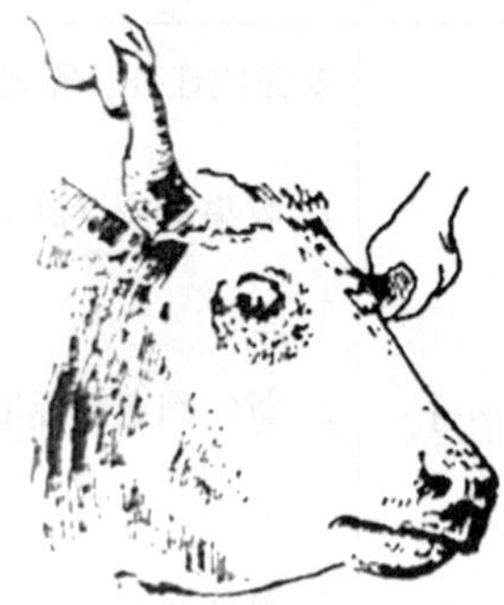

图 1-3-2 牛眼结膜的检查方法

四、眼及眼结膜的病理变化

眼睑及分泌物眼睑肿胀并伴有羞明、流泪，是眼炎或眼结膜炎的特征。轻度的结膜炎症，伴有大量的浆液性眼分泌物，可见于流行性感冒；黄色、黏稠性分泌物，是化脓性结膜炎的标志，常见于某些发热性传染病，如犬瘟热。猪眼大量流泪，可见于流行性感冒。猪眼窝下方有流泪痕迹，提示传染性萎缩性鼻炎。仔猪眼睑水肿，提示水肿病。

1. 结膜苍白

结膜苍白表示红细胞的丢失或生成减少，是各种贫血的表现。急速发生苍白的，见于大失血、肝脾破裂等；逐渐苍白的，见于慢性消耗性疾病，如牛、羊肠道寄生虫病和营养性贫血。

2. 结膜潮红

结膜潮红是血液循环障碍的表现，也见于眼结膜的炎症和外伤。根据潮红的性质，可分为弥漫性潮红和树枝状充血。弥漫性潮红指整个眼结膜呈均匀潮红，见于各种急性热性传染病、胃肠炎、胃肠性腹痛病等；树枝状充血是由于小血管高度扩张、显著充盈而呈树枝状，常见于脑炎及伴有高度血液回流障碍的心脏病。

3. 结膜黄染

结膜呈不同程度的黄色，是由于胆色素代谢障碍，致使血液中胆红素浓度增高，进而渗入组织所致，以巩膜及瞬膜（禽类）处较易发现。引起黄疸的原因为肝实质的病变，胆管被结石、异物或寄生虫所阻塞，大量红细胞被破坏等。

4. 结膜发绀

结膜发绀即结膜呈蓝紫色，主要是由于血液中还原血红蛋白的绝对值增多，见于肺呼吸面积减少和大循环淤血的疾病，如各型肺炎、心力衰竭、中毒（如亚硝酸盐中毒或药物中毒）等。

5. 结膜有出血点或出血斑

结膜呈点状或斑块出血，是由血管壁通透性增大所致。

五、浅表淋巴结浅表的检查

1. 常检查的浅表淋巴结

由于淋巴结体积较小并深埋在组织中，故在临床上只能检查少数淋巴结。牛常检查下颌、肩前、膝上、乳房上淋巴结；猪常检查腹股沟浅淋巴结。

2. 浅表淋巴结的检查方法

检查浅表淋巴结时主要进行触诊。检查时应注意其大小、形状、硬度，敏感性及在皮下的可移动性。

（1）马浅表淋巴结的检查。马常检查下颌淋巴结（位于下颌间隙，正常时为扁平分叶状，较小，不坚实，可向周围滑动）。检查时，一只手持笼头，另一只手伸于下颌间揉捏或擦压。

（2）牛浅表淋巴结的检查。牛常检查颌下、肩前、膝襞、乳房上淋巴结等。

（3）猪浅表淋巴结的检查。猪可单手分别检查两侧腹股沟淋巴结。

（4）犬、猫浅表淋巴结的检查。犬、猫可检查颌下、耳下、肩前、腹股沟淋巴结等。

3. 检查浅表淋巴结常见病理变化

（1）急性肿胀淋巴结体积增大，有热痛反应，质地较硬。可见于炭疽、腺疫及牛梨形虫病等。

（2）慢性肿胀淋巴结多无热痛反应，质地坚硬，表面不平，活动性较差。常见于牛结核及牛的白血病。

- **工具准备**

实验动物、保定用具、工作服、消毒用品、动物医院或临床检查室。

- **人员准备**

人员分组，每组 5 人，明确职责分工（表 1-3-2）。

表 1-3-2 任务分配

任务角色	任务内容
组长：	任务：
组员 1：	任务：

续表

任务角色	任务内容
组员 2：	任务：
组员 3：	任务：
组员 4：	任务：

任务筹划

（一）内容筹划

（1）触诊。通过触诊肝区域，检查大小、敏感度等；通过触诊检查浅表淋巴结的大小、游离度、敏感度等。

（2）视诊。对皮肤、眼结膜进行视诊，观察颜色是否异常。

（二）流程筹划

第一步：对病鸡进行常规的全面检查，做出初步诊断。
第二步：通过触诊和视诊的方法查找是否存在弹性下降、硬度增加的现象。
第三步：观察运动姿势是否异常。
第四步：综合判定，得出结果。

任务实施

根据任务筹划情况，完成表 1-3-3 的任务实施步骤。

表 1-3-3　任务实施步骤

步骤	任务内容
步骤一	
步骤二	
步骤三	
步骤四	
步骤五	
步骤六	

任务评价

根据任务完成情况，完成任务评价（表 1-3-4）。

表 1-3-4 工作任务完成过程评价

班级：	组别：		姓名：	
项目	评分标准	自我评价	小组评价	教师评价
资料收集（30 分）	优秀：操作熟练，分析合理，判断准确（25~30 分）			
	良好：操作较熟练，报告较准确清晰（15~25 分）			
	及格：操作不太熟练，报告有少量错误（5~15 分）			
	不及格：操作不熟练，判断不准确（0~5 分）			
检查内容（30 分）	熟悉动物疾病临床检查的基本程序和方法，各种检查操作熟练，对症状的认知（临床意义）明确（0~10 分）			
	浅表淋巴结状态的判定分析（0~10 分）			
	眼结膜的观察（0~10 分）			
课后评价（40 分）	是否熟悉任务内容（0~10 分）			
	是否能够准确判定眼结膜状态（0~10 分）			
	是否能够准确判定浅表淋巴结是否异常（0~15 分）			
	实训结束是否打扫卫生及东西归位（0~5 分）			
合计				
自我评价与总结				
教师点评				

任务四 体温、脉搏及呼吸数的测定

任务导入

一只犬，体温高达 39.5~41℃，食欲不振，精神沉郁，眼鼻流出水样分泌物，打喷嚏，有腹泻。在以后 2~14 d 内再次出现体温升高，咳嗽，有脓性鼻涕、脓性眼屎，同时继发胃肠道疾病，呕吐、腹泻，食欲废绝。精神高度沉郁，嗜睡。根据所学知识进行初步诊断。

根据任务情况，完成表 1-4-1 的任务工单。

表 1-4-1 任务工单

<table>
<tr><td colspan="2">班级：</td><td colspan="2">姓名：</td><td>学号：</td></tr>
<tr><td>任务名称</td><td colspan="4">体温、脉搏及呼吸数的测定</td></tr>
<tr><td>任务描述</td><td colspan="4">根据实际情况，填写本任务的内容、目的、流程和方法。
任务内容：根据主诉及检查情况，做出综合分析判定。
任务目的：培养学生对特殊病例的感知力。
任务流程：测定体温，观察体温变化；监测呼吸、脉搏变化特点。
任务方法：利用听诊器、体温计进行监测。</td></tr>
<tr><td>获取信息</td><td colspan="4">要完成任务，需要掌握相关的知识。请收集资料，回答以下问题。
1. 收集体温异常的特点及机制。
2. 体温计的使用方法及注意事项有哪些？
3. 各种患病动物体温正常范围是什么？</td></tr>
<tr><td>制订计划</td><td colspan="4"></td></tr>
<tr><td rowspan="6">任务实施</td><td colspan="4">按照预先制订的工作计划，完成本任务，并记录任务实施过程。</td></tr>
<tr><td>序号</td><td>完成的任务</td><td>遇到的问题</td><td>解决办法</td></tr>
<tr><td></td><td></td><td></td><td></td></tr>
<tr><td></td><td></td><td></td><td></td></tr>
<tr><td></td><td></td><td></td><td></td></tr>
<tr><td></td><td></td><td></td><td></td></tr>
</table>

任务准备

- **知识准备**

一、体温的测定

1. 测量方法

家畜主要测直肠温度。首先甩动体温计使水银柱降至 35℃以下，用酒精棉球擦拭消毒并涂以润滑剂后使用。其次应适当地保定被检动物（牛、马站立保定，猪、羊、犬、猫等可站立保定，也可侧卧保定）。在测温时，检查者站在动物的正后方（牛）或侧后方（马），以左手提起其尾根部并稍推向对侧，右手持体温计经肛门慢慢捻转插入直肠中。然后将带线绳的夹子夹于尾毛，经 3～5 min 后取出用酒精棉球擦除粪便或黏附物后读取数值。最后再甩下水银柱并放入消毒瓶内备用。

家禽通常测泄殖腔温度或翼下温度。测翼下温度时，要在测得的结果上加 0.5℃记录测定结果。

2. 正常体温

各种动物正常体温见表 1-4-2。

表 1-4-2　各种动物正常体温

动物种类	体温/℃	动物种类	体温/℃
黄牛、乳牛	37.5～39.5	犬	37.5～39.0
水牛	36.5～38.5	猫	38.5～39.5
牦牛	37.6～38.5	兔	38.0～39.5
绵羊	38.5～40.0	银狐	39.0～41.0
山羊	38.5～40.5	豚鼠	37.5～39.5
猪	38.0～39.5	鸡	40.5～42.0
骆驼	36.0～38.5	鸭	41.0～43.0
鹿	38.0～39.0	鹅	40.0～41.0

受某些生理因素的影响，可引起一定的生理性体温变动。首先是年龄因素，如 6 月龄以内的犊牛，体温可达 40.0℃；2 月龄仔猪体温可达 39.3～40.8℃。其次，性别、品种、营养及生产性能等对体温的生理变动也有一定影响，如一般母畜在妊娠后期体温稍高；高产乳牛比低产乳牛的体温平均高出 0.5～1.0℃，泌乳盛期更为明显；动物的兴奋、运动与使役，以及采食、咀嚼活动之后，体温会暂时性升高 0.1～0.3℃；体温昼夜的变动一般为晨温较低，午后稍高，其温差变动在 1℃以内。

3. 病理变化

（1）体温升高。体温超出正常标准。根据体温升高的程度可分为如下几类。

微热：体温升高 0.5～1℃，如感冒等局限性炎症。

中热：体温升高 1～2℃，见于呼吸道、消化道一般性炎症及某些亚急性、慢性传染病，如小叶性肺炎、支气管炎、胃肠炎及牛结核、布鲁氏菌病。

高热：体温升高 2～3℃，见于急性感染性疾病与广泛性的炎症，如猪瘟、巴氏杆菌病、败血性链球菌病、流行性感冒、大叶性肺炎、急性胸膜炎与腹膜炎。

极高热：体温升高 3℃以上，提示某些严重的急性传染病，如猪丹毒、炭疽、脓毒败血症以及日射病与热射病。

根据热型特点，一般分为稽留热、弛张热、间歇热和不定型热。

稽留热：特点是体温升高到一定高度，可持续数天，而且每天的温差变动范围较小，一般不超过1℃。见于猪瘟、炭疽、大叶性肺炎。

弛张热：特点是体温升高后，每天的温差变动范围较大，常超过1℃以上，但体温并未降至正常。见于败血症、化脓性疾病、支气管肺炎。

间歇热：特点是高热持续一定时间后，体温下降到正常温度，而后又重新升高，如此有规律地交替出现。见于慢性结核及梨形虫病。

不定型热：体温曲线变化无规律，如发热的持续时间长短不定，每天日温差变化不等，有时极其限，有时则波动很大。多见于一些非典型经过的病，如非典型腺疫和渗出性胸膜炎。

根据发热病程的长短，发热可分为如下三类。

急性发热：一般发热期延续1周至半月，如长达月余则为亚急性发热，可见于多种急性传染病。

慢性发热：一般持续数月甚至1年有余，多提示传染性疾病，如结核、猪肺疫。

一过性热：又称暂时性热，体温1 d内暂时性升高，常见于注射血清、疫苗注射后的一过性反应，或暂时性的消化紊乱。

（2）体温降低。体温低于正常指标，主要见于某些如中枢神经系统疾病、中毒、重度养不良、严重衰竭症、仔猪低血糖症顽固性下痢，以及各种原因引起的大失血、陷入濒死期的患病动物。发热持续一定阶段之后则进入降热期。

依下降的特点，可分为热的渐退与骤退两种。前者表现为在数天内逐渐下降至正常体温，且患病动物的全身状态亦随之逐渐改善而恢复；后者在期内迅速降至正常体温或正常体温以下。例如，热骤退的同时，脉搏数反而增加且患病动物全身状态不见改进甚至恶化，多提示预后不良。

【注意事项】

测温前，应将体温计水银柱甩至35℃以下，用酒精棉球消毒并涂以润剂后使用；测温时，应注意人和动物安全，通常需对患病动物进行简单保定；体温计插入深度适当，大动物插入其全长的2/3，小动物则不宜过深；勿将体温计插入宿粪中，应在排出积粪后进行测定；动物的正常体温，受某些因素的影响，也有如幼龄、运动、使役和外界环境等引起的生理性变动。

二、脉搏的测定

1. 测定方法

马属动物可检颌外动脉。检查者站在马头一侧，一只手握住笼头，另一只手拇指置于下颌骨外侧，食指、中指伸入下颌骨内侧，在下颌骨的血管切迹处，前后滑动，发现动脉管后，用手指轻压即可感知。

牛通常检查尾动脉。检查者站在牛的正后方，左手抬起牛尾，右手拇指放在尾根部的背面，用食指中指在距尾根10 cm左右处尾的腹面检查。

猪、羊及犬、猫等在后肢股内侧的股动脉处检查脉搏时，应待动物安静后再测定。

2. 正常脉搏

各种动物的正常脉搏如表 1-4-3 所示。

表 1-4-3　各种动物的正常脉搏

动物种类	脉搏/(次/min)	动物种类	脉搏/(次/min)
黄牛、奶牛	40~80	骆驼	30~60
水牛	40~60	猫	110~130
羊	60~80	犬	70~120
猪	60~80	兔	120~140
鹿	36~78	禽（心跳）	120~200

3. 病理变化

（1）脉搏增数。见于热性病（热性传染病及非传染性疾病）、心脏病（如心脏衰弱、心肌炎、心包炎）、呼吸器官疾病（如大叶性肺炎、小叶性肺炎及胸膜炎）、各型贫血及失血性疾病、剧烈疼痛性疾病，以及某些毒物中毒或药物的影响（如使用交感神经兴奋剂）。

（2）脉搏减数。主要见于某些脑病（如脑脊髓炎、慢性脑室积水）、中毒（如洋地黄中毒）、胆血症（如胆管阻塞性疾病）以及危重患病动物。在正常情况下，脉搏数的多少受外界温度、动物的运动及使役、年龄、性别、生产性能等多种因素的影响而有所变动。例如，外界温度升高，动物运动及使役，幼龄、母畜、高产乳用动物等脉搏数均有所偏高。

【注意事项】

脉搏检查应待患病动物安静后进行。如无脉感，可用手指轻压脉管后再放松即可感知；当脉搏过于微弱而不感于手时，可用心跳次数代替脉搏；某些生理性因素或药物的影响，如外界温度、动物运动和使役时、恐惧和兴奋时、母畜妊娠后期或使用强心剂等，均可引起脉搏改变。

三、呼吸数的测定

1. 测定方法

一般可根据胸腹部起伏动作而测定，检查者站在动物的侧方，注意观察其胸腹部的起伏，一起一伏为一次呼吸。在寒冷季节也可观察呼出气流来测定。鸡的呼吸次数可观察肛门下部的羽毛起伏动作来测定。测定每分钟的呼吸次数，以“次/min”表示。

2. 正常呼吸数

各种动物的正常呼吸数如表 1-4-4 所示。

表 1-4-4　各种动物的正常呼吸数

动物种类	呼吸数/(次/min)	动物种类	呼吸数/(次/min)
黄牛、奶牛	10~30	骆驼	6~15
水牛	10~40	猫	10~30
羊	12~30	犬	10~30
猪	18~30	兔	50~60
鹿	15~25	禽	15~30

3. 病理变化

(1) 呼吸数增多。见于呼吸器官本身的疾病（如各型肺炎、主要侵害呼吸器官的传染病，如牛结核、牛肺疫、巴氏杆菌病、羊传染性胸膜肺炎、猪流行性感冒、猪支原体病）、寄生虫病（如猪肺线虫病）以及多数发热性疾病心力衰竭、贫血、腹内压增高性疾病、剧痛性疾病、某些中毒症（如亚硝酸盐中毒）。

(2) 呼吸数减少。见于颅内压明显升高（如脑水肿）、某些中毒及重度代谢乱及上呼吸道高度狭窄。

【注意事项】

宜于患病动物休息后测定；必要时可用听诊肺呼吸音的次数代替呼吸数；某些因素可引起呼吸次数增多，如外界温度过高、动物运动和使役时、母畜妊娠及兴奋等。

- **工具准备**

实验动物、保定用具、工作服、体温计、消毒用品、动物医院或临床检查室。

- **人员准备**

人员分组，每组 5 人，明确职责分工（表 1-4-5）。

表 1-4-5　任务分配

任务角色	任务内容
组长：	任务：
组员 1：	任务：
组员 2：	任务：
组员 3：	任务：
组员 4：	任务：

任务筹划

一、内容筹划

(1) 听诊。了解听诊器及体温计的构成、使用方法和注意事项。

（2）视诊。根据观察犬的症状进行分析判定。

二、流程筹划

第一步：学习体温计、听诊器的使用。
第二步：利用体温计、听诊器完成对病犬体温、脉搏和呼吸数的测定。
第三步：对病犬进行常规的全面检查，做出初步诊断。
第四步：利用触诊和视诊的方法找到体温异常的原因。
第五步：得出诊断结果。

任务实施

根据任务筹划情况，完成表 1-4-6 的任务实施步骤。

表 1-4-6　任务实施步骤

步骤	任务内容
步骤一	
步骤二	
步骤三	
步骤四	
步骤五	
步骤六	

任务评价

根据任务完成情况，完成任务评价（表 1-4-7）。

表 1-4-7　工作任务完成过程评价

班级：	组别：		姓名：	
项目	评分标准	自我评价	小组评价	教师评价
资料收集（30 分）	优秀：操作熟练，分析合理，判断准确（25~30 分）			
	良好：操作较熟练，报告较准确清晰（15~25 分）			
	及格：操作不太熟练，报告有少量错误（5~15 分）			
	不及格：操作不熟练，判断不准确（0~5 分）			

续表

班级：	组别：		姓名：	
项目	评分标准	自我评价	小组评价	教师评价
检查内容（30 分）	熟悉动物疾病临床检查的基本程序和方法，各种检查操作熟练，对症状的认知（临床意义）明确（0~10 分）			
	动物体温、脉搏和呼吸数的测定及分析诊断（0~10 分）			
	浅表淋巴结的检查（0~10 分）			
课后评价（40 分）	是否熟悉任务内容（0~10 分）			
	是否能够准确测定动物体温、脉搏和呼吸数（0~10 分）			
	是否掌握各种动物正常体温、脉搏和呼吸数范围（0~15 分）			
	实训结束是否打扫卫生及东西归位（0~5 分）			
合计				
自我评价与总结				
教师点评				

项目检测

请扫描二维码 1-1 进入在线测试，可反复答题，直到获得满意的结果。

二维码 1-1　项目一检测

项目二 动物各系统的临床检查技术

项目导读

本项目内容包括动物各系统的临床检查方法及病理诊断等。主要培养学生处置基本疾病的能力，从而逐步提高学生收集和处理信息、分析和解决问题的能力。

知识目标

（1）掌握动物系统疾病检查的方法和特征症状的临床意义。

（2）掌握各系统检查的方法及手段。

（3）熟悉针对各系统疾病所对应的治疗方案。

（4）能够利用系统检查方法做出初步诊断。

技能目标

（1）通过临床检查收集动物发病症状，并对症状进行综合分析与归类。

（2）针对常见家畜系统疾病做出合理诊断分析，并进行有效治疗。

（3）针对系统疾病准确选用合适的诊断方法。

（4）能够熟练利用听诊器、体温计等常规诊断设备。

素养目标

（1）通过对系统疾病诊断的学习，培养学生的大局意识，使学生理解疾病发生的本质，培养学生对系统疾病的探究能力。

（2）具有团队精神和协作能力，培养学生的敬业精神。

（3）具有较强的自我知识更新意识、创新意识和创业能力及关爱动物的理念。

思政目标

（1）培养学生的职业精神。

（2）引导学生具备团结协作的精神。

(3) 培养学生的安全意识。

任务一　心血管系统的临床检查

任务导入

一只犬，表现出呼吸困难、持续咳嗽、夜间咳嗽、心跳加速、精神不佳、容易疲劳、走路不稳、喜欢躺着、舌头发紫、流口水、食欲减退、身体消瘦、腹部肿胀、黏膜苍白等症状，根据所学知识进行初步诊断。

根据任务情况，完成表 2-1-1 的任务工单。

表 2-1-1　任务工单

<table>
<tr><td colspan="5">班级：　　　　　　　　　　　　姓名：　　　　　　　　　　　　学号：</td></tr>
<tr><td>任务名称</td><td colspan="4">心血管系统的临床检查</td></tr>
<tr><td>任务描述</td><td colspan="4">根据实际情况，填写本任务的内容、目的、流程和方法。
任务内容：根据主诉及检查情况，做出综合分析判定。
任务目的：培养学生对复杂疾病的诊断方法。
任务流程：体温、脉搏和呼吸数的测定；听诊心音，并记录。
任务方法：利用听诊器、体温计进行监测。</td></tr>
<tr><td>获取信息</td><td colspan="4">要完成任务，需要掌握相关的知识。请收集资料，回答以下问题。
1. 收集异常心音。
2. 听诊器的使用方法及注意事项有哪些？
3. 第一心音和第二心音的听诊部位是什么？</td></tr>
<tr><td>制订计划</td><td colspan="4"></td></tr>
<tr><td rowspan="6">任务实施</td><td colspan="4">按照预先制订的工作计划，完成本任务，并记录任务实施过程。</td></tr>
<tr><td>序号</td><td>完成的任务</td><td>遇到的问题</td><td>解决办法</td></tr>
<tr><td></td><td></td><td></td><td></td></tr>
<tr><td></td><td></td><td></td><td></td></tr>
<tr><td></td><td></td><td></td><td></td></tr>
<tr><td></td><td></td><td></td><td></td></tr>
</table>

任务准备

- **知识准备**

一、心搏动的触诊

1. 心搏动的检查的方法

被检动物取站立姿势，使其左前肢向前伸出半步。以充分露出心区。检查者站在动物左侧方，视诊时仔细观察左侧肘后心区被毛及胸壁的振动情况；视诊如果看不清楚，可以多用触诊。触诊时，检查者一只手放在动物的鬐甲部，用另一只手（左手）的手掌，紧贴在动物的左侧肘后心区，注意感知胸壁的振动，主要判定其频率及强度。

2. 健康状况

健康的大动物只能看到相应心区的被毛发生轻微颤动，而在小动物可见相应心区的胸壁发生有节律的跳动。触诊健康大动物有较强的、均匀的心搏动，小动物有较弱的但也均匀的心搏动。

3. 异常心搏动

（1）心搏动增强。触诊时感到心搏动强而有力，并且区域扩大，主要见于热性病初期、心脏病（如心肌炎、心内膜炎、心包炎）代偿期、贫血性疾病及伴有剧烈疼痛的疾病。

（2）心搏动减弱。触诊时感到心搏动力量减弱并且区域缩小，甚至难以感知，见于心肌收缩无力的疾病（如心脏病的代谢机能降低、壁与心脏之间的介质状态改变如胸壁水肿、胸膜炎、胸腔积液、慢性肺泡气肿、心包炎）。

（3）搏动移位。向前移位，见于胃扩张、腹水、膈疝；向右移位，见于左侧胸腔积液；向后移位，见于气胸、肺气肿。

（4）心区压痛。触诊心区胸壁的肋间部，可发现动物对触压反应敏感，强压时表现回顾、躲避、呻吟，见于心包炎、胸膜炎。

二、心音的听诊

被检动物取站立姿势，使其左前肢向前伸出半步，以充分显露心区。通常以软质听诊器进行间接听诊，将听诊头放于左侧心区部位即可。当心音过于微弱而听取不清时，可使动物做短暂的运动，并在运动后立即听诊，可使心音加强而便于听诊。听诊心音时，主要注意心音的频率、强度、性质及有无分裂、杂音或节律不齐。

1. 正常的心音

心音是随同心室的收缩与舒张活动而产生的声音现象。听诊健康动物的心音时，每个心动周期内可听到“咚”“嗒”两个相互交替的声音。

“咚”是在心室收缩过程产生的心音，称收缩期心音或第一心音。“嗒”是在心脏舒张过程中产生的声音，称舒张期心音或第二心音。此外，在第二心音之后可能还有第三心音，在第一心音之前可能还有第四心音，实际上这两种心音都很难听到，只有在心音图上才能描记出来。

2. 第一心音

主要由两个房室瓣（二尖瓣、三尖瓣）突然关闭的振动所形成，其次是心房收缩的振动、半月瓣开放和心脏射血而冲击大动脉管壁引起的振动等形成。第一心音的持续时间较长，音调较低，声音的末尾拖长。

3. 第二心音

主要是由于心室舒张时，两个半月瓣突然关闭的振动所形成，其次是由心室舒张时的振动、房室瓣开放和血流的振动等形成。第二心音则具有短促、清脆、末尾突然终止等特点。

4. 第一心音与第二心音的区别

第一心音与第二心音的区别见表 2-1-2。

表 2-1-2　第一心音与第二心音的区别

区别项目	第一心音	第二心音
声音特点	低而钝浊，持续时间长，尾音也长	较高，续时间较短，音尾终止突然
最强部位	心尖（第 4 或第 5 肋间下方）	心底部（第 4 肋间，肩关节水平线稍下方）
心音之间的时距与心搏动的关系	第一心音到第二心音之间较短	第二心音到下一次心动周期的第一心音之间较长
心音之间的时距与动脉搏	同时	不同时

5. 听诊心音的位置

第一心音：心尖（第 4 或第 5 间肋间下方）。

第二心音：心底部（第 4 肋间，肩关节水平线稍下方）。

6. 心音异常

几种动物的心音最强听取点见表 2-1-3。

表 2-1-3　几种动物的心音最强听取点

动物	第一心音		第二心音	
	二尖瓣口	三尖瓣口	主动脉口	肺动脉口
牛、羊	左侧第 4 肋间，较主动脉口的位置远，靠下	右侧第 3 肋间，胸下 1/3 的中央水平线上	左侧第 4 肋间肩关节水平线下方一二指处	左侧第 3 肋间，胸廓下 1/3 的中央水平线下方
犬	左侧第 4 肋间，较主动脉口的位置远，靠下	右侧第 4 肋间，肋骨与肋软骨结合部稍下方	左侧第 4 肋间，肩关节水平线直下方	左侧第 3 肋间，接近胸骨处
猪	左侧第 4 肋间，较主动脉口的位置远，靠下	右侧第 3 肋间胸廓下 1/3 的中央水平线上	左侧第 4 肋间，肩关节水平线下方一二指处	左侧第 3 肋间，胸下 1/3 的中央水平线下方

看心音是否异常应从频率、强度、性质及节律等方面加以考虑。

（1）心音频率的改变。心音频率指每分钟的心音次数，其病理变化与脉搏病理变化基本相同，引起的原因及意义也基本相同（详见脉搏检查）。

（2）心音强度的改变。

心音增强有以下三种情况。

第一心音与第二心音同时增强：可见于心肥大或某些心脏病的初期、伴有剧烈的疼痛性疾病、发热性疾病的初级阶段、轻度的贫血或失血、应用强心剂等引起的代偿机能亢进。

第一心音增强：可见于大失血、严重的脱水、休克、虚脱等。

第二心音增强：可分为主动脉口的第二心音增强和肺动脉口第二心音的增强。主动脉口第二心音增强，可见于左心肥大、肾炎，肺动脉口第二心音增强，主要见于肺充血或肺炎的初期。

心音减弱有以下两种情况。

第一心音与第二心音同时减弱：见于心肌炎或心肌变性的后期、心脏代偿障碍、渗出性心包炎、渗出性胸膜炎、胸腔积水、重度的胸壁浮肿及肺气肿。

第二心音减弱：见于大失血、高度的心力衰竭休克与虚脱、心动过速，第一心音减弱，单独的第一心音减弱在临诊实际中很少遇到。

（3）心音性质的改变。

心音混浊：心音的性质变化，主要表现为心音的混浊，即音质低，混浊甚至含糊不清。主要是心肌及其瓣膜变性，而使其振动能力发生改变的结果。可见于心肌炎等病的后期以及重度心肌营养不良与心肌变性。高热性病、严重贫血，重度的衰竭症时，因伴有心肌变性变化，所以多有心音混浊现象。患某些传染性病时，因心肌损害也可致心音混浊，对于牛可见于结核、口蹄疫。对于猪可见于猪瘟、猪肺疫、流行性感冒、猪丹毒等，这种现象亦可见于幼畜的白肌病以及某些中毒。

胎心率：第一心音与第二心音在强度、性质方面相似，第一心音与第二心音之间的间隔时间和第二心音与第一心音之间的间隔时间也基本相等，加上心动过速，听诊时酷似胎儿的心音，故称为胎心率。又因其听起来类似于钟摆的嘀嗒声，故又称为“钟摆率”。多提示心肌损伤。

奔马调：除第一心音和第二心音外，又有第三个附加心音连续而来，恰如远处传来的奔马蹄音其可出现于舒张期（第二心音之后），亦可出现在收缩期前（第一心音之前），见于心肌炎、心肌硬化或左房室口狭窄。

金属性心音：特点是声音过于清脆而呈带有金属响声，见于牛的创伤性网胃心包炎、破伤风、邻近心区的肺叶中有空洞（含气性）形成，以及膈疝且脱垂至心区部位的肠段内含有大量气体。

心音分裂有以下两种情况。

第一心音分裂：由左（二尖瓣）、右（三尖瓣）房室瓣关闭时间不一致造成，见于重度心肌的损害而致的传导机能障碍。

第二心音分裂：主要反映主动脉与肺动脉根部血压有较悬殊的差异，可见于重度的肺充血或肾炎。

（4）心音节律的改变。正常情况下，每次心音的间隔时间均等，每次心音强度相似，此为正常节律。如果每次心音间隔时间不等、强度不一则为节律不齐。轻度的、短期的、一过性的心律不齐及幼畜和小动物的呼吸性心律不齐，一般无诊断意义。重度的顽固性心律不齐，多提示心肌的损害，见于心肌的炎症、心肌的营养不良或变性、心肌梗死。

心律不齐的表现形式很多，依其发生原因可分为如下几类。

窦性节律：窦房结兴奋起源发生紊乱，称窦性节律，如窦性心动过速、窦性心动过缓、窦性心律不齐。

异位节律：窦房结以外异位兴奋灶所引起的心律失常，称异位节律，如期外收缩或称过早搏动、阵发性心动过速。

心传导阻滞：传导系统机能障碍而引起的心律紊乱，如传导阻滞。

过快而规则的心律：如窦性心动过速、阵发性心动过速。

过慢而规则的心律：如窦性心动过缓。

心传导阻滞（呈有规律性的变化）不规则的心律：如窦性心律不齐、期外收缩或过早搏动。

心传导阻滞（呈不规则的变化）不规则的心律：如心房颤动。

常见的不规则心律有如下几种情况。

窦性心律不齐：表现为心脏活动的周期性快慢不匀现象，且大多数与呼吸有关，一般吸气时心动加快而呼气时心动转慢，常见于健康动物，尤以幼畜明显，多为生理现象，无临床意义。

期外收缩或过早搏动：当心肌的兴奋性改变而出现窦房结以外的异位兴奋灶时，正常的窦房结的兴奋冲动传来之前，由异位兴奋灶先传来一次兴奋冲动，从而引起心肌的提前收缩，此后，原来应有的正常搏动又消失一次，以致要等到下次正常的兴奋冲动到来才再引起心脏搏动，从而使其间隔时间延长，即出现所谓代偿性间歇。偶尔出现的期外收缩，多无意义；顽固而持续性的期外收缩，即为心肌损害。

传导阻滞：当心肌病变波及刺激传导系统时兴奋冲动不能顺利地向下传递，从而出现传导阻滞。明显而顽固的传导阻滞，常为心肌损害的指征。

震颤性心律不齐（又称心房颤动）：在病理情况下，房室的个别肌纤维在不同时期分散而连续收缩，从而发生震颤。这种现象的出现表明心房内有异位兴奋。

7. 心杂音

心杂音指伴随心脏的舒缩活动而产生的正常心音以外的附加音响。心杂音的种类有心外性杂音，包括心包杂音（心包摩擦音、心包击水音）和心包外杂音；心内性杂音，包括器质性杂音和非器质性杂音（相对闭锁不全性杂音、机能性贫血性杂音）。

（1）心外性杂音。

心包击水音：呈液体振荡声，类似振荡盛有半量溶液的玻瓶时所产生的声音。心包击水音是渗出性心包炎与心包积水的特征。

心包摩擦音：犹如两层粗糙的膜面相互摩擦声，常见于牛的创伤性心包炎心外性杂音，主要为心肺杂音，是靠近心区的胸膜发炎并有纤维素性产物析出时，随心脏的活动而产生的摩擦音，见于胸膜炎等。

（2）心内性杂音。心内性杂音可以分为器质性杂音和非器质性杂音。

器质性杂音有以下两种情况。

瓣膜闭锁不全：在心室的收缩或舒张的活动过程中，瓣膜不能完全地将其相应的瓣膜口关闭而留有空隙，从而血液可经病理性的空隙而逆流，形成旋涡，发生振动，产生杂音。心室的收缩期出现杂音称为缩期杂音，提示房室瓣闭锁不全或为动脉口的狭窄。在舒张期产生杂音称为舒期杂音，提示房室口的狭窄或主动脉与肺动脉的半月瓣闭锁不全。见于心内膜炎引起的瓣膜穿孔、腱索断裂、瓣膜上疣状物的增生等。

瓣膜口（心孔）狭窄：在心脏活动过程中血液流经变窄了的瓣膜口时，形成旋涡，发生振动而产生杂音，见于心内膜炎、心肌炎、心脏肥大等。

非器质性杂音，亦称机能性杂音，有以下两种情况。

相对性的房室瓣口闭锁不全性杂音：当心肌高度弛缓或扩张时，房室瓣不能将扩大了的相应房室口完全闭锁，形成了相对闭锁不全性杂音，可见于心肌弛缓与心扩张。

贫血性杂音：当血液变稀薄、流速加快形成的杂音。

三、浅在静脉的检查

以颈静脉为例介绍浅在静脉的检查。

颈静脉沟处的肿胀、硬结并伴有热痛反应是颈静脉及其周围炎症的特征，多见于静脉注射时消毒不全或刺激性药液（如钙的制剂等）渗漏于脉管外的病史。但应注意，当牛颈部浮肿较严重时，也可引起颈静脉沟处的肿胀，一般无热痛反应，常见于创伤性心包炎，应以伴有的其他症状而鉴别。局部的静脉肿胀见于静脉瘤或淋巴瘤。

1. 静脉充盈状态检查

一般是根据视诊和触诊了解可视黏膜和表在静脉，进一步判定静脉的充盈度。静脉的充盈度常表现为静脉萎陷和过度充盈。

（1）静脉萎陷。体表静脉不显露，即使压迫静脉，其远心端也不膨胀、隆起，将针头插入静脉内，血液不易流出，这是由于血管衰竭，大量血液都淤积在毛细血管库内的缘故，见于休克、严重毒血症。

（2）静脉过度充盈情况有如下两种。

生理性扩张：有时在健康动物可见生理性静脉扩张，如牛的乳静脉。

病理性扩张：体表静脉呈明显的扩张或极度膨胀、隆起、似绳索状，可视黏膜潮红或发绀，称为病理性扩张。一般见于心功能不全使静脉血液回流障碍的疾病（如心包炎、心肌炎、心脏瓣膜病），导致胸膜腔内压升高使静脉血液回流受阻的疾病（如胸腔积液、渗出性胸膜炎、肺气肿、胃肠内容物过度充满而压迫横膈）、在静脉栓塞和狭窄时能引起局部的静脉扩张（如局部的静脉炎、静脉曲张）。

2. 静脉搏动检查

随着心脏活动，表在的大静脉也发生搏动，称为静脉搏动。实际检查中，一般检查颈静脉搏动，因为大动物的颈静脉比较粗大，颈静脉通向前腔静脉的入口距体表较浅，易观察到静脉搏动。根据颈静脉搏动产生的原因，可以分为三种。

（1）阴性颈静脉搏动。由于它是在心房收缩时产生的，故又称为心房性颈静脉搏动。当右心房收缩时，还流入心房的腔静脉血一时受阻，部分静脉血的逆行波，波及前腔静脉和颈静脉而呈现颈静脉搏动。这是与心室收缩不相一致的颈静脉搏动。生理性的阴性颈静脉搏动，仅在胸腔入口处，或在颈沟的下 1/3 处最明显。当心功能不全，伴发全身性淤血时，由于血液回流发生严重障碍，颈静脉搏动以波及颈沟的中 1/3 或上 1/3 处。

（2）阳性颈静脉搏动。这是与心室收缩相一致的静脉搏动，故又称为心室性颈静脉搏动，这一种病理性静脉搏动，往往是三尖瓣闭锁不全的指征。由于右心室收缩时，血液经闭锁不全的孔逆流到右心房，而使前腔静脉的血液回流一时受阻，这种逆流波传到颈静脉，即出现阳性颈静脉搏动，因为阳性颈静脉搏动是由心室收缩引起的，力量强，故通常可波及颈沟的上 1/3 处，有时可波及颌后下方。另外，导致右心房高度淤滞的心房纤颤，也可能出现阳性颈静脉搏动。

（3）假性颈静脉搏动。不是真正的颈静脉搏动，而是由于动脉的强力搏动所带动的静脉波动，故又称为伪性颈静脉搏动，多见于主动脉瓣闭锁不全。

- **工具准备**

实验动物、保定用具、工作服、体温计、听诊器、消毒用品、动物医院或临床检查室。

- **人员准备**

人员分组，每组 5 人，明确职责分工（表 2-1-4）。

表 2-1-4　任务分配

任务角色	任务内容
组长：	任务：
组员 1：	任务：
组员 2：	任务：
组员 3：	任务：
组员 4：	任务：

任务筹划

一、内容筹划

（1）听诊。了解听诊器的构成、使用方法和注意事项。

（2）视诊。根据观察犬的症状进行分析判定。

二、方法筹划

听诊器的使用；触诊；视诊。

三、流程筹划

第一步：学习体温计、听诊器的使用。
第二步：利用听诊器完成对病犬心音的测定。
第三步：对病犬进行常规的全面检查，做出初步诊断。
第四步：利用听诊的方法找到心音异常的原因。
第五步：得出诊断结果。

任务实施

根据任务筹划情况，完成表 2-1-5 的任务实施步骤。

表 2-1-5　任务实施步骤

步骤	任务内容
步骤一	
步骤二	
步骤三	
步骤四	
步骤五	
步骤六	

任务评价

根据任务完成情况，完成任务评价（表 2-1-6）。

表 2-1-6　工作任务完成过程评价

<table>
<tr><td colspan="2">班级：</td><td colspan="2">组别：</td><td>姓名：</td><td></td></tr>
<tr><td>项目</td><td>评分标准</td><td>自我评价</td><td>小组评价</td><td>教师评价</td><td></td></tr>
<tr><td rowspan="4">资料收集
（30 分）</td><td>优秀：操作熟练，分析合理，判断准确（25~30 分）</td><td></td><td></td><td></td><td></td></tr>
<tr><td>良好：操作较熟练，报告较准确清晰（15~25 分）</td><td></td><td></td><td></td><td></td></tr>
<tr><td>及格：操作不太熟练，报告有少量错误（5~15 分）</td><td></td><td></td><td></td><td></td></tr>
<tr><td>不及格：操作不熟练，判断不准确（0~5 分）</td><td></td><td></td><td></td><td></td></tr>
</table>

续表

班级：	组别：		姓名：	
项目	评分标准	自我评价	小组评价	教师评价
检查内容（30分）	熟悉动物心血管系统临床检查的基本程序和方法，各种检查操作熟练，对症状的认知（临床意义）明确（0~10分）			
	心音的测定及分析诊断（0~10分）			
	浅在静脉的检查（0~10分）			
课后评价（40分）	是否熟悉任务内容（0~10分）			
	是否能够准确判定心音的异常（0~10分）			
	是否掌握各种动物心音听诊范围（0~15分）			
	实训结束是否打扫卫生及东西归位（0~5分）			
合计				
自我评价与总结				
教师点评				

任务二　呼吸系统的临床检查

任务导入

一只犬，病初呈急性支气管炎症状，流鼻液、干性咳嗽、支气管音。随病情发展，全身情况恶化，精神沉郁，食欲减少或不食，体温升高 39.54℃，呈弛张热，呼吸困难，次数增加，结膜绀红，眼球下陷，脱水，根据所学知识进行初步诊断。

根据任务情况，完成表 2-2-1 的任务工单。

表 2-2-1　任务工单

班级：	姓名：	学号：
任务名称	呼吸系统的临床检查	
任务描述	根据实际情况，填写本任务的内容、目的、流程和方法。 任务内容：根据主诉及检查情况，做出综合分析判定。 任务目的：培养学生对呼吸系统疾病的诊断能力。 任务流程：肺部听诊，辨别肺部是否有异常；测量体温；视诊并记录症状。 任务方法：利用听诊器、体温计进行检查。	

续表

<table>
<tr><td colspan="2">班级：</td><td colspan="2">姓名：</td><td>学号：</td></tr>
<tr><td>获取信息</td><td colspan="4">要完成任务，需要掌握相关的知识。请收集资料，回答以下问题。
1. 收集异常肺部听诊音有哪些？
2. 犬肺部听诊范围及听诊顺序是什么？
3. 犬正常的支气管音是什么？</td></tr>
<tr><td>制订计划</td><td colspan="4"></td></tr>
<tr><td rowspan="6">任务实施</td><td colspan="4">按照预先制订的工作计划，完成本任务，并记录任务实施过程。</td></tr>
<tr><td>序号</td><td>完成的任务</td><td>遇到的问题</td><td>解决办法</td></tr>
<tr><td></td><td></td><td></td><td></td></tr>
<tr><td></td><td></td><td></td><td></td></tr>
<tr><td></td><td></td><td></td><td></td></tr>
<tr><td></td><td></td><td></td><td></td></tr>
</table>

任务准备

- **知识准备**

一、呼吸的检查

1. 呼吸数的测定

详见项目一任务四呼吸数的测定。

2. 呼吸类型的检查

检查者站在患病动物的后侧方，观察吸气与呼气时胸廓腹壁起伏动作的协调性和强度。

（1）胸腹式呼吸。健康动物的呼吸方式是胸腹式呼吸，即呼吸时胸廓和腹壁自然起伏和强度均匀，有时也称混合式呼吸。一些小动物如犬正常呼吸时有呈胸式呼吸的趋势。动物在呼吸困难时也表现为明显的胸腹式呼吸。

（2）胸式呼吸。特征为呼吸时胸壁起伏动作明显，而腹壁运动极弱。这种呼吸方式的出现表明，腹部有疼痛性疾病或腹压升高性疾病，如急性腹膜炎、腹壁损伤、瘤胃臌气、急性胃扩张、肠臌气及腹腔大量积液。

（3）腹式呼吸。特征为呼吸时腹壁起伏动作明显，而胸壁活动极为轻微。这种呼吸方式医临床诊疗技术的出现表明，胸部有疼痛性疾病或胸膜腔内压升高性疾病，如急性膜炎、胸膜肺炎、胸腔大量积液、肺气肿及肋骨骨折。

2. 呼吸节律

健康动物呼吸时，吸气后紧接着呼气，每次呼吸之后，经过短暂的间歇期，再开始第二次呼吸。吸气与呼气所持续的时间有一定比例，猪 1∶1，绵羊 1∶1，山羊 1∶2.7，牛 1∶1.2，犬 1∶1.6，每次呼吸之间的间歇期间距相等，这种规律性的呼吸运动称为节律性呼吸。呼吸性节律因兴奋、运动、恐惧、喷鼻动作等的影响可发生暂时性的改变。

3. 呼吸节律的检查

检查者站在患病动物的侧方，观察每次呼吸动作的强度、间隔时间是否均等。呼吸节律的病理改变主要如下。

（1）吸气延长。其特征是吸气时间显著延长，表示空气进入呼吸器官的过程受阻，常见于上呼吸道狭窄性疾患如鼻炎、喉水肿。

（2）呼气延长。其特征是呼气时间显著延长，表示肺内气体呼出受阻，常见于细支气管炎、慢性肺气肿等病程。

（3）间断性呼吸。其特征是在吸气或呼气过程中，出现吸-停-吸-停，或呼-停-呼-停的多次短暂呼吸现象。常见于细支气管炎、慢性肺气肿、胸膜炎和伴有疼痛的胸腹部疾病，也见于呼吸中枢兴奋性降低时，如脑炎、中毒和濒死期。

（4）陈-施二氏呼吸。其特征为呼吸开始逐渐加强、加深、加快直达高峰，然后又逐渐变弱、变浅、变慢，最后呼吸中断数秒乃至 15～30 s 后，又重复上述方式呼吸，如此反复交替，出现波浪式的呼吸节律，又称潮式呼吸。这种呼吸节律的出现表明，病情严重，常见于脑炎、心力衰竭、尿毒症、药物中毒和有毒植物中毒。

（5）毕欧特氏呼吸。其特征为数次连续的、深度大致相等的深呼吸和呼吸暂停交替出现，它提示病情比陈-施二氏呼吸更为严重。

（6）库斯茂尔氏呼吸。其特征为吸气与呼气均显著延长，发生深而慢的大呼吸，呼吸次数少但不中断，常伴有狭窄音或鼾声等呼吸杂音。这表示呼吸中枢机能衰竭已达晚期，见于濒死期、脑脊髓炎、脑水肿、大失血、尿毒症。

4. 呼吸对称性的检查

检查者立于患病动物正后方，对照观察两侧胸壁的起伏动作强度是否一致。常见于一侧胸膜炎、肋骨骨折和气胸等。当胸部疾病遍及两侧时，胸部两侧呼吸运动均减弱，但以病变较重的一侧减弱更为明显，也属不对称性呼吸。

5. 呼吸困难的检查

检查者仔细观察患病动物鼻的扇动情况及胸壁、腹壁的起伏和肛门的抽动现象，注意头颈、躯干和四肢的状态和姿势；并听取患病动物喘息的声音。

高度的呼吸困难，称为气喘。呼吸困难按其发生原因和表现形式分为如下 3 种类型。

（1）吸气性呼吸困难。特征为吸气非常用力或有辅助吸气动作出现，如患病动物吸气时鼻孔开张，头颈平伸，四肢踏地距离较远，呈向外划弧线的步态，胸廓明显扩张，肘部外展，肛门内陷，某些动物张口伸舌。再吸气时间显著延长，常伴有特异的吸性狭窄音。常见于上呼吸道狭窄性疾病，如鼻腔窄、喉水肿、咽喉炎、血斑病和猪传染性萎缩性鼻炎、鸡传染性喉气管炎。

（2）呼气性呼吸困难。特征为呼气时间显著延长，呼气时非常用力，或有辅助呼气动作现，如呼气时腹部起伏动作明显，可出现连续二次呼气运动，称为二段呼吸。高度呼吸困时，沿肋弓出现一条较深的凹陷沟，称为喘沟，又称喘线或息劳沟。同时，可见脊背弓曲窝变平。由于腹部肌肉强力收缩，腹内压力加大，故呼气时肛门异常凸出，吸气时肛门反而凹陷，称为肛门抽缩运动。呼气性呼吸困难，主要是由于肺泡弹性减退和细支气管狭窄，肺内空气排出困难所致。常见于急性细支气管炎、慢性肺气肿、胸膜肺炎。

（3）合性呼吸困难。特征为吸气和呼气均发生困难，常伴有呼吸次数增加，是临床上最为常见的一种呼吸困难。按其发生原因可分为如下 6 种类型。①肺源性。主要由肺和胸膜疾病引起。可见于各型肺炎、胸膜肺炎、急性肺水肿及侵害呼吸器官的传染病，如猪支原体肺炎、猪肺疫、山羊传染性胸膜肺炎。②心源性。由于心脏衰弱，血液循环障碍，肺换气受到限制，导致缺氧和 CO_2 滞留至此时，除混合性呼吸困难外，还常伴有明显的心血管症状，运动后心悸和气喘的现象较为突出，肺部可闻湿音。常见于心内膜炎心肌炎、创伤性心包炎和心力衰竭。③血源性。严重贫血时，因红细胞和血红蛋白减少，血氧不足，导致呼吸困难，尤以运动后更显著。可见于各种类型贫血、血孢子虫病。④中毒性。内源性中毒，如瘤胃酸中毒、酮病和严重的胃肠炎。外源性中毒，如亚硝酸中毒、有机磷农药中毒、水合氯醛中毒、吗啡中毒及巴比妥中毒。⑤中枢神经性。主要见于脑膜炎、脑出血、脑肿瘤。破伤风毒素可使中枢的兴奋性增加，导致中枢神经性呼吸困难。⑥腹压升高性。主要见于急性胃扩张、急性瘤胃臌气、肠臌气、肠阻塞、肠变位和腹腔积液。

6. 呼出气体的检查

在患病动物的前面仔细观察两侧鼻翼的扇动和呼出气流的强度，并嗅闻呼出气体有无臭味。怀疑传染病（如鼻疽、结核等）时，检查者应戴口罩。

二、鼻液的检查

首先观察动物有无鼻液，对鼻液应注意其数量、颜色、性状、混合物及一侧性或两侧性。

1. 鼻液数量检查

（1）多量鼻液。可见于急性鼻炎、急性咽喉炎、肺脓肿破裂、肺坏疽、大叶性肺炎的溶解期、流行性感冒、急性开放性鼻疽、牛肺结核、牛恶性卡他热、犬瘟热、食道阻塞、副鼻炎和喉囊炎。

（2）少量鼻液。常见于呼吸器官轻度炎症或急性炎症初期、慢性呼吸道疾病过程中，以及慢性鼻炎、慢性咽喉炎、慢性气管炎、慢性鼻疽、慢性肺结核。

（3）鼻液量不定。鼻液量不定是指鼻液的量时多时少，动物自然站立时仅有少量鼻液，而运动、低头、采食、咳嗽时流出多量鼻液，见于鼻旁窦炎和喉囊炎。

2. 鼻液性状的检查

由于炎症性质和病理过程的不同，鼻液可分为浆液性、黏液性、脓性、腐败性和出血性。

（1）浆液性鼻液。其特征是清淡如水样，无色透明，有鼻液则掉到地上而不黏在鼻孔周围，这种鼻液的出现表明有呼吸道卡他性炎症的存在，如急性鼻卡他、流行性感冒初期。

（2）黏液性鼻液。其特征是蛋清样或粥状，黏稠张力大，有鼻液时呈棒状或线状黏在鼻孔周围或悬吊着，有腥臭味，因混有脱落的上皮细胞和白细胞而呈灰白色。常见于呼吸道卡他性炎症的中期或恢复期，以及慢性呼吸道炎症的过程。

（3）脓性鼻液。其特征是黏稠混浊，呈糊状、凝乳状或凝集成块，具有脓臭味或恶臭味，因其感染的微生物种类不同而呈黄色、灰黄色或黄绿色。这种鼻液为化脓性炎症的特征，常见于化脓性鼻炎、鼻旁窦炎、肺脓肿破裂、羊鼻疽。

（4）腐败性鼻液。其特征是污秽不洁，呈灰色或暗褐色，有尸臭味或恶臭味，它是异物性肺炎及肺坏疽的重要特征。

（5）出血性鼻液。这种鼻液因出血的数量和部位不同其颜色也不同。一般带血丝、有凝血块及全血，表明有鼻黏膜肿瘤、出血性鼻炎等鼻出血现象，粉红色或鲜红色并带有一些小气泡，表明有肺水肿、肺充血或肺出血。在炭疽、出血性败血病、某些中毒病、猪传染性萎缩性鼻炎时，也有出血性鼻液铁锈色鼻液。特征是鼻液为均匀的铁锈色，这是大叶肺炎和传染性胸膜肺炎的特征。

3. 鼻液对称性的检查

一侧性鼻液见于一侧鼻腔、鼻旁窦的炎症，两侧性鼻液见于两侧性鼻腔、鼻旁窦和喉囊以及喉以下部位的炎症过程中。

4. 鼻液中的混杂物的检查

（1）气泡。小气泡主要见于肺水肿、肺充血、肺出血、肺气肿、慢性支气管炎。

（2）唾液。鼻液中出现唾液主要见于咽炎、咽麻痹食管炎、食道阻塞、食道痉挛、食道肿瘤。

（3）饲料碎片或呕吐物。见于吞咽和咽下障碍的疾病，如咽炎、咽麻痹、食管炎、食道阻塞、食道痉挛、食道肿瘤，以及严重的胃肠疾病。

5. 鼻液中的弹力纤维检查

检查弹力纤维时，取黏稠鼻液 2～3 mL 放入试管中，加入等量 10% 氢氧化钠溶液，在酒精灯上边加热边振荡，使鼻液中黏液、脓汁及其他有形成分溶解，而弹力纤维并不溶解。加热煮沸，直到变成均匀一致的溶液后，加 5 倍蒸馏水混合，离心沉淀 5～10 min，倾去上清液，取少许沉淀物滴于载玻片上，覆以盖玻片镜检。弹力纤维呈细长弯曲的羊毛状，透明且折射性较强，边缘呈双层轮廓，两端尖锐或分叉，多聚集成乱丝状，亦可单独存在。鼻液中出现弹力纤维，常见于肺坏疽、肺脓肿。

6. 鼻黏膜的检查

（1）检查方法。①单手开鼻法。一只手托住下颌并适当高举患病动物头部，另一只手以拇指中指捏住鼻翼软骨，略向上翻，同时用食指高举患病动物头部，鼻黏膜即可显露。②双手开鼻法。以双手拇指、中指分别捏住鼻翼软骨和外鼻翼，并向上向外拉则鼻孔可扩开。③其他检查法。将患病动物头抬起使鼻孔对着阳光或人工光源，即可观察鼻黏膜。对小动物可用。

（2）检查内容。观察鼻黏膜时应注意其颜色，有无肿胀、水疱、结节、溃疡及瘢痕。①颜色。健康动物鼻黏膜颜色均为淡红色，有些牛鼻孔附近的鼻黏膜上常有棕褐色色素沉着，检查时应注意。在病理情况下，鼻黏膜的颜色也有潮红、发绀、苍白、黄染，以及出血斑点等变化，其临诊意义与眼结膜的颜色变化大致相同。②肿胀。健康动物的鼻黏膜湿润而有光泽，表面呈颗粒状。鼻黏膜肿胀时表面光滑平坦颗粒消失，触诊有柔软增厚感，这主要见于急性鼻炎、流行性感冒、牛恶性卡他热、犬瘟热。③水疱。鼻黏膜出现水疱，主要见于口蹄疫和猪传染性水疱病。④结节。鼻黏膜出现结节可能是鼻疽结节。⑤溃疡。鼻黏膜溃疡有表层和深层之分。表层溃疡见于鼻炎、血斑病和牛恶性卡他热。深层溃疡多为鼻疽性溃疡，其形如喷火口状，边缘隆凸，溃疡底深并覆以灰白色或灰黄色白膜，多分布于鼻中隔黏膜上。⑥瘢痕。鼻中隔下部的瘢痕多为创伤所致，一般浅而小呈弯曲状或不规则。鼻疽性瘢痕大而厚，以星芒状为特点。⑦肿瘤。呈疣状凸起，大小不一，形态各异，有蒂或无蒂，一个或数个，有出血或无出血。

三、喉及气管的检查

1. 外部检查

（1）视诊。注意有无肿胀，喉部肿胀，常由于喉部皮肤和皮下组织水肿或炎性浸润所致牛的喉部肿胀，见于炭疽、恶性水肿、化脓性腮腺炎、放线菌病、创伤性心包炎；猪的喉部肿胀，见于急性猪肺疫、猪水肿病和炭疽；羊的喉部肿胀，见于其各种寄生虫病。

（2）触诊。注意有无肿胀、增温、疼痛反应和咳嗽。喉部触诊时，有热感，患病动物疼痛，拒绝触压，并发咳嗽，多为急性喉炎的表现。

（3）听诊。听诊主要是判断喉和气管呼吸音有无改变。听诊健康动物喉部时可以听到一种类似“哧”的声音称为喉呼吸音。喉呼吸音的病理变化常见的有呼吸音增强、喘鸣音和啰音。①呼吸音增强。即喉呼吸音强大粗厉，见于各种出现呼吸困难的患病动物狭窄音，其性质类似于口哨声、呼噜声或拉锯声，有时声音相当强大，距患病动物数十步远都可听到，常见于喉水肿、咽喉炎、喉炎、气管炎和喉肿瘤。②喘鸣音。喉返神经麻痹时所出现的狭窄音，称为喘鸣音。其特征是在吸气时可听到一种吹哨音、咆哮性或喘鸣性喉头狭窄音，这是喉返神经麻痹而引起喉头和声带麻痹的结果，主要喘鸣症。③啰音。当喉和气管内有液体存在时出现啰音如液体黏稠，可听到干啰音，如液体稀薄则出现湿音。

2. 内部检查

内部检查主要为直接视诊，检查时可使动物头略微高举，用开口器打开口腔，将舌拉出口外，并用压舌板压下舌根，同时对着阳光或人工光源，即可视诊喉黏膜，注意喉黏膜有无肿胀、出血、溃疡、渗出物和异物。

四、咳嗽的检查

可向动物主人询问有无咳嗽，并注意听取其自发咳嗽，辨别是经常性还是阵发性，干咳或湿咳，有无疼痛、鼻液等症状。必要时可作人工诱咳，以判定咳嗽的性质。

1. 咳嗽按性质分类

（1）干咳。咳嗽声音清脆，干而短，咳嗽时无鼻液或仅有少量的黏稠鼻液，这表示呼吸道内无液体或仅有少量的黏稠液体。典型干咳见于喉、气管内存在异物和胸膜炎。在急性喉炎初期、慢性支气管炎时也可出现干咳。

（2）湿咳。咳嗽声音钝浊，湿而长，咳嗽时往往从鼻孔流出多量鼻液，这表示呼吸道内有大量稀薄的液体。湿咳见于咽喉炎、支气管炎、支气管肺炎和肺坏疽等疾病的中期。

2. 咳嗽按频度分类

（1）稀咳。为单发性咳嗽，每次仅出现一两声咳嗽，常反复发作而带有周期性，故又称为周期性咳嗽。稀咳见于感冒、慢性支气管炎、肺结核、肺丝虫病。

（2）连咳。连续咳嗽，咳嗽频繁，严重时呈痉挛性咳嗽，见于急性喉炎、传染性上呼吸道卡他、弥漫性支气管炎、支气管肺炎。

（3）痉咳。痉挛性咳嗽或发作性咳嗽，咳嗽具有突发性和暴发性，咳嗽剧烈而痛苦，且连续发作，见于呼吸道受到强烈刺激如呼吸道异物、慢性支气管炎和肺坏疽。

3. 咳嗽按强度分类

（1）强咳。当肺组织弹性正常，而喉、气管患病时，则咳嗽强大有力，见于喉炎、气管炎。

（2）弱咳。当肺组织和毛细支气管有炎症和浸润性病变或肺泡气肿而弹性降低时，咳嗽弱而无力，见于细支气管炎、支气管肺炎、肺气肿、胸膜炎。

（3）痛咳。咳嗽时疼痛，患病动物表现头颈伸直，摇头不安，撞地，呻吟。这表明胸壁、胸膜、肺、气管、膈肌等部位有疼痛性疾病，如呼吸道异物、异物性肺炎、急性喉炎、喉水肿和胸膜炎，以及长期的咳嗽。

五、上呼吸道检查

1. 马的人工诱咳法

检查者站在患病动物的左前方，左手执笼头，右手以拇指和中指捏压第一、第二气管软骨环或勺状软骨，可引起一二声咳嗽。但反应迟钝的马则较难引起咳嗽。

2. 牛的人工诱咳法

用多层湿润的毛巾掩盖或鼻塞一定时间后迅速放开，使之深呼吸则可出现咳嗽。

3. 小动物的人工诱咳法

经短时间闭塞鼻孔或捏压喉部、叩击胸壁均能引起咳嗽。犬在咳嗽时有时引起呕吐，应注意，以免重视了呕吐而忽视了咳嗽。

六、胸廓检查

1. 胸廓视诊

注意观察呼吸状态，胸廓的形状和对称性；胸壁有无损伤、变形；肋骨与肋软骨结合处有无肿胀或隆起；肋骨有无变化，肋间隙有无变宽或变凸出或凹陷现象；胸前、胸下有无浮肿等。

2. 胸廓叩诊

胸廓触诊时应注意胸壁的敏感性，感知温度、湿度、肿胀物的性状并注意叩诊区确定。

（1）叩诊区确定。

马肺叩诊区近似一个直角三角形。

背界：由肩胛骨后角至髋结节画一条与脊柱平行的直线（距背中线约一掌宽，10~12 cm），止于第16肋间隙。

前界：由肩胛骨后角向下画一条垂线，止于心区。

后界：由第17肋骨与脊柱交接处起斜向前下方引一条弧线，经髋结节水平线与第16肋间隙的交点，坐骨结节水平线与第14肋间隙交点，肩关节水平线与第10肋间隙交点，止于第5肋间隙下端。

牛肺叩诊区比马肺叩诊区小。

背界：平行线与马同，但止于第11肋间隙。

前界：由肩胛骨后角沿肘肌向下画一条类似“S”形的曲线，止于第4肋间隙下端。

后界：由第12肋骨与脊柱交接处开始斜向前下方引一条弧线，经髋结节水平线与第11肋间隙交点，肩关节水平线与第8肋间隙交点，止于第4肋间隙下端。此外，在瘦牛的肩前第1~3肋间隙尚有一狭窄的叩诊区（肩前叩诊区）。

绵羊和山羊肺叩诊区与牛相同，但无肩前叩诊区。

（2）叩诊方法。胸、肺叩诊除应遵循叩诊一般规则外，需注意选择大小适宜的叩诊板，沿肋间隙纵向放置，先由前至后，再自上而下进行叩诊。听取声音同时还应注意观察动物有无咳嗽、呻吟、躲闪等反应性动作。

3. 胸肺部听诊

肺听诊区和叩诊区大致相同。听诊时，应先从呼吸音较强的部位即胸廓的中部开始，然后再依次听取肺区的上部、后部和下部。牛也可听取肩前区。每个听诊点间隔 3~4 cm，在每点上至少听取 2~3 次呼吸，且需注意听诊音与呼吸活动之间的联系。对可疑病变与对侧相应部位对比听诊判定。如呼吸音微弱，可进行轻微的运动后再行听诊，使其呼吸动作加强，以利于听诊。注意呼吸音的强度、性质及病理性呼吸音的出现。

- **工具准备**

实验动物、保定用具、工作服、体温计、听诊器、消毒用品、动物医院或临床检查室。

- **人员准备**

人员分组，每组 5 人，明确职责分工（表 2-2-2）。

表 2-2-2 任务分配

任务角色	任务内容
组长：	任务：
组员 1：	任务：
组员 2：	任务：
组员 3：	任务：
组员 4：	任务：

任务筹划

一、方法筹划

（1）听诊。确定犬肺部听诊范围，对于异常的肺部听诊音做出初步诊断。

（2）视诊。根据观察犬的症状进行分析判定。

二、流程筹划

第一步：学习体温计、听诊器的使用。

第二步：利用听诊器完成对病犬肺部呼吸音的测定。

第三步：对病犬进行常规的全面检查，做出初步诊断。

第四步：利用听诊的方法找到肺部听诊音异常的原因。

第五步：得出诊断结果。

任务实施

根据任务筹划情况，完成表 2-2-3 的任务实施步骤。

表 2-2-3　任务实施步骤

步骤	任务内容
步骤一	
步骤二	
步骤三	
步骤四	
步骤五	
步骤六	

任务评价

根据任务完成情况，完成任务评价（表 2-2-4）。

表 2-2-4　工作任务完成过程评价

班级：	组别：	姓名：		
项目	评分标准	自我评价	小组评价	教师评价
资料收集（30 分）	优秀：操作熟练，分析合理，判断准确（25~30 分）			
	良好：操作较熟练，报告较准确清晰（15~25 分）			
	及格：操作不太熟练，报告有少量错误（5~15 分）			
	不及格：操作不熟练，判断不准确（0~5 分）			
检查内容（30 分）	熟悉动物呼吸系统临床检查的基本程序和方法，各种检查操作熟练，对症状的认知（临床意义）明确（0~10 分）			
	呼吸音的测定及分析诊断（0~10 分）			
	支气管音的检查（0~10 分）			
课后评价（40 分）	是否熟悉任务内容（0~10 分）			
	是否能够准确判定呼吸音的异常（0~10 分）			
	是否掌握各种动物肺部听诊范围（0~15 分）			
	实训结束是否打扫卫生及东西归位（0~5 分）			
合计				

续表

班级：		组别：	姓名：
自我评价与总结			
教师点评			

任务三　消化系统的临床检查

任务导入

主诉：3 月龄的泰迪犬，平时胃口挺好的，但是昨天进食较多，昨天还喂了粽子，今天早上起床呕吐，排血粪便呈液体样，具有恶臭，后期则常混有黏液、血液和泡沫等。腹部听诊，可听到肠蠕动音增强，也可听到雷鸣音，腹部紧张，腰背弯曲，病犬常伴发呕吐。根据所学知识进行初步诊断。

根据任务情况，完成表 2-3-1 的任务工单。

表 2-3-1　任务工单

班级：	姓名：	学号：
任务名称	消化系统的临床检查	
任务描述	根据实际情况，填写本任务的内容、目的、流程和方法。 任务内容：根据主诉及检查情况，做出综合分析判定。 任务目的：培养学生对疾病诊断的能力。 任务流程：测定体温，观察体温变化；听诊肠道蠕动音，做出诊断；根据收集到的信息，得出最终的判定结果。 任务方法：利用听诊器、体温计进行监测。	
获取信息	要完成任务，需要掌握相关的知识。请收集资料，回答以下问题。 1. 收集犬常见的消化道疾病。 2. 肠道异常听诊音有哪些？ 3. 胃肠炎的治疗方法有哪些？	

续表

<table>
<tr><td colspan="2">班级：</td><td>姓名：</td><td colspan="2">学号：</td></tr>
<tr><td>制订计划</td><td colspan="4"></td></tr>
<tr><td rowspan="6">任务实施</td><td colspan="4">按照预先制订的工作计划，完成本任务，并记录任务实施过程。</td></tr>
<tr><td>序号</td><td>完成的任务</td><td>遇到的问题</td><td>解决办法</td></tr>
<tr><td></td><td></td><td></td><td></td></tr>
<tr><td></td><td></td><td></td><td></td></tr>
<tr><td></td><td></td><td></td><td></td></tr>
<tr><td></td><td></td><td></td><td></td></tr>
</table>

任务准备

- **知识准备**

一、开口法

1. 牛的徒手开口法

检查者站在牛头侧方，可先用手轻轻拍打牛的眼睛，在牛闭眼的瞬间，以一只手的拇指和食指从两侧鼻孔同时伸入并捏住鼻中隔（或握住鼻环）向上提举，再用另一只手伸入口中握住舌体并拉出。

2. 羊的徒手开口法

检查者用一只手拇指与中指由颊部捏握上颌，另口腔检查一只手拇指及中指由左、右口角处握住下颌，同时用力上下拉即可开口，但应防止被羊咬伤手指。

3. 猪的开口法

需使用特制的开口器，掰开猪的口腔，放入开口器。

4. 犬、猫的开口法

对性情温驯的犬可由助手握紧前肢、检查者右手拇指置于上唇左侧，其余四指置于上唇右侧，在握紧上唇的同时，用力将唇部皮肤向下内方挤压；用左手拇指与其余四指分别置于下唇的左、右侧，用力向内上方挤压唇部皮肤。左、右手用力将上、下颌向相反方向拉开即可必要时可用金属开口器打开口腔。猫开口时，由助手握紧前肢，检查者两手将上、下颌分开即可。

5. 马的开口法

（1）马的徒手开口法。检查者站在马头侧方，一只手握住笼头，另一只手的食指和中指从一侧口角伸入并横向对侧口角方向；手指下压并握住舌体，将舌拉出的同时用另一只手的拇指从另一侧口角伸入并顶住上颚使口张开。

（2）马的开口器开口法。通常使用单手开口器，一只手握住笼头，另一只手持开口器自口角处伸入，随动物张口而逐渐将开口器的螺旋形部分伸入上、下臼齿之间，使口腔张开；检查完一侧后，再同样检查另一侧。

二、口腔的检查

1. 气味

健康动物一般无特殊臭味，仅在采食后，留有某种饲料的气味。病理状态下，如出现恶臭味，是由于动物消化机能紊乱，长时间食欲废绝，口腔脱落上皮和饲料残渣腐败分解而引起，常见于口炎、肠炎和肠阻塞。腐败臭味常见于齿槽骨膜炎、坏死性口炎。类似烂苹果味常见于牛的酮病。

2. 流涎

口腔中的分泌物或唾液流出口外，称为流涎。健康动物口腔稍湿润，无流涎现象。大量流涎，乃是由于异物刺激（如麦芒、金属等异物刺伤口腔），口炎及伴发口炎的传染病（如传染性水疱病、口蹄疫）、吞咽或咽下障碍性疾病（如咽炎或食管阻塞、中毒（猪的食盐中毒和鸡的有机磷中毒）及营养障碍（犬的烟酰胺缺乏、坏血病）所致。

3. 口唇

健康动物的上、下唇闭合良好。病理状态下常有口唇下垂表现，见于面神经麻痹、某些中毒病（如霉玉米中毒）、狂犬病、唇舌损伤和炎症、下颌骨骨折。

4. 双唇紧闭

见于脑膜炎和破伤风及士的宁中毒。

5. 唇部肿胀

见于口腔黏膜的深层炎症唇部疱疹，见于牛和猪的口蹄疫等。

三、口腔黏膜的检查

1. 颜色

健康动物口腔黏膜颜色淡红而有光泽。在病理情况下，口腔黏膜颜色与眼结膜颜色变化及其临床诊断意义大致相同。

2. 温度

口腔温度，可将手指伸入口腔中感知。口腔温度与体温的临床诊断意义基本一致。

3. 湿度

健康动物口腔湿度中等。口腔过分湿润，是唾液分泌过多或吞咽障碍的结果，见于口炎、咽炎、唾液腺炎、口蹄疫、狂犬病及破伤风等。口腔干燥，见于热性病、脱水。

4. 完整性

口腔黏膜出现红肿、发疹、结节水疱、脓疱、溃疡、表面坏死、上皮脱落，除见于一般性口炎外，也见于口蹄疫、痘病、猪水疱病等。

四、舌的检查

1. 舌苔

舌苔是舌面表层脱落不全的上皮细胞沉淀物，是胃肠消化不良时所引起的一种保护性反应，可见于胃肠病和热性病。舌苔厚薄、颜色变化，通常与疾病的轻重和病程的长短有关。舌苔黄厚，一般表示病情重或病程长。舌苔薄白，一般表示病情轻或病程短。

2. 舌色

健康动物舌的颜色与口腔黏膜相似，呈粉红色且有光泽。在病理情况下，其颜色变化与眼结膜及口腔黏膜颜色变化的临诊意义大致相同。

3. 形态变化

舌硬化（又称“木舌”），舌硬如木，体积增大，致使口腔不能容纳而垂于口外，可见于牛放线菌病。舌麻痹，舌垂于口角外并失去活动能力，见于各种类型脑炎后期或饲料中毒（如霉玉米中毒及肉毒梭菌中毒病）。猪的舌下和舌系带两侧有高粱米粒大乃至豌豆大的水疱状结节，是猪囊尾蚴的特征。

4. 舌体咬伤

由中枢神经机能紊乱如狂犬病、脑炎引起。

五、牙齿的检查

牙齿病患主要为咬合不整齐、牙齿磨灭不整、尖锐齿、过长齿、赘生齿、波状齿、龋齿、牙齿松动、脱落、损坏。这些现象多为矿物质缺乏所致。牙齿上有黄褐色或黑色斑点，多见于氟中毒。

六、咽部的检查

咽的外部视诊要注意头颈的姿势及咽周围是否肿胀；触诊时，可用两手自咽喉部左、右两侧加压并向周围滑动，以感知温度、敏感性反应及肿胀的硬度等状况。

1. 视诊

注意吞咽过程饮食沿食道沟通过的情况及局部是否有肿胀。

2. 触诊

检查者两手分别由两侧沿颈部食管沟自上向下加压滑动检查，注意感知是否有肿胀、异物，内容物的硬度，有无敏感反应及波动感。

3. 探诊

首先将探管用消毒液浸泡，并用清水冲洗，再在游离端（插入口腔端）涂润滑油；然后保定动物，尤其要充分固定好头部。如经口探诊时，应加装开口器，大动物及羊一般可经鼻、咽探诊。

七、腹部的检查

1. 腹围视诊

检查者站立于动物的正前或正后方，主要观察腹部轮廓、外形、容积及肷部的充满程度，应做左、右侧对照比较，主要判定其膨大或缩小的变化。

2. 大动物腹部触诊

检查者位于腹侧，一只手放在动物背部，另一只手的手掌平放于腹侧壁或下侧方，用腕力做间断冲击动作或以手指垂直向腹壁做冲击式触诊，以感知腹肌的紧张度、腹腔内容物的触诊性状并观察动物的反应。

3. 中小动物腹部触诊

检查者站在动物后方，两手同时自两侧肋弓后开始，加压触摸的同时逐渐向上后方滑动进行检查或使动物侧卧，然后用并拢、屈曲的手指进行深部触摸。

4. 反刍动物肠胃的检查

（1）瘤胃检查。

触诊：检查者站在动物的左腹侧，左手放于动物背部，检手（右手）可握拳、屈曲手指或以手掌放于左肷部，先用力反复触压瘤胃，以感知内容物性状。正常时，似面团样硬度，轻压后可留压痕。随胃壁蠕动可将检手抬起，以感知其蠕动力量并可计算次数。正常时为每两分钟 2~5 次。

叩诊：用手指或叩诊器在左侧肷部进行直接叩诊，以判定其内容物的性状。正常时瘤胃上部为鼓音，向下逐渐变为浊音。

听诊：多用听诊器进行间接听诊，以判定瘤胃蠕动音的次数、强度、性质及持续时间。正常时，瘤胃随每次蠕动而出现逐渐增强又逐渐减弱的“沙沙”声，似吹风样或远雷声。听诊在左部进行，正常瘤胃蠕动音为弱的沙沙声，蠕动次数，牛为每两分钟 2~5 次或每分钟 1~3 次，绵羊、山羊为每两分钟 3~6 次或每分钟 2~4 次，每次收缩持续时间 15~30 s。瘤胃蠕动力量微弱，次数稀少持续时间短促或蠕动完全消失，见于前胃弛缓、瘤胃积食、热性病和其他全身性疾病。瘤胃蠕动加强次数频繁、持续时间延长，见于急性瘤胃臌气初期、毒物中毒或给予瘤胃兴奋药物之后。

（2）网胃检查。网胃位于腹腔的左前下方，相当于第 6~7 肋骨间正中矢状面略偏左侧，前缘紧接膈肌与心脏相邻，其后部下侧位于剑状软骨之上。

触诊：检查者面向动物蹲在左胸侧，屈曲右膝于动物腹下，将右肘支在右膝上，右手握拳并抵住剑状软骨突起部（简称剑突），然后用力抬腿并用拳顶压网胃区，以观察动物反应。

叩诊：于左侧心区后方的网胃区内强叩诊或用拳轻击，以观察动物反应。

压迫法（网胃区疼痛试验）：由两人分别站在动物胸部两侧，各伸一只手于剑突下相互握紧，各将其另一只手放于动物的鬐甲部；两人同时用力上抬紧握的手，并用放在鬐甲部的手紧握其皮肤，观察动物反应。或先用一根木棒横放于动物的剑突下，由两人分别自两侧同时用力上抬，迅速下放并逐渐后移压迫网胃区，同时观察动物的反应。也可使动物行走上、下坡或作急转弯等运动，观察其反应。

（3）瓣胃检查。部位在右侧第 7~10 肋间，肩关节水平线上下 3 cm 范围内进行。

听诊：正常瓣胃蠕动音是继瘤胃蠕动音之后发出细弱的捻发音或“沙沙”声。

瓣胃蠕动音减弱或消失，见于瓣胃阻塞、严重的前胃疾病及热性病。

触诊：瓣胃的触诊法有两种：一是在右侧瓣胃区第 7、8、9 肋间用伸直的手指指尖实施重压触诊；二是在靠近瓣胃区的肋骨弓下部，用平伸的指尖进行冲击式或切入触诊法触诊。如有敏感反应或瓣胃坚实、体积增大、胃壁后移，则提示有瓣胃阻塞。

（4）真胃检查。位于右腹部第 9~11 肋间的肋骨弓下缘与腹底壁相接触的右侧肋部，呈囊状。

触诊：沿肋弓下进行深部触诊，由于腹壁紧张而厚，常不易得到准确结果。因此，应尽可能将手指插入肋骨弓下方深处，向前下方行强反刍动物压迫。在犊牛可使其侧卧进行深部触诊。主要判定是否疼痛反应。

听诊：在真胃区内，可听到其蠕动音类似肠音，呈间断的流水声或轻度的含漱音。主要判定其强弱和有无蠕动音的变化。

肠蠕动音的听诊：于右腹侧可听诊肠蠕动音，正常时呈短而和少断续的流水音。

5. 猪的腹部及胃肠检查

（1）腹部检查。主要通过视诊观察腹围大小及外形有无变化。腹部容积扩大，除见于母猪妊娠后期及饱食不久等生理情况外，可见于胃食滞或肠臌气、肠变位、肠阻塞、腹膜炎。腹部容积缩小，见于长期饲喂不足、食欲减小、顽固性腹泻、慢性消耗性疾病（如仔猪营养不良、仔猪贫血、慢性副伤寒、猪支原体肺炎、肠道寄生虫）及热性病。此外，视诊部有时可发现圆形囊状肿物，多为脐疝。

（2）胃检查。猪胃的容积较大，位于剑状软骨上方的左侧肋部，其大弯可达剑状软骨后方腹底壁。视诊时如左肋下区凸出，病猪呼吸困难，表现不安或做犬坐姿势，见于胃胀气或积食，当触压胃部时如引起疼痛反应或呕吐，常提示伴发胃炎。

（3）肠检查。

视诊：当腹部隆起时表明有肠臌气。

触诊：检查瘦小的猪时，可采取横卧保定，两手上下同时配合触压，如感知有坚硬粪块呈串状或盘状，常提示肠阻塞。

听诊：猪的肠音，如高朗、连绵不断，则见于急性肠炎及伴有肠炎的传染病，如副伤寒、大肠杆菌病及传染性胃肠炎。如肠音低沉、微弱或消失，见于肠阻塞。

6. 马胃肠的检查

马胃蠕动音的听诊部位在第 14~17 肋骨间髋结节水平线上下。正常时由于胃的位置较深，一般听不到蠕动音，在安静环境下胃扩张病例，有时可听到沙沙声、流水声或金属音。

马的肠音听诊部位：按肠管在体表投影位置，于左侧肷部中 1/3 处小肠音左腹部下 1/3 为左侧大肠右侧肷部为盲肠音，右侧肋弓下方为右侧大结肠音。但应注意，当肠音增强时，任何一点都可听到肠音。听诊主要判定其频率、性质、强度和持续时间，听诊时应对两侧各部位进行检查，在每个听诊点至少听取 1 min 以上。

7. 牛的直肠检查

（1）检查目的及意义。①当牛表现有明显腹痛综合征时，直肠检查在判断疾病的部位、性质、程度及鉴别诊断上均有重要价值，兼有治疗作用。②当泌尿生殖器官（如肾、膀胱、子宫、卵巢）和肝、脾的病变、骨盆骨折或腰椎骨折，或怀疑有腹膜炎等疾病时，直肠检查在诊断上具有一定意义。③在牛的发情鉴定、妊娠诊断、人工授精及胚胎移植等方面都具有实际意义。

（2）检查前的准备。①被检牛应确实保定。一般以六柱栏保定较为方便，通常要加肩绳和腹绳，必要时可用鼻捻子保定，以防卧倒或跳跃；也可根据需要，采取横卧保定或仰卧保定。为便于检查，可使动物取前高后低的位置。②术者指甲剪短磨光，穿工作服、胶质围裙和胶靴充分露出手臂，用肥皂水清洗后，涂以液体石蜡等润滑剂，必要时可戴长袖乳胶手套或专用直检手套。

（3）操作方法。①采用柱栏保定时，术者站于被检牛的左后方，一般以右手进行检查。横卧保定时，右侧横卧时用右手，左侧横卧时用左手，术者取伏卧姿势。②术者将手拇指抵于无名指基部，其余四指并拢，并稍重叠成圆锥形。将液体石蜡倒入掌心后，以旋转动作通过肛门进入直肠。当直肠内有积粪时，应小心纳入掌心后取出，如膀胱内贮有大量尿液而过度充满时，应轻轻按摩或稍加压迫，以促其排空，或进行人工导尿。③检查者手臂沿肠管方向徐徐深入，尽量使肠管更多地套在手臂上，手臂按照“努则退、缩则停、缓则进”的要领进行操作。即当被检牛努责时检手随之后退；当肠管强力收缩时，检查者手臂停止不动；当肠管弛缓时，再继续伸入。④当检查者手臂伸入部分或全部直肠狭窄部后，用并拢的食指、中指及无名指指肚轻轻触摸，根据脏器的位置、大小、形状、硬度、内容物性状、移动性和敏感性、肠壁有无纵带及肠系膜状态，判断病变的脏器、病变性质和病变程度。在直肠检查的整个过程中，手指均应并拢，不得叉开手指随意抓摸，切忌粗暴，以免损伤肠管。

（4）检查顺序和被检器官特征及其临床意义。①肛门及直肠。正常时，检手进入直肠后，可感到直肠内充满较稀软的粪便。在病理状态下，如直肠变空虚而干涩，直肠黏膜上附着干燥碎小的粪屑，提示肠阻塞。如直肠内发现大量黏液或带血的黏液，则提示肠套叠或肠扭转。②膀胱及子宫。膀胱位于骨盆腔底部，空虚时如拳头大，充满尿液时如排球大且有波动感。膀胱显著膨大，充满骨盆腔，可能是由于尿道结石或尿道痉挛引起膀胱积尿所致。触诊膀胱敏感，膀胱壁增厚，提示有膀胱炎。膀胱异常空虚，有时触到破裂口，则提示膀胱破裂。母畜子宫明显增大，常见于妊娠或子宫内膜炎。③瘤胃。瘤胃前抵膈，后达骨盆腔前口，有的甚至可进入骨盆腔，其后背部有盲囊正常时，瘤胃表面光滑，硬度呈面团样，同时能触感瘤胃蠕动波。当触摸时感到腹内压异常增高，瘤胃壁紧张充满气体，则表示瘤胃臌气；当触感瘤胃异常坚实，有疼痛反应时，则表示瘤胃积食。④肾。左肾悬垂于腹腔内，位置不固定，取决于瘤胃内容物充满程度。瘤胃充满时，肾被挤到正中矢面右侧；瘤胃空虚时，则大部分回到正中矢面的左侧；其前后活动范围在第 2~6 腰椎横突腹侧。检查时如肾脏增大，触压敏感，肾分叶结构不清，则多提示为肾炎如肾盂肿大，肾门部位有波动感，一侧或两侧输尿管变粗，多为肾盂肾炎和输尿管炎。右肾因位置较前，其后缘达第 2~3 腰椎横突腹侧，较难触摸，病理变化及临床意义同左肾。⑤腹主动脉。在椎体下方、腹腔顶部，可触到粗管状、有明显搏动感的腹主动脉。⑥肠。

牛的大肠、小肠全部位于腹腔右半部，在耻骨前缘的右侧可触到肠，盲肠尖常抵骨盆腔内，感知有少量气体或软的内容物，正常时不易摸到。肠腔呈异常充满且有硬块感时，多为肠阻塞。如有异常硬固肠段，触诊时剧痛，并有部分肠管充气者，多疑为肠变位。

八、排粪动作检查

正常的排粪动作是动物的一种复杂反射活动，正常状态下，大动物排粪时，背部微拱起，后肢稍开张并略前伸。犬排粪采取近似蹲坐姿势。正常动物的排粪次数，与其采食饲料的数量、种类，以及消化吸收机能和使役情况有密切关系。

排粪动作障碍主要表现有以下几种。

1. 便秘

主要表现排粪次数减少，排粪费力，屡呈排粪姿势而排出粪便量少、干涸、色暗，常见于热性病、慢性胃肠卡他、肠阻塞、瘤胃积食、瓣胃阻塞。

2. 腹泻

表现频繁排粪，粪便呈稀粥状、液状，甚至水样，腹泻主要是各种类型肠炎的特征，见于侵害胃肠道的传染病（如猪传染性胃肠炎、猪副伤寒、犬瘟热、大肠杆菌病、牛副结核），以及肠道寄生虫病（球虫病、线虫病、绦虫病）及有毒植物和农药中毒。

3. 排粪失禁

动物不采取固有的排粪动作，不自主地排出粪便，主要是由于肛门括约肌弛缓或麻痹所致，常见于顽固性腹泻、腰荐部脊髓损伤及病毒病濒死期。

4. 排粪痛苦

动物排粪时，表现疼痛不安、呻吟，拱腰努责，见于直肠炎和直肠损伤、腹膜炎及牛创伤性网胃炎。

5. 里急后重

动物不断做排粪姿势并强度努责、呻吟（牛）、嚎叫（犬、猪），而仅排出少量粪便或黏液，常见于直肠炎。

九、肝及脾检查

1. 肝检查

当临床上发现动物长期消化障碍，粪便不正常，并有黄疸、腹腔积液、精神高度沉郁或昏迷时，应当考虑肝疾病，从而进行肝检查。通常使用触诊和叩诊法检查肝，必要时可进行肝穿刺活体组织学检查，配合肝功能检查、超声探查，对肝疾病的诊断也有重要意义。

牛的肝位于腹腔右侧，正常时于右侧第10~12肋间中上部，凸出于肺后缘如肝高度肿大，则外部触诊肝脏硬固，有抵抗感，并随呼吸而运动。直肠检查触摸到肿大肝时，主要见于肝炎、肝中毒性营养不良、肝脓肿、肝片吸虫病。

2. 脾检查

牛的脾位于瘤胃背囊的前部，被左肺的后缘覆盖。脾显著肿大，见于脾炎、脾脓肿、白血病、棘球蚴病。

- **工具准备**

实验动物、保定用具、工作服、体温计、听诊器、消毒用品、动物医院或临床检查室。

- **人员准备**

人员分组，每组5人，明确职责分工（表2-3-2）。

表2-3-2 任务分配

任务角色	任务内容
组长：	任务：
组员1：	任务：
组员2：	任务：
组员3：	任务：
组员4：	任务：

任务筹划

一、方法筹划

（1）听诊。确定犬肠道听诊音是否异常并做出初步诊断。
（2）视诊。根据观察犬的症状进行分析判定。

二、流程筹划

第一步：学习体温计、听诊器的使用。
第二步：利用听诊器完成对病犬肠道的检查。
第三步：利用消化系统检查的内容对病犬进行全面检查，做出初步诊断。
第四步：利用听诊的方法找到肠道蠕动音异常的原因。
第五步：得出诊断结果。

任务实施

根据任务筹划情况，完成表2-3-3的任务实施步骤。

表2-3-3 任务实施步骤

步骤	任务内容
步骤一	
步骤二	

续表

步骤	任务内容
步骤三	
步骤四	
步骤五	
步骤六	

任务评价

根据任务完成情况，完成任务评价（表 2-3-4）。

表 2-3-4　工作任务完成过程评价

<table>
<tr><td colspan="2">班级：</td><td colspan="2">组别：</td><td>姓名：</td></tr>
<tr><td>项目</td><td>评分标准</td><td>自我评价</td><td>小组评价</td><td>教师评价</td></tr>
<tr><td rowspan="4">资料收集
（30 分）</td><td>优秀：操作熟练，分析合理，判断准确
（25～30 分）</td><td></td><td></td><td></td></tr>
<tr><td>良好：操作较熟练，报告较准确清晰
（15～25 分）</td><td></td><td></td><td></td></tr>
<tr><td>及格：操作不太熟练，报告有少量错误
（5～15 分）</td><td></td><td></td><td></td></tr>
<tr><td>不及格：操作不熟练，判断不准确
（0～5 分）</td><td></td><td></td><td></td></tr>
<tr><td rowspan="3">检查内容
（30 分）</td><td>熟悉动物消化系统临床检查的基本程序和方法，各种检查操作熟练，对症状的认知（临床意义）明确（0～10 分）</td><td></td><td></td><td></td></tr>
<tr><td>肠道蠕动音的测定及分析诊断（0～10 分）</td><td></td><td></td><td></td></tr>
<tr><td>消化器官的检查（0～10 分）</td><td></td><td></td><td></td></tr>
<tr><td rowspan="4">课后评价
（40 分）</td><td>是否熟悉任务内容（0～10 分）</td><td></td><td></td><td></td></tr>
<tr><td>是否能够准确判定肠道蠕动音的异常
（0～10 分）</td><td></td><td></td><td></td></tr>
<tr><td>是否掌握各种动物消化系统疾病的症状
（0～15 分）</td><td></td><td></td><td></td></tr>
<tr><td>实训结束是否打扫卫生及东西归位
（0～5 分）</td><td></td><td></td><td></td></tr>
<tr><td colspan="2">合计</td><td></td><td></td><td></td></tr>
<tr><td>自我评价与总结</td><td colspan="4"></td></tr>
<tr><td>教师点评</td><td colspan="4"></td></tr>
</table>

任务四　泌尿与生殖系统的临床检查

任务导入

一只中老年犬，常有排尿困难、血尿、频繁排尿的表现，但每次仅有少量尿排出。膀胱触诊，能感觉到许多互相摩擦的结石。该犬出现烦躁不安，行走困难，疼痛，触诊后腹部有剧烈疼痛。该犬出现昏迷，呕吐，呼气有氨臭味，血尿素氮和肌酸酐含量升高，膀胱扩张、弹性丧失，根据所学知识进行初步诊断。

根据任务情况，完成表 2–4–1 的任务工单。

表 2–4–1　任务工单

班级：	姓名：	学号：
任务名称	泌尿与生殖系统的临床检查	
任务描述	根据实际情况，填写本任务的内容、目的、流程和方法。 任务内容：根据主诉及检查情况，做出综合分析判定。 任务目的：培养学生对泌尿系统疾病的诊断能力。 任务流程：测定体温，观察体温变化；触诊检查肾及膀胱是否异常；根据收集到的信息，得出最终的判定结果。 任务方法：利用听诊器、体温计进行检查。	
获取信息	要完成任务，需要掌握相关的知识。请收集资料，回答以下问题。 1. 收集犬常见的泌尿系统疾病。 2. 膀胱结石的发病原因及症状有哪些？ 3. 膀胱结石的治疗方法是什么？	
制订计划		

续表

班级：	姓名：		学号：	
任务实施	按照预先制订的工作计划，完成本任务，并记录任务实施过程。			
	序号	完成的任务	遇到的问题	解决办法

任务准备

● **知识准备**

一、排尿动作检查

观察和了解动物在排尿过程中的行动与姿势、排尿次数，注意是否有排尿异常等。正常排尿动物因种类和性别的不同，所采取的排尿姿势也不尽相同。公牛和公羊排尿时，不做排尿准备动作，腹肌也不参与，仅借助会阴尿道部的收缩，尿液呈细流状排出，在行走或进食时均可排尿。母牛和母羊排尿时，后肢张开下蹲，拱背举尾，腹肌收缩，尿液呈急流状排出。公猪排尿时，尿液急促而断续地射出。母猪排尿动作与母羊相似。

二、排尿异常检查

排尿次数和尿量多少，与肾的分泌机能、尿路状态、饲料含水量，以及气温、使役等因素有密切关系。健康状态下，每昼夜排尿次数：牛 5~10 次，尿量 6~10 L，最高达 25 L；绵羊和山羊 2~5 次，尿量 0.5~2 L；猪 2~3 次，尿量 25 L。

泌尿、贮尿和排尿的任何障碍，都可表现出排尿异常。

1. 多尿和频尿

（1）多尿。总排尿量增加，表现为排尿次数增多，而每次排尿量并不减少，见于大量饮水后、慢性肾病、渗出液吸收过程，以及应用利尿剂、尿崩症、糖尿病等。

（2）频尿。表现排尿次数增多，而每次排尿量不多，见于膀胱炎、尿道炎、肾炎。

2. 少尿和无尿

少尿指总排尿量减少，表现排尿次数减少，排尿量减少。无尿亦称排尿停止。少尿和无尿常密切相关。按其病因一般可分为肾前性、肾原性及肾后性少尿或无尿。

（1）肾前性少尿或无尿。见于脱水、休克、心力衰竭、组织内水分潴留。

（2）肾原性少尿或无尿。见于急性肾小球肾炎各种慢性肾脏病（如慢性肾炎、肾肾炎、肾结核、肾结石等）引起的肾功能衰竭。

（3）肾后性少尿或无尿。见于肾盂、输尿管或尿道被结石、血块、脓块、脱落的组织块所阻塞，或由炎性肿胀、肿瘤使管腔变狭小的疾病。

3. 尿潴留

肾泌尿机能正常，而膀胱充满尿液不能排出，见于尿路阻塞（如尿道结石、尿道狭窄）、膀胱麻痹、膀胱括约肌痉挛，以及腰荐部脊髓损害。

4. 排尿失禁

特点是患病动物不取排尿姿势，尿液随意与随时地排出，见于脊髓疾患、膀胱括约肌麻痹、脑病昏迷和濒死期患病动物。

5. 排尿痛苦

其特征是患病动物在排尿过程中，有明显的疼痛表现或腹痛姿势；排尿时呻吟、努责，摇尾踢腹，回顾腹部和排尿困难。常常出现排尿姿势，但无尿排出，或呈滴状或细流状排出。多见于膀胱炎、尿道炎、尿道结石、生殖道炎症及腹膜炎。

6. 尿淋漓

尿淋漓指排尿不畅，尿液呈点滴状或细流状排出。此种现象多是排尿失禁、排尿痛苦和神经性排尿障碍的一种表现，有时也见于老龄体衰、胆怯和神经质的动物。

三、尿液感官检查

在动物排尿时或导尿时收集尿液，注意检查尿的气味透明度、颜色及混有物，用量杯接取尿液，估计其排尿量。

四、肾检查

一般用触诊和叩诊等方法进行肾的检查，大动物比较可行的方法是通过直肠进行触诊。诊断肾病最可靠的办法是尿液的实验室检查。

临床检查大动物的肾可用捶击法，检查者先将左手掌平放于肾区腰背部上，然后用右手握拳。轻轻地在左手背上叩击，同时观察动物的反应。牛及育肥猪肾区外部叩诊，多无明显变化。检查小动物肾时，检查者可用两手在腰椎横突下面自腹上侧进行触诊。肾区的捶击试验或触诊时动物疼痛不安，可提示肾炎。

五、膀胱检查

大动物只能进行直肠触诊膀胱；中小动物则可于后腹部由下方或侧方进行触诊，以判定膀胱的内容物、充满度及其敏感性。

所用导尿管应先用消毒药液浸泡消毒，术者的手臂及被检动物的外生殖器也应清洗、消毒。通常使动物站立保定，特别应保定其后肢，以防踢人。

六、尿道探诊及导尿

1. 公畜的探诊及导尿法

动物保定、清洗其包皮囊的污垢，用右手抓住其阴茎的龟头并慢慢拉出。用左手固定阴茎，以右手用消毒药液（2%硼酸液或0.1%高锰酸钾液等）清洗龟头及尿道口取消毒的导尿管，自尿道口处缓慢插入。当导管尖端达坐骨弓处时，则有一定阻力而难以继续插入，此时可由助手在该部稍加压迫，使导管前端弯向前方，术者再稍稍用力插入，即可进入盆腔而达膀胱，尿液则自行流出。如以采尿为目的，应以清洁、无菌、干燥的容器采集并送往实验室检验。

2. 母畜的导尿法

先将外阴部用0.1%高锰酸钾液洗净；术者右手清洗、消毒后伸入阴道内，在前庭处下方触摸外尿道开口；以左手送入导尿管直至尿道开口部。用右手食指将导管头引入尿道口，再继续送入10 cm左右深度，即达膀胱。必要时可用阴道扩张器打开阴道进行检查。

七、外生殖器检查

1. 公畜外生殖器检查

(1) 睾丸及阴囊检查。检查方法有视诊和触诊。检查时注意阴囊及睾丸的大小、形状、硬度、有无肿胀、发热和疼痛反应。阴囊一侧性显著膨大，触诊时无热，柔软而呈现波动，以有肠管存在，有时经腹股沟管可以还纳，提示为阴囊疝阴囊肿大，睾丸实质肿胀，触诊发热，有压痛，睾丸在阴囊中的移动性很小，见于睾丸炎或睾丸周围炎。

(2) 阴茎和包皮检查。阴茎脱垂，常见于支配阴茎肌肉的神经麻痹或中枢神经机能障碍、阴茎损伤。包皮的肿胀，见于龟头局部肿胀及肿瘤。

2. 母畜外生殖器检查

(1) 阴门检查。检查时如发现阴门红肿，为发情期或有阴道炎，如阴门流出腐败坏死组织块或脓性分泌物时，常为产后排恶露、产后子宫的感染、胎衣不下的腐败、阴道炎、子宫炎。阴门周围肿胀，见于肿瘤。

(2) 阴道检查。当发现阴门红肿或有异常分泌物流出时，应借助开器，详细观察阴道黏膜的颜色、湿度、损伤、炎症、肿物、溃疡及阴道分泌物的变化，同时注意子宫颈的状态。健康母畜阴道黏膜呈粉红色，光滑而湿润。病理状态下，阴道黏膜潮红、肿胀、糜烂或溃疡，分泌物增多，流出浆液黏性或黏稠脓性污秽腥臭液体，见于阴道炎。阴道黏膜呈现血斑。阴道黏膜的黄染同眼结膜黄染。

八、乳房的检查

1. 视诊

乳房在产后1周内水肿为正常生理现象，其他时间的乳房肿胀、皮肤发红则提示为乳房炎；如出现瘢痕和水疱，则为口蹄疫；如出现菜花状增生物则为疣。

2. 触诊

注意乳房皮肤的温度、厚度、硬度有无肿胀、疼痛和硬结，以及乳房淋巴结的状态。检查乳房各部位温度时，应将手贴在相对称的部位进行。检查乳房皮肤厚薄和软硬时，应将皮肤捏成皱褶或由轻到重施加压力而判定，触诊乳房实质及硬结病灶时，需在挤乳后进行。乳房肿胀、发硬，皮肤呈红紫色有热痛反应，乳房淋巴结肿大，见于乳房炎；乳房表面出现丘状凸出，急性炎症反应明显，以后有波动感，为乳房脓肿；乳房淋巴结显著肿大、硬结，触诊无热无痛，常见于奶牛乳房结核。

九、乳汁的感官检查

如挤出的乳汁浓稠，内含絮状物或纤维蛋白性凝块，或混有脓汁、血液，则见于乳房炎。

- **工具准备**

实验动物、保定用具、工作服、体温计、听诊器、消毒用品、动物医院或临床检查室。

- **人员准备**

人员分组，每组 5 人，明确职责分工（表 2-4-2）。

表 2-4-2　任务分配表

任务角色	任务内容
组长：	任务：
组员 1：	任务：
组员 2：	任务：
组员 3：	任务：
组员 4：	任务：

任务筹划

一、方法筹划

(1) 听诊。确定犬泌尿系统器官听诊音是否异常，并做出初步诊断。

(2) 视诊。根据观察犬的症状进行分析判定。

二、流程筹划

第一步：学习体温计、听诊器、叩诊锤的使用。
第二步：利用听诊和触诊的方法完成对病犬泌尿系统器官的检查。
第三步：利用泌尿系统检查的内容对病犬进行全面检查，做出初步诊断。
第四步：利用触诊的方法找到膀胱敏感的原因。
第五步：得出诊断结果。

任务实施

根据任务筹划情况，完成表 2-4-3 的任务实施步骤。

表 2-4-3　任务实施步骤

步骤	任务内容
步骤一	
步骤二	
步骤三	
步骤四	
步骤五	
步骤六	

任务评价

根据任务完成情况，完成任务评价（表 2-4-4）。

表 2-4-4　工作任务完成过程评价

班级：		组别：		姓名：
项目	评分标准	自我评价	小组评价	教师评价
资料收集（30 分）	优秀：操作熟练，分析合理，判断准确（25~30 分）			
	良好：操作较熟练，报告较准确清晰（15~25 分）			
	及格：操作不太熟练，报告有少量错误（5~15 分）			
	不及格：操作不熟练，判断不准确（0~5 分）			
检查内容（30 分）	熟悉动物泌尿系统临床检查的基本程序和方法，各种检查操作熟练，对症状的认知（临床意义）明确（0~10 分）			
	膀胱听诊音异常的分析诊断（0~10 分）			
	泌尿系统器官的检查（0~10 分）			
课后评价（40 分）	是否熟悉任务内容（0~10 分）			
	是否能够准确判定泌尿器官的异常（0~10 分）			
	是否掌握常见动物泌尿系统的疾病（0~15 分）			
	实训结束是否打扫卫生及东西归位（0~5 分）			
合计				
自我评价与总结				
教师点评				

任务五　神经系统的临床检查

任务导入

主诉：病犬头部下垂，眼睛半闭，头顶障碍物不动，对外界反应迟钝，姿势不正常，全身肌肉松软无力，体温升高至40~41℃，持续数日不降，长达5 d。根据所学知识进行初步诊断。

根据任务情况，完成表2-5-1的任务工单。

表2-5-1　任务工单

班级：	姓名：	学号：
任务名称	神经系统的临床检查	
任务描述	根据实际情况，填写本任务的内容、目的、流程和方法。 任务内容：根据主诉及检查情况，做出综合分析判定。 任务目的：培养学生对神经系统疾病的诊断能力。 任务流程：测定体温，观察体温变化；检查病犬的感觉及反射机能；根据主诉情况及收集的信息进行判定。 任务方法：利用触觉、体温计进行必要检查。	
获取信息	要完成任务，需要掌握相关的知识。请收集资料，回答以下问题。 1. 收集犬神经系统疾病。 2. 狂犬病与乙型脑炎的区别是什么？ 3. 乙型脑炎怎么治疗？	
制订计划		

续表

<table>
<tr><td>班级：</td><td colspan="2">姓名：</td><td colspan="2">学号：</td></tr>
<tr><td rowspan="6">任务实施</td><td colspan="4">按照预先制订的工作计划，完成本任务，并记录任务实施过程。</td></tr>
<tr><td>序号</td><td>完成的任务</td><td>遇到的问题</td><td>解决办法</td></tr>
<tr><td></td><td></td><td></td><td></td></tr>
<tr><td></td><td></td><td></td><td></td></tr>
<tr><td></td><td></td><td></td><td></td></tr>
<tr><td></td><td></td><td></td><td></td></tr>
</table>

任务准备

- **知识准备**

一、感觉机能检查

1. 皮肤感觉检查

包括皮肤的触觉、痛觉、温觉和对电刺激的感觉。在动物主要检查其痛觉和触觉。检查时用布将动物的眼睛遮住，用针尖或尖锐物以不同力量先从臀部开始，沿脊柱两侧逐渐向前刺激，直到颈部和头部。对四肢的检查从最下部开始，做环形刺激直至脊柱。健康动物针刺时，出现相应部位的被毛颤动、皮肤或肌肉收缩、竖耳、回头或四肢蹴踢动作。

2. 深感觉（本体感觉）检查

检查时可人为地改变动物肢体自然姿势（使动物两前肢交叉站立等）而观察其反应。健康动物去除外力后，立即复原。深部感觉障碍时，会较长时间保持姿势不变，可能是大脑或脊髓受损。马患慢性脑积水时，常两前肢交叉站立；鸡患马立克病时，常两肢前后叉开卧地。

3. 特殊感觉检查

（1）视觉检查。观察眼睑、眼球、角膜、瞳孔的状态。必要时检查瞳孔对光的反应，即先用手遮盖动物的眼睛，然后迅即放开以观察光线射入后瞳孔的缩小变化。检查视力时可用手指在眼前轻轻晃动并观察动物的闭眼反应。对神经系统疾病诊断有意义的项目如下。

斜视：眼球位置不正，由一侧眼肌麻痹或一侧眼肌过度牵张所致眼球运动，受动眼神经、滑车神经、外展神经及前庭神经支配。当支配该侧眼肌运动的神经核或神经纤维机能受损害时，即发生斜视。

眼球震颤：眼球发生一系列有节奏的快速往返运动，其运动形式有水平方向、垂直方向和回转方向。它提示支配眼肌运动的神经核受害，见于半规管、前庭神经、小脑及脑干等的疾病。

瞳孔：注意瞳孔大小、形状、两侧的对称性及瞳孔对光的反应，瞳孔对光反应是了解瞳孔机能活动的有效测验方法。用手电筒光从侧方迅速照射瞳孔，以观察其动态反应。对于健康动物，当强光照射时，瞳孔很快缩小，除去照射后，随即恢复原状瞳孔扩大；瞳孔扩大是交感神经兴奋（与剧痛性疾病、高度兴奋及使用抗胆碱药有关）或动眼神经麻痹（与颅内压增高的脑病有关）使瞳孔辐射肌收缩的结果。瞳孔缩小是动眼神经兴奋或交感神经麻痹使瞳孔括约肌收缩的结果。见于脑病（如脑炎、脑积水）及使用拟胆碱药及虹膜炎瞳孔大小不等；两侧瞳孔不等，变化不定，时而一侧稍大，时而另一侧稍大，伴有对光反应迟钝或消失，提示脑干受害。

视力：当动物前进通过障碍物时，冲撞于物体上，或用手在动物眼前晃动时，动物不表现躲闪，也无闭眼反应，则表明视力障碍。视网膜、视神经纤维、丘脑、大脑皮层的枕叶受损害。伴有昏迷状态及眼病时，可导致目盲或失明。

眼底检查：观察视神经乳头的位置、大小、形状、颜色、血管状态和视网膜的清晰度、血管分布及有无斑点。

（2）听觉检查。利用人的吆喝声或给予其他音响（如击掌）的刺激，观察动物的反应。内耳损害所引起的听觉障碍，在内科疾病诊断上，具有一定意义。听觉敏感，是若有一点轻微声音，患病动物立即将耳转向声音来源一方，或两耳前后来回移动，同时惊恐不安，乃至肌肉痉挛，见于脑和脑膜疾病。听觉减弱或消失，与大脑皮层叶、延脑受损有关。

（3）嗅觉检查。将动物眼睛遮盖，用有芳香味的物质或优质饲草、饲料置动物鼻前，观察其反应。犬、猫、牛、猪、羊的嗅觉高度发达，而禽类则不发达。用动物熟悉的饲料、饲养护理人员的随身物品气味，或有芳香气味的物质，让动物闻嗅，但应防止被看见，以观察其反应。健康动物则寻食，出现咀嚼动作，唾液分泌增加。对犬，则检查其对一定气味的辨识方向。当嗅神经、嗅球、嗅传导路径和大脑皮层受害时，则嗅觉减弱或消失，但应排除鼻黏膜疾病引起的嗅觉障碍。

4. 反射机能检查

（1）皮肤反射检查。①耳反射。检查时用纸卷、毛束轻触耳内侧被毛，正常时动物摇耳或转头。检查时用纸卷或毛束轻触耳内侧被毛，正常时动物摇耳或转头，反射中枢在延脑及第1~2颈髓段。②鬐甲反射。轻触鬐甲部被毛，正常时肩部及鬐甲皮肤收缩、抖动，反射中枢在第7颈髓及第1~2胸髓段。③腹壁反射和提睾反射。用针轻刺腹部皮肤，正常时相应部位的腹肌收缩、抖动，即为腹壁反射。刺激大腿内侧皮肤时，睾丸上提，即为提睾反射。腹壁反射和提睾反射的反射中枢均在胸、腰髓段。④会阴反射。轻轻刺激会阴部或尾根下方皮肤时，引起向会阴部缩尾的动作，反射中枢在腰荐髓段。⑤肛门反射。刺激肛门周围皮肤时，正常时肛门括约肌迅速收缩，反射中枢在第4~5荐髓段。

（2）黏膜反射检查。①喷嚏或咳嗽反射。刺激鼻黏膜则引起喷嚏或振鼻；刺激喉、气管和支气管黏膜时，引起咳嗽反射。②角膜反射。用手指、纸片或羽毛轻轻刺激角膜，动物立即闭眼。

（3）深部反射检查。①膝反射。检查时使动物侧卧，让被检动物后肢保持松弛，用叩诊锤背面叩击膝韧带直下方。对正常动物叩击时，下肢呈伸展动作。②跟腱反射。又称关节反射，检查方法与膝反射相同。叩击跟腱，正常时跗关节伸展而球关节屈曲。

（4）反射机能的病理变化。①反射增强或亢进。反射弧或反射中枢兴奋性增高或刺激过强所致。大脑对低级反射弧的抑制作用减弱甚至消失时，也引起反射亢进。提示有脊髓背根、腹根或外周神经的炎症、受压和脊髓膜炎。在破伤风、士的宁中毒、有机磷中毒、狂犬病时，常见全身反射亢进。当脊髓损伤时，由于失去大脑对损伤以下脊髓节段的控制，使脊髓反射活动加强，则出现腱反射增强。②反射减弱或反射消失。反射弧的路径受损伤所致。无论反射弧的感觉神经纤维、反射中枢、运动神经纤维的任何一部分受损伤，或反射弧虽无器质性损害，而其兴奋性降低时，均可导致反射减弱，甚至反射消失。提示有传入神经、传出神经、脊髓背根、脊髓腹根，或脑、脊髓灰白质受损伤。此外，在动物处于意识丧失、麻醉或昏迷状态下，由于高级神经中枢兴奋性降低，也会引起反射减弱或消失。

- **工具准备**

实验动物、保定用具、工作服、听诊器、时钟（或秒表）、额镜、手电筒、动物开口器、母牛开腟器、母牛导尿管、针头、保定用具及消毒用品等。

- **人员准备**

人员分组，每组 5 人，明确职责分工（表 2-5-2）。

表 2-5-2　任务分配

任务角色	任务内容
组长：	任务：
组员 1：	任务：
组员 2：	任务：
组员 3：	任务：
组员 4：	任务：

任务筹划

一、方法筹划

神经系统诊断。

二、流程筹划

第一步：初步检查病犬体温、心率、脉搏，记录检查结果。

第二步：利用手电筒检查精神状态、感觉、运动及反射机能状态，记录检查结果。

第三步：完成对病犬的最终判定。

第四步：综合以上检查结果，做出最终诊断，并写出治疗方案。

任务实施

根据任务筹划情况，完成表 2-5-3 的任务实施步骤。

表 2-5-3 任务实施步骤

步骤	任务内容
步骤一	
步骤二	
步骤三	
步骤四	
步骤五	
步骤六	

任务评价

根据任务完成情况，完成任务评价（表 2-5-4）。

表 2-5-4 工作任务完成过程评价

班级：		组别：		姓名：
项目	评分标准	自我评价	小组评价	教师评价
资料收集（30 分）	优秀：操作熟练，分析合理，判断准确（25~30 分）			
	良好：操作较熟练，报告较准确清晰（15~25 分）			
	及格：操作不太熟练，报告有少量错误（5~15 分）			
	不及格：操作不熟练，判断不准确（0~5 分）			
检查内容（30 分）	熟悉动物神经系统临床检查的基本程序和方法，各种检查操作熟练，对症状的认知（临床意义）明确（0~10 分）			
	能否判定感觉机能和浅表反射异常的表现（0~10 分）			
	体温、脉搏和呼吸数的测定（0~10 分）			

续表

班级：		组别：	姓名：	
项目	评分标准	自我评价	小组评价	教师评价
课后评价（40 分）	是否熟悉任务内容（0~10 分）			
	是否能够准确判定神经系统的异常（0~10 分）			
	是否掌握常见动物神经系统的疾病（0~15 分）			
	实训结束是否打扫卫生及东西归位（0~5 分）			
合计				
自我评价与总结				
教师点评				

项目检测

请扫描二维码 2-1 进入在线测试，可反复答题，直到获得满意的结果。

二维码 2-1　项目二检测

项目三 实验室检验技术

项目导读

本项目内容主要针对的是实验室检查技术，包括血液生化、尿液生化、粪便生化检验。主要使学生掌握基本的实验室检查技术，从而逐步提高学生使用仪器、分析结果的能力。

知识目标

（1）掌握血常规仪器的操作步骤。

（2）掌握血常规检验结果及特征症状的临床意义。

（3）掌握尿液分析仪使用的操作步骤。

（4）掌握尿液分析结果的判定标准及意义。

（5）掌握粪便检查基本程序及虫卵检测的方法。

（6）应用实验室仪器开展动物样品的化验，并发现异常值及其临床意义。

技能目标

（1）掌握采血技术及导尿技术。

（2）掌握血液分析仪的使用技术。

（3）掌握尿液分析仪的实用技术。

（4）应用实验室仪器开展动物样品的化验，并发现异常值及其临床意义。

（5）依据患病动物的病情制订手术计划，并通过手术有效地治疗动物。

素养目标

（1）培养热爱本专业技术工作，具有良好的职业道德。

（2）具有较强的自我知识更新意识、创新意识和创业能力及关爱动物的理念。

（3）掌握实验室化验技术及指标分析的能力，培养学生正确使用仪器和保持实验室卫生的意识等。

（4）通过实验室检查技术的学习，培养学生严谨的科学态度。

思政目标

(1) 培养学生的科研精神。
(2) 在实验室检查中培养学生严谨的科学态度。
(3) 培养学生的安全意识。

任务一　血液生化检验

任务导入

主诉：病猫不吃不喝，没有胃口，想吃东西但是看着就不吃了，消瘦，尿黄，呕吐，吐黄水或者泡沫，精神不振，眼睛无神，喜跪趴着，不躺卧，不睡觉，抵触摸肚子，推测肝疼，傍晚体温升高，鼻子发干，耳朵热。根据所学知识进行初步诊断。

根据任务情况，完成表3-1-1的任务工单。

表3-1-1　任务工单

<table>
<tr><td colspan="2">班级：</td><td>姓名：</td><td>学号：</td></tr>
<tr><td>任务名称</td><td colspan="3">血液生化检验</td></tr>
<tr><td>任务描述</td><td colspan="3">根据实际情况，填写本任务的内容、目的、流程和方法。
任务内容：根据主诉及检查情况，做出综合分析判定。
任务目的：培养学生利用实验室检查的手段进行诊断的能力。
任务流程：通过主诉症状，选用合适的检查项目；检查病犬肝功能；学会使用生化分析仪，并分析检验结果。
任务方法：生化分析仪的使用，结果判定。</td></tr>
<tr><td>获取信息</td><td colspan="3">要完成任务，需要掌握相关的知识。请收集资料，回答以下问题。
1. 实验室最基本的检查有哪些？
2. 肝炎诊断的方法有哪些？
3. 判断出病因，并给出治疗方案。</td></tr>
</table>

续表

<table>
<tr><td colspan="2">班级：</td><td colspan="2">姓名：</td><td>学号：</td></tr>
<tr><td>制订计划</td><td colspan="4"></td></tr>
<tr><td rowspan="6">任务实施</td><td colspan="4">按照预先制订的工作计划，完成本任务，并记录任务实施过程。</td></tr>
<tr><td>序号</td><td>完成的任务</td><td>遇到的问题</td><td>解决办法</td></tr>
<tr><td></td><td></td><td></td><td></td></tr>
<tr><td></td><td></td><td></td><td></td></tr>
<tr><td></td><td></td><td></td><td></td></tr>
<tr><td></td><td></td><td></td><td></td></tr>
</table>

任务准备

- **知识准备**

一、采血技术

1. 禽类的采血技术

翼根静脉采血，将翅膀展开，暴露腋窝，拔掉羽毛，即可见明显地由翼根进入腋窝较粗的翼根静脉，局部消毒，术者用左手拇指、食指压迫此静脉向心端，使血管怒张，右手将针头由翼根向翅膀方向沿静脉平行刺入血管内，让血液自主流出，不可用注射器用力抽取，以免引起静脉塌陷和出现气泡。

心脏采血，将禽类侧卧保定，从胸骨脊前端至背部下凹处连线的 1/2 处垂直刺入 2~3 cm 即可采得血液。成年鸡每次可采血 5~10 mL。

2. 猪的采血技术

耳静脉采血，成年猪一般在耳静脉采血，将耳根压紧，待耳静脉怒张时，局部消毒，用较细的针头刺入血管即可抽出血液。前腔静脉采血，如所需血液量大，或有特殊需要时可采用此法。将猪仰卧保定（仔猪或中等大小的猪）或站立保定（肥育猪），将两前肢向后拉直或用绳环套住上颌拴于柱栏内，仰卧保定时要将头颈伸展，充分暴露胸前窝在右侧（或左侧）胸前窝处局部消毒，手持注射器使针头斜向对侧或向后内方与地面呈 0°刺入 3~6 cm 深即可抽出血液，术后常规消毒。

3. 牛羊的采血技术

一般多取颈静脉采血。在颈静脉上 1/3 与中 1/3 交界处，局部剪毛、消毒，术者左手拇指紧压颈静脉近心端待颈静脉怒张时，右手持针头对准血管先垂直进针，待针头进入血管之后慢慢调整针头方向（逆着血流方向采血），见血液流出后连接注射器抽取或直接用抗凝剂处理的容器接收即可获得血液样品。目前多采用真空采血器进行。此外，奶牛可在腹壁皮下静脉（乳前静脉）采血。牛也可取尾静脉采血，助手尽量将尾巴向上高举，术者用针头在第 2~3 尾椎间垂直刺入轻轻抽动注射器内芯，直到抽出一定量的血液为止。

4. 犬、猫的采血技术

常在前臂皮下静脉（头静脉）和后肢外侧小隐静脉采血和前臂皮下静脉位于前肢腕关节正前方稍偏内，后肢外侧小隐静脉位于后肢胫部下 1/3 的外侧浅表的皮下由前侧方向后行走（图 3-1-1）。

图 3-1-1　前臂头静脉采血

5. 实验小动物（鼠、兔）的采血技术

鼠等实验小动物主要有剪尾采血、耳静脉采血、耳缘剪口采血、断头取血及心脏采血鼠类的采血。如需血量较少可用剪尾采血，将尾部毛剪去后消毒，为使尾部血管充盈可将尾浸在温水中数分钟擦干，用剪刀割去尾尖，让血液自由滴入盛器。兔的耳静脉采血常做多次反复取血用。将兔头部固定，选静脉清晰的耳朵，局部剪毛消毒，用手指轻轻摩擦兔耳，使静脉扩张，用注射器在耳缘静脉末端刺破血管，待血液流出取血或将针头逆血流方向刺入耳缘静脉取血。兔也可心脏取血，将兔仰卧固定，在第 3 肋间胸骨左缘 3 mm 处，将注射器垂直刺入心脏，血液随即进入注射器。

【注意事项】

血液样本分为全血、血浆和血清。全血由血细胞（红细胞、白细胞、血小板）和血浆组成，主要用于临床血液学检查，如血细胞计数、分类和形态学检查。血浆为全血去除血细胞的部分，用于血浆化学成分的测定，适合于临床生化检验，特别是各种离子、酶和激素的测定。血清是血液凝固后析出的液体部分，除纤维蛋白原等凝血因子在凝血时被消耗外，其他成分与血浆基本相同，适合于多数临床化学和免疫学检验。血液样品的采集方法应根据检验项目、用血量的多少及动物的特点而定，可取静脉采血、末梢部位采血和心脏采血。各种动物的采血部位。

如需分离血清（不需加抗凝剂），采血后将试管倾斜放置于室温或盛有 25~37℃温水容器中。牛、羊、猪的血样应先离心数分钟，然后斜置于装有温水的容器内可加快血清析出，血浆则应在采集抗凝血后，让其自然下沉或离心后取上层液即可。

血样采集后，应尽快检验和送检。不能立即送检的血样，血片首先应固定，若是抗凝血、血浆和血清应置于冰箱内 2~8℃保存。送检血样应编号，并避免剧烈振摇。血样的保存时间，可根据检查项目而定。

二、血样的处理

1. 血样的处理过程

血液采集后，最好立即进行检验，或放入冰箱中保存，夏天在室温放置不得超过 24 h。不能立即检验的，应将血片涂好固定，需用血清的，采血时不加抗凝剂，采血后血液置于室温或37℃恒温箱中血液凝固后，将析出的血清移至容器内冷藏或冷冻保存。需用血浆者，采抗凝血，将其及时离心（2 000~3 000 r/min）5~10 min，吸取血浆于密封容器中冷冻保存。注意：进行血液电解质检测的血样，血清或血浆不应混入血细胞或溶血。

2. 血液的抗凝

血液的抗凝是指用物理或化学方法除去或抑制血液中某些凝血因子的活性，以阻止血液凝固。能够阻止血液凝固的物质，称为抗凝剂或抗凝物质。临床上应根据检查项目而选用不同的抗凝剂种类，抗凝剂的选用要求达到溶解快、接近中性、不影响测定结果。进行血液常规检验及全血分析时，应加入一定量抗凝剂以防止血液凝固。下面介绍几种实验室常用的抗凝剂及其使用方法。

（1）乙二胺四乙酸（EDTA）盐。能与血液中钙离子结合成合物EDTA-Ca而起抗凝作用，常用其钠盐（$EDTA-Na_2 \cdot 2H_2O$）或钾盐（$EDTA-K_2 \cdot 2H_2O$），EDTA盐对血细胞和血小板形态影响很小，而对其功能影响较大，因此适用于常规血液学检验。EDTA由于能抑制或干涉纤维蛋白凝块形成时纤维蛋白单体的聚合，不适宜凝血现象及血小板功能检验，也不适合于钙、钾、钠及含氮物质的测定。其有效抗凝浓度为1~2 mg/mL血液，常配成1.5%水溶液，分装经100℃烘干后使用EDTA作为抗凝剂，其优点是溶解性好，价廉；但此类抗凝剂浓度过高时，会造成细胞皱缩，EDTA溶液pH值与盐类关系较大，低pH值可使细胞膨胀此外，EDTA影响某些酶的活性。

（2）草酸盐合剂。草酸盐溶解后解离的草酸根离子与血液中的钙离子结合生成不溶性的草酸钙，使钙离子失去凝血功能，凝血过程被阻断。常用的草酸盐为草酸钾、草酸钠和草酸铵高浓度钾离子或钠离子，易使血细胞脱水皱缩，而草酸铵则可使血细胞膨胀，故临床上常用草酸盐合剂分别取草酸铵1.2 g和草酸钾0.8 g，溶解于100 mL蒸馏水中，此溶液0.5 mL分装后于80℃烘干后可使2~5 mL血液不凝固。常用于血液生化测定。由于此抗凝剂能保持红细胞的体积不变，故也适用于红细胞压积容量测定，但因影响白细胞形态，并可造成血小板聚集，不能用于白细胞分类计数和血小板计数。

（3）枸橼酸盐。枸橼酸根与血液中钙离子形成难解离的可溶性枸橼酸钙复合物，使血液中钙离子减少，而阻止血液凝固，常用的是枸橼酸三钠。该类抗凝剂溶解度较低，抗凝效果较弱，临床上主要用于红细胞沉降速率测定、凝血功能测定和输血，不适宜血液化学检验。一般情况下，该抗凝剂的使用浓度为3.8%，1 mL可抗凝4 mL血液。

（4）肝素。肝素是一种含有硫酸基团的黏多糖，因有硫酸基团而带强大的负电荷。肝素与抗凝血酶Ⅲ结合，使抗凝血酶Ⅲ的精氨酸反应中心更易与各种丝氨酸蛋白酶起作用，使凝血酶的活性丧失，并阻止了血小板聚集等多种抗凝作用。常用肝素的钠盐或钾盐肝素具有抗凝效果好、不影响血细胞形态及不易溶血等优点；缺点是可引起白细胞聚集，血涂片在瑞氏染色时效果较差，且价格贵。可用于多种血液生物化学分析和细胞压积测定，是红细胞渗透脆性检验的最理想抗凝剂，不适合白细胞计数、血小板计数、血涂片检查及凝血检查。常配成1%浓度，取0.5 mL分装后于37~50℃烘干后可使5 mL血液不凝固。肝素抗凝剂应及时使用，放置过久易失效。

三、血涂片的制作

血液涂片制备，选取一张边缘光滑的载玻片作推片，用左手的拇指和中指（或食指和中指）夹持一张洁净载玻片的两端，取被检血液一滴（最好是新鲜的未加抗凝剂的血液）置于载玻片的右端，右手持推片（将载玻片一端的两角磨去即可，也可用血细胞计数的盖片作推片）置于血滴前方，并轻轻向后移动推片，使之与血液接触，待血液扩散开后，再以30°~45°向前均速推进，即形成一血膜（图3-1-2）。良好的血片，其头、体、尾明显，血液分布均匀，厚薄适宜，血膜边缘整齐，并留有一定空隙，对光观察呈霓虹色。待血膜自然风干后，于载玻片两端留有空隙处注明动物种类、编号、日期等即可。进行染色推片时，血滴越大，角度（两玻片之间的锐角）越大，推片速度越快，则血膜越厚；反之，则血膜越薄。白细胞分类计数的血膜宜稍厚，进行红细胞形态及血原虫检查的血片宜稍薄。推好的血片可于空气中左右挥动，使其迅速干燥，以防细胞皱缩而变形。反之，则需重新制作，直至合格，再行染色。血液涂片的染色可选用下列方法之一，但瑞氏染色法较常用。

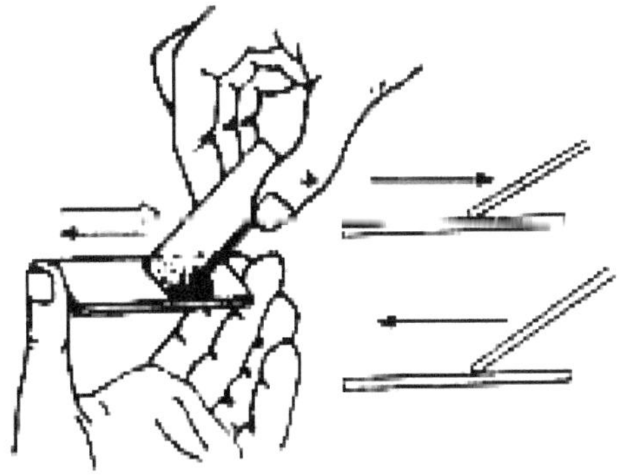

图3-1-2　血涂片的制备方法

1. 瑞氏染色法

瑞氏染料是由酸性染料伊红和碱性染料亚甲基蓝组成的复合染料。染色包括物理吸附作用与化学亲和作用，各种细胞成分化学性质不同，对各种染料的亲和力也存在差异，因此，染色后可观察到不同细胞呈现不同颜色。如嗜酸性物质（血红蛋白、嗜酸性颗粒为碱性蛋白）可与伊红结合被染成红色；嗜碱性物质（细胞核蛋白和淋巴细胞胞质为酸性），与碱性染料亚甲蓝或天青结合，染为紫蓝色或蓝色；中性物质（中性颗粒）呈等电状态，均可与伊红和亚甲蓝结合，染为淡紫红色。

（1）瑞氏染色液的配制。瑞氏染粉0.1 g，甲醇60 mL。将0.1 g瑞氏染色粉置于研钵中，加少量甲醇研磨，然后将已溶解的染液倒入洁净棕色瓶内，剩下未溶解的染料再加少量甲醇研磨，如此反复，直至染料全部溶解为止。染液于室温下保存1周（每天振摇一次），过滤后即可应用新配的染液偏碱性，放置时间越久则染色效果越好。配制时可在染液中加入中性甘油3 mL，可防止染色时甲醇过快挥发，且可使细胞着色更清晰。

（2）染色方法。先用玻璃铅笔在血膜两端各画一竖线，以防染液外溢，将血片平置于水平染色架上；于血片上滴加瑞氏染液，以将血膜盖满为宜；待染色1~2 min后，再加等量磷酸盐缓冲溶液（pH 值 6.4~6.8），或中性蒸馏水，并轻轻摇动或用洗耳球轻轻吹动，以使染色液与缓冲溶液混合均匀，继续染色 3~5 min；最后用蒸馏水冲洗涂片，自然干燥或用吸水纸吸干，待检染色良好的血片应呈樱桃红色。

2. 吉姆萨染色法

吉姆萨染液由天青、伊红组成，染色原理和结果与瑞氏染色基本相同，但对细胞核和寄生虫着色较好，结构更清晰，而对细胞质和中性颗粒染色较差。

（1）吉姆萨染色液的配制。吉姆萨染色粉 0.5 g，中性甘油 33 mL，中性甲醇 33 mL。先将 0.5 g 吉姆萨染色粉置于研钵中，再加入少量甘油充分研磨，然后加入剩余甘油，在 50~60℃水浴中保持 1~2 h，并经常用玻棒搅拌，使染色粉溶解，最后加入中性甲醇，混合后置于棕色瓶中，保存 1 周后过滤即成原液。

（2）染色方法。先将涂片用甲醇固定 3~5 min，然后置于新配吉姆萨应用液（于 0.5~1.0 mL 原液中加入 pH 值 6.8 磷酸盐缓冲溶液 10.0 mL 即得）中染色 30~60 min；取出血片，用蒸馏水冲洗，自然干燥或用吸水纸吸干，待检。染色良好的涂片应呈玫瑰紫色。

3. 瑞-吉复合染色法

此方法染色对细胞及血原虫效果较好，对细胞质及颗粒的染色较瑞氏染色法差。

（1）瑞-吉复合染色液的配制。瑞氏染色粉 0.5 g，吉姆萨染色粉 0.5 g，甲醇 500 mL，取瑞氏染色粉和吉姆萨染色粉各 0.5 g 置于研钵中加入少量甲醇研磨，倾倒至棕色瓶中，用剩余甲醇再研磨，最后一并装入瓶中，保存 1 周后过滤即可。

（2）染色方法。先于血膜上滴加染液，经 0.5~10 min 后，再加入等量 pH 值 6.8 磷酸盐缓冲溶液（pH 值 6.8 磷酸盐缓冲溶液的配制：量取 1%磷酸二氢钾 30.0 mL 和 1%磷酸氢二钠 30.0 mL 混合后，再加双蒸水定容至 1 000.0 mL）混匀，继续染色 5~10 min，水洗，干燥，待检染色效果主要取决于两个环节，首先是染色液的酸碱度，染色液偏碱时呈灰蓝色，偏酸时呈鲜红色。因此，要保证甲醇、甘油、蒸馏水、玻片等保持中性或弱酸性，并尽可能使用磷酸盐缓冲溶液；其次是染色时间，这与染液性能、浓度，室内温度和血片的厚薄有关。

【注意事项】

①载玻片应事先处理干净，新玻片常有游离的碱质，应先用肥皂水洗刷，流水冲洗，然后浸泡于 1%~2%盐酸或醋酸溶液中约 1 h，再用流水冲洗，烘干后浸于 95%酒精或纯酒精中备用。旧玻片则应先放入加洗衣粉的水中煮沸 30 min 左右（若是细菌涂片先高压灭菌后再进行煮处理），洗刷干净后再用流水反复冲洗，烘干后浸于 95%酒精或纯酒精中备用。使用时用镊子取出载玻片擦干，切勿用手指直接与玻片表面接触，以保持玻片的清洁。

②推制血片时，两张玻片不要压得太紧，用力要均匀。

③用玻璃铅笔在血膜的两端画线起到防止染色液外溢的作用，不影响染色效果。

④滴加瑞氏染液的量不宜太少，太少易挥发而形成颗粒；滴加缓冲溶液要混合均匀，否则会出现血片颜色深浅不一。

⑤冲洗时应将蒸馏水直接向血膜上倾倒，使液体自血片边缘溢出，沉淀物从液

面浮去，切不可先将染液倾去再冲洗，否则沉淀物附着于血膜表面而不易被冲掉。

⑥瑞氏染色法染色良好的血涂片应呈樱桃红色，若呈淡紫色，表明染色时间过长；若呈红色，则表明染色时间过短。染色液偏碱时血片呈烟灰色，偏酸时血片呈鲜红色。

四、血液生化检验

1. 血液非蛋白氮测定

血液中除蛋白质外的含氮物质称为非蛋白氮，主要包括尿素、尿酸、肌酸、肌酐、谷胱甘肽、氨基酸、核苷酸等蛋白质和核酸的代谢物及代谢产物。

（1）原理。血液中非蛋白氮物质不被蛋白质沉淀剂所沉淀。因此，以蛋白沉淀剂去除蛋白质，制得的无蛋白滤液即含有非蛋白氮物质。钨酸是主要的蛋白质沉淀剂，将无蛋白滤液内的非蛋白氮物质，经硫酸消化后转变为硫酸铵，再与奈氏试剂作用呈现棕黄色，其含量与同样处理的标准铵盐溶液比色测定

（2）测定方法。取草酸钾抗凝全血，以钨酸法制备 1∶10 无蛋白滤液（方法同血液葡萄测定），然后按照表 3-1-2 操作。

表 3-1-2　血液非蛋白氮测定操作步骤

步骤	添加物质	测定管	标准管	空白管
1	无蛋白血滤液（mL）	1	1	0
	硫酸铵标准液（mL）	0	0	0
	50%硫酸溶液（mL）	0. 2	0. 2	0. 2
	玻璃珠（粒子）	1	1	0
2	将测定管置于酒精灯上以小火加热消化，待管中充满白烟，管底液体由黑色转为透明为止（可加过氧化氢溶液 12 滴以加速消化），冷却 30 min			
3	蒸馏水加至（mL）	7	7	7
4	碘化汞钾试剂应用液（mL）	3	3	3
5	混合后，等待 10 min，用 480 mm 波长或蓝色滤光板进行比色，以空白管校正光密度至“0”，分别读取各管读数，该操作应在 20 min 内完成			

（3）计算。全血非蛋白氮含量（mg/d）= 测定管光密度×0. 03×100。

（4）正常参考值。全血非蛋白氮含量参考值：牛 20～40 mg/100 mL；绵羊 20～38 mg/100 mL；山羊 30～44 mg/100 mL；猪 20～45 mg/100 mL；马 20～40 mg/100 mL。

（5）临床意义。血液中的非蛋白氮成分均是蛋白质和核酸的代谢产物，非蛋白氮大部分由肾排泄至体外，如蛋白质分解代谢增加或肾排泄有障碍或肝受到严重损伤时，均可影响血液非蛋白氮含量。

非蛋白氮增高：见于亚急性和慢性肾炎、尿毒症、肾盂积水、泌尿系统结石阻塞、严重烧伤、严重呕吐、腹泻、幽门痉挛、肠梗阻、血红蛋白尿、甲状腺功能亢

进末期、肾上腺机能不全、前列腺肥大或肿瘤、重金属中毒等。

非蛋白氮降低：见于中毒性肝炎、胆管术后、妊娠晚期等。

2. 红细胞渗透脆性测定

红细胞渗透脆性试验主要是测定红细胞对低渗溶液的抵抗能力，故又称为红细胞抵抗。红细胞对低渗溶液的抵抗力与其厚度有关，厚度越大，膜面积与体积之比越小，即渗透脆性越大。

（1）原理。红细胞在等渗氯化钠溶液中，其形态保持不变，若置于一系列不同浓度的低渗氯化钠溶液中，则因水分进入红细胞内，使其逐渐膨胀以致破裂溶血。开始（即部分红细胞破裂）为最小抵抗，完全溶血（即红细胞全部破裂）为最大抵抗。红细胞对低渗氯化钠抵抗力不完全相同，抵抗力小，表示渗透脆性高；抵抗力大，则表示渗透脆性低。抵抗力大小用氯化钠溶液的浓度来表示。

红细胞渗透脆性的大小，除与血液中盐类浓度有关外，也与红细胞膜状态，特别是与其中的类脂质具有重要关系。类脂质因可吸收血液中的毒物而易发生溶血。此外，红细胞渗透脆性还与红细胞年龄有关。幼年红细胞，其渗透脆性高；而衰老红细胞，则其渗透脆性低。

（2）测定方法。①取 24 支清洁、干燥的小试管，其中 1 支作为正常对照管，其余 23 支为测定管，编号后按顺序排列于试管架上。②以相同角度顺次滴加蒸馏水和 0.8% NaCl 溶液，第 1 管加入 0.8% 氯化钠 1.0 mL，从第 2 管起每管递减 0.02 mL，第 1 管的氯化钠溶液的浓度为 0.8%，最后 1 管的氯化钠溶液的浓度为 0.34%，每管浓度递减 0.02%。③用血红蛋白吸管吸取血液，向上述各试管分别加入血液 2 mL，轻轻摇匀，静置 10～15 min，然后离心 5 min（或静置 8～12 h）。④观察结果并记录。开始溶血（最小抵抗力）时上层液体开始出现淡红色，而管底有多量未溶解的红细胞；完全溶血（最大抵抗力）时整管均呈深红色，管底无红细胞沉淀。

【注意事项】

①氯化钠应选用纯品。

②试验所用器材均应干燥、洁净，以免造成溶血而致红细胞脆性增加。

③防止酸、碱、尿素、肥皂等物质污染而引起溶血。

④观察结果时要细致，尤其对开始溶血的试管更要仔细观察。此试验最好同时以健康动物作对照。

（3）正常参考值。健康动物红细胞渗透脆性正常参考值：牛的最小抵抗力（%）与最大抵抗力（%）分别为 0.74%～0.64%与 0.46%～0.42%，山羊的分别为 0.77%～0.63%与 0.59%～0.47%，绵羊的分别为 0.80%～0.76%分别为 0.50%～0.46%，猪分别为 0.86%～0.78%与 0.48%～0.42%。

（4）临床意义。红细胞渗透脆性测定的目的主要是了解贫血，尤其是溶血性贫血的性质。①在某些病理情况下，由于红细胞的渗透脆性增高，可造成红细胞破坏加剧，导致溶血性贫血。红细胞渗透脆性增高即红细胞抵抗力降低，主要见于自体免疫溶血性贫血。由于机体对自体的红细胞产生球蛋白抗体，该抗体被覆于红细胞膜上，使红细胞增厚近似球形，水分易于进入而致其破裂。幼年红细胞对渗透压的抵抗力虽小，但对溶血毒物的抵抗力较大此外，还见于动物的溶血性毒物中毒及其他溶血性疾病。②红细胞渗透脆性降低即红细胞抵抗力增高，主要见于幼畜缺铁性贫血时，红细胞扁而薄，血红蛋白含量较少较多的水分进入而致破裂此外，也可见于实质性黄疸、阻塞性黄疸及骨髓机能减退等，衰老的红细胞对渗透压的抵抗力较稳定，但对溶血毒物抵抗力甚弱。

3. 血液凝固时间测定

血液凝固时间指血液自血管流出至完全凝固所需的时间，用判定血液的凝固能力。

（1）原理。血液离开血管之后与异物表面接触后激活了血液中有关的凝血因子，形成血活酶、凝血酶，致使可溶性纤维蛋白原转变成难溶性的纤维蛋白而使血液凝固。

（2）器材。恒温水浴箱、针头、带刻度小试管、载玻片、秒表等。

（3）测定方法。①试管法。采血前准备带刻度小试管 4 支，置于 25～37℃恒温水浴箱内加温静脉血，分别置于 4 支小试管内，见到出血后立即按秒表开始计时，当每支小试管各盛血液 1 mL 时，再将试管放回水浴箱内，采血放置 3 min 后，每隔 30 s 倾斜试管一次，直到翻转试管液不流出为止，记录时间。4 支试管血凝的平均时间即为被测动物的血凝时间。②玻片法。自静脉采血或用注射针头穿刺耳尖，见到出血后立即用秒表记录时间，血液一滴，放于载玻片的一端，将玻片稍倾斜，滴有血液的一端向上，此时未凝固的血液上而下流动，形成一条血线，静置 2 min，夏天应放在平皿内，以防水分蒸发，以后每隔 30 s 用针尖拨血线一次，待针头挑起纤维丝时，按停秒表并记录时间，即为血凝时间。

【注意事项】

①器材不洁可加快血凝速率，因此所用的玻璃器皿必须洁净、干燥。

②采血针头要锐利，以免钝的针头损伤组织，使组织液混入血液而加速血液凝固。

③血液流入试管时，让血液沿管壁缓缓流下，以免产生气泡影响结果。

（4）正常参考值。①试管法。牛 8～11 min，山羊 6～11 min，犬 7～16 min。②玻片法。牛 5～6 min，猪 3.5～5 min，犬 10 min。

（5）临床意义。血凝时间的测定主要用于初步鉴别止血过程中的血凝机制环节是否发生障碍。肝、脾穿刺及大手术前为预防人出血，应进行此项测定。①血凝时间延长。血浆内任何一种凝血因子的严重缺陷几乎均可引起凝血时间延长见于重度贫血、血斑病、严重肝脏疾病及某些出血性素质等疾病。血凝时间延长主要是血因子、血凝因子、维生素 K 缺乏以及伴有弥散性血管内凝血（DIC）的重症疾病等，液中抗凝物质增多。②血凝时间缩短。血凝时间明显缩短，说明体内有血栓形成的可能或已开始形成血栓偶见于纤维素性肺炎。

4. 血红蛋白含量测定

血红蛋白是一种含铁的色素蛋白，是红细胞的主要内含物，是红素和珠蛋白肽链连接而成的一种结合蛋白。血红蛋白占红细胞的32%~36%，占红细胞干重的96%血红蛋白的测定方法很多，如氰化高铁血红蛋白测定法、碱羟高铁血红素法、沙利氏法等。因沙利氏法简便、快速，目前仍被兽医临床广泛应用。

（1）原理。血液与0.1 mol/L盐酸作用后，血红蛋白变为棕色酸性血红蛋白，与标准比色卡比色，求出每100 mL血液中所含血红蛋白的百分数或质量。

（2）器材与试剂。①器材。沙利氏血红蛋白计［比色架、标准比色柱、血红蛋白测定管、沙利氏吸管（也称为血红蛋白吸管，上面有两个刻度，分别为10μL和20μL，专门用于取定量血液）］。测定管上有两种刻度，从下往上，一侧有2~24的刻度，表示100 mL血液中所含血红蛋白的质量（g）；另一侧有20~140的刻度，表示100 mL血液中血红蛋白的百分数。国产的血红蛋白是以每100 mL血液含14.5 g血红蛋白为100%而设置。另外，还需小玻璃棒、滴管、脱脂棉等。②试剂。0.1 mol/L盐酸（也可用1%的盐酸代）、蒸馏水、乙醇、乙醚。

（3）测定方法。①于测定管内加入0.1 mol/L盐酸至"2"或百刻度"20"处。②用沙利氏吸管吸取被检血液至"20 μL"刻度处，并用棉球拭去管外壁血液，迅速将管内血液缓缓吹入测定管内的盐酸底部；再吸取上清液，反复吹吸数次，以洗出沙利氏吸内黏附的血液。③混匀，将测定管插入比色架内，静置10 min。④沿管壁加入蒸馏水或0.1 mol/L盐酸，边加边摇匀逐步稀释直到与标准比色柱的色调一致为止，读取测定管内液柱凹面的刻度值，即为100 mL血液中血红蛋白的质量百分数。

（4）正常参考值。奶牛血红蛋白含量正常参考值为（8.37±0.7）g/100 mL。

（5）临床意义。①血红蛋白含量增高。常见于因机体脱水而血液浓缩的各种疾病，如腹泻、剧烈呕吐、大出汗、多尿等，也见于肠便秘、瓣胃阻塞及某些中毒病真性红细胞增多以及心肺疾病时，由于代偿作用所致的红细胞增多，血红蛋白含量也相应增高。②血红蛋白含量降低。见于各种贫血、血孢子虫病、急性钩端螺旋体病、胃肠寄生虫病及中毒病。

【注意事项】

①为了减少误差，向测定管内的盐酸中加入血液时要避免气泡产生，如果有气泡产生，用小玻璃棒蘸少量95%酒精，然后接触气泡，即可消除。

②为了使结果更为准确，在读数后再加蒸馏水1滴，如液体色泽变淡，以前一次读数为准；如液体色泽不变淡，则需重新读数，以后一次读数为准。

5. 红细胞计数

红细胞计数指计算单位体积内（通常为1 mm^3）血液中所含红细胞的数目。其计数方法有显微镜计数法、光电比浊法、电子计数仪计数法等，目前兽医临床多采用试管稀释法。

（1）原理。将一定量的供检血液经一定倍数稀释后（200倍或400倍），滴入计数室，在显微镜下计数，经换算即可求得1 mm^3 血液中的红细胞数，并可依此计算出每升血液中的红细胞数。

（2）计数方法。①稀释血液。取清洁、干燥小试管一支，加红细胞稀释液

4.0 mL（准确地说应该是吸 3.99 mL 或 3.98 mL），而后用沙利氏吸管吸取供检血液至 10 刻度（10 μL）或 20 刻度（20μL）处，用棉球拭去管壁外血液，将沙利氏吸管插入小试管内稀释液底部，挤出血液，并吸上清液洗 2~3 次，将血液与稀释液充分混匀，此时血液被稀释 400 倍或 200 倍。②寻找计数区域。将显微镜平放在操作台上，首先用低倍镜对好光，由于计数板的透光性较好，故对好光后将光圈尽量关小（称为暗视野）；然后取清洁、干燥的计数板和血盖片，将血盖片紧密覆盖于计数板上，并将计数板平置于显微镜载物台上，用低倍镜对准其中的某一个计数室，在暗视野下找到红细胞计数区。③充液。用低倍镜找到红细胞计数区后，首先应检查计数区是否干净，如不干净可用软绸布擦拭计数板和血盖片的表面至洁净为止；然后用吸管吸取（或用小玻璃棒蘸取）已稀释的血液，使吸管（或玻璃棒）尖端接触血盖片边缘和计数室交界处，稀释血液即可自然流入并充满计数室。④计数。计数室充液后，应静置 1~2 min 待红细胞分布均匀并下沉后开始计数，计数红细胞使用高倍镜。计数的方格为红细胞计数室中的四角 4 个及中央 1 个方格共 5 个中方格或计对角线的 5 个中方格内的红细胞数（即 80 个小方格）。为避免重复和遗漏，计数时应按照一定的顺序进行，均应“从左至右，再从右至左”，计 16 个小方格的红细胞数。在计数每个小方格内红细胞时，对压线的细胞计数时应遵循“数左不数右，数上不数下”法则。红细胞在高倍镜下呈圆形或碟形，中央透亮，微黄或浅金黄色。

（3）计算。红细胞数（个/mm^3）= $R\times5\times10\times$血液稀释倍数（400 或 200）；红细胞数（个/L）= $R\times5\times10\times$血液稀释倍数（400 或 200）$\times10^6$ 式中，R 为计数 5 个中方格（80 个小方格）内红细胞数；5 为所计数 5 个中方格的面积，为 1/5 mm^2，要换算为 1 mm^2 时，应乘以 5；10 为计数室深度，为 0.1 mm，要换算为 1 mm 时，应乘以 10^6，10^6 为 1 L=1×10^6 mm^3。

【注意事项】

①所用的器材应清洁、干燥，符合标准。

②操作台及其显微镜应保持水平，否则计数室内的液体会流向一侧而使计数结果不准确。

③吸取血液和稀释液要准确。如是抗凝血样，吸取血液之前一定要摇匀；吸管外壁血迹要擦拭干净。

④由于动物的红细胞比较多，血样一般做 40 倍稀释，便于高倍镜下计数。

⑤充液前应将稀释液混匀，充液要无气泡，充液后不要再振动计数板。充液后应静置 1~2 min 方可计数。

⑥计数时应严格按照顺序和压线原则进行，并且至少要计 5 个中方格内的红细胞数，任意两个中方格之间的误差不应超过 20 个红细胞。

⑦试验完毕，计数板先用蒸馏水冲洗干净，再用绸布轻轻擦干，切不可用粗布擦拭，也不能用乙醚、酒精等有机溶剂冲洗。

⑧血红蛋白吸管每次用完后，先在清水中吸吹数次，然后分别在蒸馏水、酒精、乙醚中按顺序吸吹数次，干后备用。

(4) 正常参考值。动物红细胞正常参考值：黄牛的参考值为 $(7.24\pm1.57)\times10^{12}$ 个/L，水牛为 $(5.92\pm0.98)\times10^{12}$ 个/L，奶牛为 $(5.98\pm0.87)\times10^{12}$ 个/L，犬为 $(6.80\pm1.40)\times10^{12}$ 个/L，猫为 $(7.50\pm2.10)\times10^{12}$ 个/L，绵羊为 $(8.42\pm1.20)\times10^{12}$ 个/L，奶山羊为 $(17.20\pm3.03)\times10^{12}$ 个/L，马为 $(7.93\pm1.40)\times10^{12}$ 个/L，驴为 $(5.42\pm0.98)\times10^{12}$ 个/L，骡为 $(7.55\pm1.30)\times10^{12}$ 个/L，猪为 $(5.51\pm0.35)\times10^{12}$ 个/L。

(5) 临床意义。红细胞数目与血红蛋白含量的变化通常是平行一致的，表现为增多或减少，因而其诊断意义基本相同，只是在某些类型贫血时，两者的减少程度可能不一致，需要计算红细胞平均指数才能准确鉴别。

红细胞增多：绝大多数为相对增多，绝对增多较为少见。相对增多为机体脱水造成血液浓缩而使血红蛋白量和红细胞相对增加，见于严重呕吐、腹泻、大量出汗、急性胃炎、肠阻塞、肠变位、瘤胃积食、瓣胃阻塞、渗出性胸膜炎、渗出性腹膜炎、某些传染病及发热性疾病等；绝对增多为红细胞增生过剩所致，分为原发性和继发性两种，原发性红细胞增多又称为真性红细胞增多症，红细胞数可增加 2~3 倍，是一种不明原因的骨髓增生性疾病；发性红细胞增多，是红细胞生成素增多，见于代偿机能不全的心脏病及慢性肺部疾病。

红细胞降低：主要是由于红细胞损失过多或生成不足所致，可见于各种贫血和失、溶血、红细胞生成障碍（缺铁、缺维生素 B_{12}、缺叶酸）和骨髓受抑制（抗菌化学药物）。

血色指数：血色指数可帮助鉴别高色素性贫血和低色素性贫血，血色指数=被检动物血红蛋白含量/健康动物血红蛋白含量=被检动物红细胞个数/健康动物平均红细胞个数。

正常情况下，血色指数平均为 1（0.8~1.2）。当血色指数大于 1.2 时，为高色素性贫血，见于牛巴贝氏梨形虫病、牛泰勒梨形虫病、钩端螺旋体病、犬自体免疫性溶血性贫血等病。当血色指数小于 0.8 时，为低色素性贫血，见于失血性贫血。

6. 白细胞计数

白细胞计数指一定体积血液内所含的白细胞总数。下面介绍试管稀释后于显微镜下计数的方法。

(1) 原理。一定量的血液经 1%~3%醋酸处理后，可使血液中的红细胞破坏（家禽的红细胞不能被冰醋酸所破坏），仅保留白细胞，计数 1 mm^3 血液中的白细胞数，再推算出每升血液中的白细胞数。

(2) 器材与试剂。①器材。除 5 mL 刻度吸管改用 0.5 mL 刻度吸管外，所用其他器材同红细胞计数。②试剂。白细胞稀释液（1%~3%冰醋酸溶液，其中加 1%结晶紫数滴，使溶液呈淡紫色以便与红细胞稀释液相区别；或 1%盐酸）；蒸馏水、乙醇、乙醚等。

(3) 计数方法。①稀释血液取清洁、干燥小试管一支，加入白细胞稀释液 0.38 mL 或 0.4 mL；用血红蛋白吸管吸取待检血液 20μL 加入试管内，混匀，即可得 20 倍稀释的血液。②寻找计数区域与红细胞计数相似，只是将镜头调到白细胞计数区域中（四角的 4 个大方格中的任何一个）。③充液与红细胞计数法相同（注意避免将气泡充入计数室内）。④计数基本与红细胞计数法相同，所不同的是用低倍镜计数，按顺序计 4 个角上的 4 个大方格（共有 $16\times4=64$ 个中方格）内的白细胞呈圆形，有核，周围透亮。⑤计算公式。白细胞数（个/mm^3）$=W/4\times10\times20=W\times50$ 或白细胞数（个/L）$=W/4\times10\times20\times10^6$。

式中，W 为 4 个大方格（白细胞计数室）内白细胞总数；$W/4$ 为 1 mm^2 内的白细胞数 10 为计数室的深度，为 0. 1 mm，换算为 1 mm，应乘以 10；20 为血液的稀释倍数。

【注意事项】

为获得准确可靠的结果，必须按照红细胞计数的注意事项进行操作。另外，由于白细胞比较少，所以每个大方格的白细胞数目误差应不超过 8 个，否则说明充液不均匀。

（4）临床意义。

白细胞总数增多：见于多数细菌感染性疾病，如链球菌、肺炎链球菌等感染，白细胞数明显升高；当组织器官发生急性炎症时，如肺炎、胃炎、乳房炎，特别是化脓性炎症，可引起白细胞增多；严重的组织损伤、急性大出血、急性溶血、某些中毒（敌敌畏中毒、酸中毒及尿毒症等）以及注射异体蛋白（血清、疫苗）后，均可导致白细胞数目增多。另外，白血病时，白细胞数持久性、进行性增多红细胞数目却明显下降。

白细胞总数减少：某些病毒性疾病，如犬传染性肝炎、猫泛白细胞减少症、流行性感冒等时，白细胞总数减少伴有再生障碍性贫血时，白细胞总数减少；此外，长期使用磺胺类药物、X 线照射、恶病质及各种疾病的濒死期等均会引起白细胞数减少。

7. 白细胞分类计数

白细胞分类计数指将血液制成涂片，染色后用油镜观察，求出各种白细胞所占百分比，即可计算出 1 mm^3 血液中各类白细胞的绝对值。

（1）原理。根据细胞质有无颗粒，可将血液循环中的白细胞分成有颗粒白细胞和无颗粒白细胞，有颗粒白细胞包括嗜酸性粒细胞、嗜碱性粒细胞及嗜中性粒细胞。无颗粒白细胞包括淋巴细胞和单核细胞。因此，白细胞总数的变化，并不一定表示各类白细胞均增多或减少，常仅限于某种或两种白细胞数的变化，从而引起白细胞之间百分比的相对改变。因此，白细胞计数对疾病的诊断具有一般意义，而白细胞分类计数则有具体意义，在临床上，应将二者结合起来进行分析。

嗜中性粒细胞是严重感染和炎症初期最活跃的细胞，通过吞噬作用而消灭入侵的细菌嗜酸性粒细胞常出现于异物入侵部位，有抗原抗体反应处就会有嗜酸性粒细胞积聚，因此这类细胞能抑制组织胺或类似于组织胺等有毒物质的活性。当发生机体蛋白分解时，嗜酸性粒细胞就会增加，起解毒作用。嗜碱性粒细胞的碱性颗粒中含有肝素，具有抗凝作用淋巴细胞是机体的免疫细胞，使机体产生免疫反应单核细胞具有特殊的酶系统，用以对付顽强的病原体如原生动物、分枝杆菌、真菌等，在机体发生慢性感染以及需要清除组织碎片较多的条件下，单核细胞就会大量出现。因此，白细胞分类计数对疾病的诊断、预后及疗效观察具有重要意义。

（2）器材与试剂。①器材载玻片、染色用具、玻璃铅笔、吸水纸、白细胞分类计数器、显微镜、擦镜纸、香柏油等。②试剂染色液、磷酸盐缓冲溶液（pH 值 6.8）、蒸馏水。

（3）计数方法。①首先制作血涂片，然后染色（前面已述）。②镜检计数。先于低倍镜下找到图像，再用高倍镜观察血片细胞分布情况及染色质量等。如染色合格，在血片上滴一滴香柏油，再换用油镜进行观察、计数。

由于相对密度大的细胞多分布在血片的边缘和尾部，如粒细胞、单核细胞等，相对密度小的细胞则多分布在血片的头部和中间，如小淋巴细胞等。因此，为减少细胞分布的固有误差和避免重复计数，通常在血片的两端或两端的上下部按二区或四区计数法有顺序地移动血片，计数白细胞 100～200 个（白细胞总数在 1 万个/mm^3 以下，计数 100 个；在 1 万～2 万个/mm^3，计数 200 个；在 2 万个/mm^3 以上，则计数 400 个），分别记录各种白细胞数，最后计算出各种白细胞所占百分比。

记录时，可用白细胞分类计数器，或设计一个表格用画“正”字的方法加以记录。某种白细胞的百分率（%）=（某种白细胞数/分类计数白细胞总数）×100；某种白细胞的绝对值=白细胞总数×某种白细胞的百分率。

（4）各类血细胞的形态特征。各种白细胞的形态特征主要表现在细胞核及细胞质的特有性状上，并应注意细胞的大小在同一张血片上对照比较，互相鉴别。

嗜酸性粒细胞：细胞呈圆形，直径 10～18 μm，细胞质内含有大小不等的粗大、鲜红的颗粒。细胞核为杆状或分叶，以 2～3 叶者多见，呈淡紫或蓝色。

嗜碱性粒细胞：大小、形态与嗜酸性粒细胞相似，但细胞质内含有大小不等的粗大、深蓝色颗粒，细胞核分叶不明显，呈浅淡蓝色且常被细胞质遮盖。

嗜中性粒细胞：大小、形态与嗜酸性粒细胞基本相似，细胞质呈淡粉红色，且细胞质内有多量紫红细小均匀的颗粒（染色不佳时则看不清楚，细胞核染成深紫色，其形状不一，细胞核近似于肾形，染色稍淡的称为晚幼核；呈“S”形或“U”形及带状，两边平行的称为杆状核；核分成 2～4 叶，每个叶之间有一细丝相连的称为分叶核。有时因核叶重叠看不到细丝，但核量较多，染色质较致密，也是分叶核。

淋巴细胞：细胞核呈圆形或椭圆形，有的凹陷，核染色质致密。有小淋巴细胞和大淋巴细胞两种，小淋巴细胞核染成深紫色，细胞质很少，常仅呈一小片月牙形，染成蓝色。大淋巴细胞的细胞质相对较多，染成天蓝色，在细胞质和核之间有一淡染色带。

单核细胞：外周血液中最大的白细胞，细胞质较多，呈灰蓝色，有时含少量灰尘样淡紫红色小颗粒。细胞核呈蓝紫色，其染色质较疏松，核的形状不规则，呈肾形、圆形、“山”字形、多角形等。

红细胞：健康动物的红细胞呈双凹盘状、大小不一、圆形，无核，瑞氏染色后呈橘红色，中央染色较浅。异常情况下，其大小和形态会发生改变。

血小板：每个血小板的体积较小，有时可出现比红细胞还大的巨型血小板，内有紫红色小颗粒。常聚集成堆，有时浮在红细胞之上。

（5）正常参考值。健康动物白细胞分类正常参考值见表 3-1-3。

表 3-1-3　常见动物白细胞正常指标值

动物种类	白细胞数	白细胞分类/%				
		嗜碱性粒细胞	嗜酸性粒细胞	嗜中性粒细胞	淋巴细胞	单核细胞
小鼠	4.0~12.0	0~1.0	0~5.0	12.0~44.0	54.0~85.0	0~15.0
大鼠	5.0~25.0	0~1.5	0~0.6	36.0~52.0	65.0~84.0	0~5.0
豚鼠	7.0~19.0	0~2.0	2.0~12.0	22.0~50.0	37.0~64.0	3.0~13.0
家兔	6.0~13.0	2.0~7.0	0.5~3.5	36.0~52.0	30.0~52.0	4.0~12.0
地鼠	7.0	0	0.6	24.5	73.9	1.1
犬	8.0~18.0	0~2.0	2.0~14.0	62.0~80.0	10.0~28.0	3.0~9.0
猫	9.0~24.0	0~0.5	2.0~11.0	44.0~82.0	15.0~44.0	0.5~7.0
绵羊	6.0~12.0	0	3.0	34.7	60.3	2.0
山羊	6.0~15.0	0.2	4.2	38.4	55.1	2.1

（6）临床意义。嗜中性粒细胞增多与减少的临床意义如下。

嗜中性粒细胞增多：与白细胞总数增多的临床意义基本一致（白血病除外），嗜中性粒细胞病理性增多是机体抵抗外来感染和对体内炎症刺激的一种防御性反应，常见于各种急性感染性疾病、急性炎症及重症烧伤、创伤。

嗜中性粒细胞减少：多由于骨髓造血机能受到抑制，致嗜中性粒细胞生成不足，或因最急性感染，致使嗜中性粒细胞向组织中的游走速率超过由骨髓向血液中的释放速率等因素所致。常见于病毒性疾病及各种疾病的重危期（如中毒性休克、胃肠破裂等）。

嗜中性粒细胞的核象变化：分析嗜中性粒细胞的增减变化时，应特别注意核象的变化。杆状核和晚幼核细胞增多，并出现中幼细胞，甚至出现髓细胞的比例增高，称为核左移，通常表示骨髓造血机能增强；若分叶核细胞显著增多，且细胞核分为 4~5 叶甚至多叶的比例较多者，则称为核右移，表示造血机能减退。

结合白细胞总数变化，分析嗜中性粒细胞核象的变化，更有意义。核左移，同时白细胞总数也增多，称为再生性核左移，说明骨髓造血机能增强，是机体处于紧急动员、积极防御阶段的表现；核左移，但白细胞总数仍维持在正常范围内，甚至减少者，则称为退行性核左移，为感染严重，骨髓造血机能衰竭，释放功能不良，表示机体抗病能力降低，是预后不良的指征。核右移则表示骨髓造血机能减退、机体抗病能力降低，多由于机体高度衰竭所致，对此预后宜慎重。

嗜酸性粒细胞增多与减少临床意义如下。

嗜酸性粒细胞增多：常见于某些寄生虫病（如肝片吸虫病、球虫病、旋毛虫病等）某些过敏性疾病（荨麻疹等）以及湿疹、疥癣等皮肤病。

嗜酸性粒细胞减少：常见于某些疾病的重症期，也可见于应用皮质类固醇药物。嗜酸性粒细胞长时间消失，表示预后不良，但嗜酸性粒细胞消失后又重新出现，则说明病情好转。

嗜碱性粒细胞增多或减少的临床意义：增多见于慢性溶血、慢性恶性丝虫病、高脂血症等；由于嗜碱性粒细胞在外周血液中很少见，故其减少无临床意义。

淋巴细胞增多与减少的临床意义。

淋巴细胞增多：常见于某些慢性传染病（如结核、布鲁氏菌病）、淋巴性白血病、急性传染病的恢复期、某些病毒性疾病（如流行性感冒）及血孢子虫病等。

淋巴细胞减少：当嗜中性粒细胞绝对值增多时，伴随减少的常常是淋巴细胞。说明机体与病原处于斗争阶段，此后淋巴细胞由少逐渐增多，往往是预后良好的指征。

单核细胞增多与减少。

单核细胞增多：见于某些原虫病（如锥虫病、梨形虫病）、某些慢性细菌性疾病（如结核、布鲁氏菌病）以及某些病毒性疾病（如马传染性贫血）。疾病恢复期，单核细胞也表现增多。

单核细胞减少：见于急性传染病的初期和各种疾病的濒危期。

五、血细胞分析仪及其在兽医临床上的应用

血细胞分析仪是动物医院临床检验应用非常广泛的仪器之一，随着科学技术日新月异的发展，血细胞分析技术已从二维空间转向三维空间，同时现代血细胞分析仪的五分类技术许多采用了先进的技术，如鞘流技术、激光技术等。对白细胞检测分析分为三分类血细胞分析仪（淋巴细胞、单核细胞、粒细胞）和五分类血细胞分析仪（淋巴细胞、单核细胞、中性粒细胞、酸性粒细胞、碱性粒细胞）。其中，五分类血细胞分析仪器的检测原理如下所示。

（1）采用阻抗、激光散射和荧光染色技术检测法。直流电阻抗法用于测量细胞体积大小。激光散射产生的前向散射光、侧向散射光和侧向荧光可用于探测白细胞体积大小、细胞内含物的情况（细胞核以及颗粒情况），侧向荧光则可以反映细胞内脱氧核糖核酸（DNA）和核糖核酸（RNA）的含量，特有的嗜酸性粒细胞检测溶血剂 Strmatolyzer-EO 可将除嗜酸性粒细胞以外的所有细胞溶解或萎缩，含有完整嗜酸性粒细胞的液体通过小孔可以按照电阻法计数技术进行计数。

在嗜碱性粒细胞通道中，使用特殊溶血剂 Strmatolyzer-BA 可将除嗜碱性粒细胞以外的所有细胞溶解或萎缩，含有完整嗜碱性粒细胞的液体通过小孔，可以按照电阻法计数技术进行计数。幼稚细胞检查通道（IMI）可以根据幼稚细胞膜比成熟细

胞膜表面含有脂质较少的现象，在细胞稀释悬液中加入硫化氨基酸，由于占位不同，结合在幼稚细胞表面的氨基酸较多，对溶血剂有抵抗作用，当加入溶血剂后成熟细胞易被溶解，而幼稚细胞不易被破坏，可通过电阻法检测出来。综合各个测量方法，得到白细胞五分类的图形和数据。这种技术主要应用在 SysmeX 研制和开发的 SE-9000、SE-9500、XE2100、XT-1800 等系列血液分析仪中。

（2）电阻抗和射频电导联合检测法。这种方法是分别采用四个检测系统来检测不同类型的细胞。

淋巴细胞、单核细胞和中性粒细胞检测系统：在细胞悬浮液中加入溶血剂使红细胞溶解，而使白细胞保持完整，细胞质及核形态近似于生理状态，当这些细胞通过检测系统时，对白细胞进行电阻抗法（测量细胞体积）和射频电导法（检测细胞核和颗粒密度）的联合检测，结果将细胞分成淋巴细胞、单核细胞和中性粒细胞三个群体。

嗜酸性粒细胞检测系统和嗜碱性粒细胞检测系统：在细胞悬浮液中加入特殊的溶血剂，除嗜酸性粒细胞和嗜碱性粒细胞外，其他细胞均被溶解或缩，再对保持完整的嗜酸性粒细胞或嗜碱性粒细胞进行计数。

幼稚细胞检测系统：在细胞悬浮液中加入硫化氨基酸，由于占位不同，结合在幼稚细胞的氨基酸比成熟细胞多，且对溶血剂有抵抗作用，当加入溶血剂时，成熟细胞被溶解，只保留着可能存在的幼稚细胞用来计数。

（3）多角度激光偏振光散射检测法。采用这种技术的仪器使用鞘流液将标本血稀释，稀释后白细胞的内部结构近似于自然状态，只有嗜碱性粒细胞由于其吸湿的特性而使细胞结构有轻微改变。红细胞内的血红蛋白在高渗透压的作用下，从细胞中分离出来。而鞘流的水分则进入红细胞内，使细胞膜结构仍然完整，它与鞘流的折射率相同，不影响白细胞的检测。仪器同时从 4 个角度来检测通过激光束的细胞所产生的散射光，0°前角散射光用来测定细胞的体积，10°狭角散射光用来测定细胞结构，90°垂直散射光对细胞内部颗粒及细胞质进行测量，90°消偏振光散射将嗜酸性粒细胞从中性粒细胞和其他细胞中分离出来。利用上述方法进行分类的仪器，最终结果均呈现在高分辨率的白细胞分布图上。运用计算机图像技术，以各种彩色像素代表一定的细胞浓度，使细胞亚群和异常情况易于识别，可以从三维空间的不同方位观察分离的白细胞亚群。通过某种操作，使三维轴旋转，就可展示不同方位的细胞分布情况。

（4）采用图像分析的单纯细胞检测法。该技术采用图像分析法，将血片染色，用含有扫描镜头的显微镜扫描每个视野，将获取的细胞图像与仪器内存储的标准图像进行对照分析，判断该细胞的类型。此类仪器需要大型的计算机系统支持，由于在当时电子计算机图形识别和分析技术还不是很发达，因此该类设备发展受到一定程度限制，分析速度慢，在细胞判断的准确性上也不尽如人意，没有流行起来。由于目前电子计算机运算速度的飞速发展已经有了很大的进步，现代计算机图形图像分析技术的前景远大。

六、血糖的测定

正常情况下，血液中的葡萄糖通过自身的葡萄糖代谢维持在一个恒定范围内。血糖测定，目前主要用于仔猪低血糖症、牛羊酮病、糖尿病（据报告犬的发病率高达 1∶152，猫为 1∶800）及胰腺炎等病的诊断。血糖测定方法有很多种，此处介绍费林吴宪氏法。

原理：无蛋白血滤液与碱性硫酸铜试剂混合加热后，滤液内具有还原性的葡萄糖将二价高铜 $Cu(OH)_2$ 还原为红色沉淀一价低铜 Cu_2O，再加磷钼酸试剂，被氧化生成蓝色的钼蓝（Mo_3O_3），与同样处理的标准葡萄糖管比色，求得血液葡萄糖含量。

- **工具准备**

实验动物、采血器、消毒用品、生化实验室、工作服。

- **人员准备**

人员分组，每组 5 人，明确职责分工（表 3-1-4）。

表 3-1-4 任务分配

任务角色	任务内容
组长：	任务：
组员 1：	任务：
组员 2：	任务：
组员 3：	任务：
组员 4：	任务：
组员 5：	任务：
组员 6：	任务：
组员 7：	任务：
组员 8：	任务：

任务筹划

一、方法筹划

各种动物的采血方法以及注意事项；生化分析仪的使用；生化结果的判定。

二、流程筹划

第一步：初步检查动物的血液；不同动物的采血部位，利用实验室检验对动物进行实验室分析，得出结论。

第二步：利用生化分析仪对血液进行生化检验。

第三步：认真分析生化检验结果。

第四步：综合以上检查结果，做出最终诊断，并写出治疗方案。

任务实施

根据任务筹划情况，完成表 3-1-5 的任务实施步骤。

表 3-1-5　任务实施步骤

步骤	任务内容
步骤一	
步骤二	
步骤三	
步骤四	
步骤五	
步骤六	

任务评价

根据任务完成情况，完成任务评价（表 3-1-6）。

表 3-1-6　工作任务完成过程评价

班级：		组别：	姓名：	
项目	评分标准	自我评价	小组评价	教师评价
资料收集（30 分）	优秀：操作熟练，分析合理，判断准确（25~30 分）			
	良好：操作较熟练，报告较准确清晰（15~25 分）			
	及格：操作不太熟练，报告有少量错误（5~15 分）			
	不及格：操作不熟练，判断不准确（0~5 分）			
检查内容（30 分）	熟悉动物生化检验的基本程序和方法，各种检查操作熟练，对症状的认知（临床意义）明确（0~10 分）			
	能够掌握生化分析仪的使用（0~10 分）			
	能否明确生化检验内容（0~10 分）			

续表

班级：		组别：		姓名：
项目	评分标准	自我评价	小组评价	教师评价
课后评价（40 分）	是否熟悉任务内容（0~10 分）			
	是否能够准确使用生化分析仪（0~10 分）			
	是否能够判定血液生化检验结果（0~15 分）			
	实训结束是否打扫卫生及东西归位（0~5 分）			
合计				
自我评价与总结				
教师点评				

任务二 尿液生化检验

任务导入

主诉：猫咪频繁排尿，尿量不多，尿液颜色深黄色并混浊，猫咪后期出现了贫血、少尿的症状，根据所学知识进行初步诊断。

根据任务情况，完成表 3-2-1 的任务工单。

表 3-2-1 任务工单

班级：	姓名：	学号：
任务名称	尿液生化检验	
任务描述	根据实际情况，填写本任务的内容、目的、流程和方法。 任务内容：根据主诉及检查情况，做出综合分析判定。 任务目的：培养学生利用实验室检查的手段进行诊断的能力 任务流程：通过主诉症状，选用合适的检查项目；检查病犬肾功能；学会使用尿液分析仪，并分析检验结果。 任务方法：尿液分析仪的使用，结果判定。	

续表

<table>
<tr><td>班级：</td><td colspan="2">姓名：</td><td colspan="2">学号：</td></tr>
<tr><td>获取信息</td><td colspan="4">要完成任务，需要掌握相关的知识。请收集资料，回答以下问题。
1. 实验室最基本的检查有哪些？
2. 尿毒症诊断的方法有哪些？
3. 判断病因，并给出治疗方案。</td></tr>
<tr><td>制订计划</td><td colspan="4"></td></tr>
<tr><td rowspan="6">任务实施</td><td colspan="4">按照预先制订的工作计划，完成本任务，并记录任务实施过程。</td></tr>
<tr><td>序号</td><td>完成的任务</td><td>遇到的问题</td><td>解决办法</td></tr>
<tr><td></td><td></td><td></td><td></td></tr>
<tr><td></td><td></td><td></td><td></td></tr>
<tr><td></td><td></td><td></td><td></td></tr>
<tr><td></td><td></td><td></td><td></td></tr>
</table>

任务准备

- **知识准备**

一、尿液样品的采集

尿液采集，动物的尿液可通过排尿、压迫膀胱导尿或膀胱穿刺等采集。通常最好在早上采取尿样，因为晨尿通常尿样浓度最高。

1. 自然排尿

当动物自然排尿时，采集尿样以中段尿液最好，因开始的尿流会机械性将尿道口和阴道或阴茎包皮中的污物冲洗出来，使尿液中含有较多的杂质而影响检验果。

2. 压迫膀胱排尿

大动物（牛和马）可采用通过直肠压迫膀胱的方法采集尿液，小动可通过体外压迫膀胱采集尿液。如果动物的泌尿系统存在外伤，或膀胱本身有严重病变，不宜采用此法。动物适当保定，必要时给以镇静药或解痉药（如静松灵）术者手消毒后涂以润滑剂，尿道外口和会阴部应先用无刺激性消毒液（如1%高锰酸钾溶液、0.1%新洁尔灭、0.2%呋喃西林溶液或2%硼酸溶液等）充分擦洗。导尿管插入时必须缓慢而避免粗暴，以免损尿道黏膜。

3. 膀胱穿刺

膀胱穿刺可避免损伤尿道口、阴道等，同时也避免了污染物进入尿液，且操作时应注意无菌，同时避免穿刺造成不必要的损伤。

【注意事项】

①最好用新鲜尿液作检样。

②采集尿液的容器应清洁、干燥，需进行化学、显微镜、生物学检查的尿样应收集于清洁、无杂质或灭菌容器内。容器上应贴有检验标签。

③注意避免异物混入尿样中。

④采集尿液后应及时送验，以免细菌繁殖及细胞溶解，不能在强光或阳光下照射免某些化学物质（如尿胆原等）因光分解或氧化。

二、尿液的保存

采集尿液后应立即送检或检验，如不能立即送检，最好置于冰内保存，一般在4℃冰箱可保存6~8 h。如尿样需放置较长时间（如12 h或24 h）或天气热时，可加适量防腐剂以防止尿液发酵分解。供细菌学检查的尿样中不可加入防腐剂。常的防腐剂及其用量如下。

1. 甲醛溶液

一般用量为每升尿液中加入12 mL，因甲醛能凝固蛋白质而抑制细菌生长，对镜检物质（如细胞、管型等）可起固定形态作用，但不适用于尿蛋白及尿糖等化学分的检查。

2. 甲苯

一般用量为每升尿液中加5 mL，使尿液面形成薄膜，防止细菌繁殖，用于糖、尿蛋白定量测定检验时吸取下层尿液。

3. 硼酸

用量为每升尿液中加2.5 g，对常规检验项目均无影响。蛋白尿时必须仔细检查发生的原因和临床表现，并结合其他尿液检查进行综合分析。一般认为，蛋白尿是肾疾病重要的病理表现，尿蛋白的含量可作为肾疾病轻重的标志，但肾疾病不一定出现蛋白尿，也不能说明肾损伤的程度。因此，蛋白尿没有独立的诊断和预后意义。

三、尿液的检查

（一）尿液的物理学检查

1. 尿量

动物的尿量不仅与饲料、饮水、运动有关而且与环境温度相关。动物的一般较为恒定，健康动物24 h内排尿量：牛为6~12 L，犬0.5~2 L，绵羊、山羊为0.5~2 L，马为3~6 L，猪为2~5 L，骆驼为8~12 L。

当尿量增高到一定程度时，便会出现多尿。多尿可分为生理性多尿和病理性多尿。生理性多尿，见于大量饮水及使用利尿药物；病理性多尿，常见于糖尿病、急性肾功能衰竭的期及肾小管性酸中毒等。当尿量减少到一定程度时，出现少尿、尿量减少，常见于急性球肾炎、急性肾功能衰竭少尿期、心力衰竭、高热及各种原因引起的脱水等。

2. 混浊度

混浊度即透明度。检查方法是将尿液置于试管中，通过光线进行观察正常反刍动物的新鲜尿液清亮、透明，但放置不久由于尿路黏膜分泌物、少量上皮和磷酸盐、尿酸盐、碳酸盐等析出的结晶而变混浊。正常情况下，猪的尿液及肉食动物清亮、透明，马属动物尿中含有大量悬浮的碳酸钙和不溶性磷酸盐，故刚排出的尿液不而呈混浊状，尤其终末尿更为明显。尿液暴露于空气中后，因碳酸氢钙释放出 CO_2 变成难溶的碳酸钙，致使尿混浊度增加。静置时，在尿表面形成一层碳酸钙的闪光薄膜层出现黄色沉淀。

马尿混浊度增加或其他动物新鲜尿液呈混浊不透明者，均为异常现象，可能因含有细胞、血细胞、上皮细胞、管型、坏死组织碎片、细菌或混入大量黏液，而见于肾脏、肾盂、输尿管、膀胱、尿道或生殖器官疾病，也可能因含有各种有机盐或无机盐类而见于泌尿系统或全身性疾病过程中。欲行鉴别，需进行尿样的显微镜检查。

马属动物尿液变透明、色淡、清亮如水者，除因饲喂精料过多和过劳外，也属病理现象，见于纤维性骨营养不良，慢性胃肠卡他等使尿液变酸性时。其他动物尿液过于透明，常为多尿所致。

尿液混浊原因的鉴别方法如下。①尿液经过滤而变透明，表明尿液中含有细胞、管型及各种不溶性盐类。②尿液中加入乙醚，振摇而透明，表明为脂肪尿。③尿液中加入醋酸产生泡沫而透明，说明尿液中含有碳酸盐；不产生泡沫而透明的，为含有磷酸盐。④尿液加热或加碱后变透明，表明尿液中含有尿酸盐；加热不透明，而加稀盐酸后变透明，表明尿液中含有草酸盐。⑤尿液中加 20%氢氧化钠或氢氧化钾溶液而呈透明的胶冻样，表明尿液中含有脓汁。⑥尿液经上述方法处理后仍为混浊，表明含有细菌为了确切查明尿液混浊的原因，除上述方法外，最好将尿液沉渣进行显微镜检查进行鉴别。

3. 尿色

尿色检查可通过将尿液盛于小玻璃杯或小试管中，衬以白色背景而观察。正常情况下，尿液因含有尿色素、尿胆素及卟啉等，呈现黄色，其具体深浅随尿量的多少而异，且常与密度相平行。健康动物尿色因动物种类、饲料、饮水及使役状况等不同而存在差异。猪和水牛尿液为水样外观，黄牛尿液为淡黄色，马尿液为较深黄色，犬尿液为鲜黄色。陈旧尿液则颜色加深。尿液的颜色可因各种病理变化及某些代谢物、药物等的影响而改变。

（1）黄尿。尿色变棕黄色或深黄色，多为饮水不足或脱水性疾病所致。当阻塞性黄疸或肝实质性黄时，尿中尿胆素增加，此时尿液呈黄褐色，摇振时易起黄色泡沫。

（2）红尿。尿液变红色、红棕色甚至棕黑色的泛称，并非指某一种尿，有可能是血尿、血红蛋白尿、肌红蛋白尿、卟啉尿或药尿。

血尿：尿中混有血液时，因血液多少不同，而呈淡红或棕红色。血尿的特点是混浊而不透明，摇振时呈云雾状，放置后有沉淀，镜检可发现多量红细胞，如血尿排于地面上，可见血丝或血块。观察排尿时，整个排尿过程或排尿开始阶段、终末阶段的尿液发红排尿初始，尿色鲜红，多为尿道病变或尿道损伤；终末阶段尿液变红，常为膀胱病变所引起（如急性膀胱炎、膀胱结石或肿瘤等）；若排尿的全过程尿液均发红，为肾脏或输尿管病变所引起。

血红蛋白尿：尿中含有游离的血红蛋白称为血红蛋白尿。特点是尿色褐红或呈酱油色，尿液透明、均匀，放置或离心后无沉淀，镜检无红细胞。血红蛋白尿是溶血性疾病的标志，见于马、牛巴贝斯虫病，牛血红蛋白尿病，新生马驹溶血性黄疸病等。

肌红蛋白尿：尿色为红褐色，可见于肌病、硒缺乏症及马肌红蛋白尿症。

药物性红尿：动物用药后也可出现红尿，如安替比林、芦荟、硫化二苯胺、蒽类药物、氨苯磺胺及酚红等可使尿液变为红色。

（3）乳白尿。如果尿液呈乳白色，多因肠道吸收的乳糜液进入受阻淋巴道，逆流入尿液所致，或是由于泌尿道细菌感染引起的脓尿和菌尿。尿中含有脂肪而使尿液呈乳白色，镜检脂肪滴和脂肪管形，见于术脂肪尿白色尿也见于肾及尿路化脓性炎症此外，动物内服或注射某些药物，也可使尿液颜色发生改变，不能误认为是病理变如内服呋喃唑酮，尿呈深黄色；内服维生素 B_2、芦荟时，尿呈红黄色；注射亚甲蓝或台盼蓝后，尿呈蓝色，上述情况可通过病史调查而查明。

4. 气味

检查方法是将尿液置于小烧杯中，一只手持烧杯，另一只手在烧杯上方轻轻扇检查者通过闻嗅判定其气味尿液的气味来自尿内的挥发性有机酸，正常动物刚排出的尿液略带有机芳香族气味，与饲料的性质有关，因为有些蛋白质含有苯环的氨基酸，代谢后排出挥发性较强的芳香物较多，气味较强。尿液贮存较长时间后，因尿素分解而有氨臭味，也可见于膀胱炎、膀胱麻痹、膀胱括约肌痉挛、尿道阻塞等时；当发生膀胱或尿道溃疡、坏死、化脓或组织崩解，由于蛋白质分解而尿液带腐臭味；羊妊娠毒血症、牛酮病和产后瘫痪时，尿中含有大量而有酮味。

5. 密度

尿液密度（或尿相对密度），是尿中溶解物质浓度的指标，溶解在尿中的固体质主要有尿素和氯化钠，尿素反映饲料中蛋白质含量及其在体内代谢的情况，氯化钠反映料中食盐的含量。正常尿液密度以溶解于其中的固体物质为转移。正常情况下，尿液密度肾脏排出的水分、盐类和尿素量有关。病理情况下，尿液密度还与细胞损伤程度及糖、蛋白质的代谢、组织分解与合成情况等有关。

6. 测定方法

将尿样振荡混匀后盛于尿密度瓶或适当大小的量筒内，用温度计测定温度，并做记录。然后将尿密度计沉入尿内，经 1～2 min，待密度计稳定后，读取尿液面与尿密度计上相应刻度，即为尿的密度。

【注意事项】

①尿量不足时，可用蒸馏水将尿稀释数倍，然后将测得尿密度的小数乘以稀释倍即得原尿的密度。

②测定时应在15℃的室温中进行，因为尿密度计上的刻度是以尿温为15℃时而制的，故当尿温高于15℃时，则每升高3℃应于测定结果中加0.001，温度每低3℃，则于定结果中减去0.001。如尿密度计标明是以20℃为标准制定的，亦应用同法修正测定结果。

③如果温度升高，而尿量又不足时，应先校正温度的影响，再校正稀释倍数的影响。

7. 正常参考值

健康动物尿相对密度正常参考值：牛为1.015~1.050，犬为1.020~1.050，羊为1.015~1.070，猫为1.020~1.040，猪为1.018~1.022，马为1.025~1.055。

8. 临床意义

尿密度测定可用来估计肾脏浓缩功能。由于尿密度与饮水量等因素有关，因此，一次测定的临床意义并不大，必须连续多次测定，才能获得有价值的资料。

（1）尿密度增高。动物饮水过少，繁重劳役和外界气温高而出汗多时，尿量减少，密度高，此乃生理现象。病理情况下，凡是伴有少尿的疾病，如发热性疾病、一切使机体失水的疾病（严重胃肠）、急性肾小球肾炎以及渗出性疾病的渗出期时，尿密度均可增加。尿量增多同时密度增常见于糖尿病。

（2）尿密度降低。动物大量采食多汁饲料和青饲料、大量饮水或应用利尿剂后，尿量增多，尿密度偏低，此乃正常现象。病理情况下，肾机能不全，不能将原尿浓缩而发生多尿时，尿密度降低（糖尿病例外）。间质性肾炎、肾盂肾炎、非糖性多尿症及神经性多尿症、牛酮病以及渗出液的吸收期时，尿密度亦可降低。

（二）尿中蛋白检验

正常尿液中含蛋白质极微，在病理过程中，蛋白质常与血清蛋白同时出现在尿中，不具有重要意义。只有当蛋白质大量出现，或在不含蛋白质的尿中出现时才有诊断意义。

（1）原理。蛋白质在碱性溶液中，遇硫酸铜出现红紫色的呈色反应。

（2）器材与试剂。试管，试管架，醋酸，饱和氯化钠溶液，20%氢氧化钾溶液，0.1%硫酸铜溶液。

（3）操作方法。取酸化尿液约5 mL于试管中，再加饱和氯化钠溶液2 mL（盐析蛋白质）煮沸，趁热过滤，以除去蛋白质；再加入20%氢氧化钾溶液3~5滴，振荡混合，沿管壁小心地加入0.1%硫酸铜溶液2 mL于其上。注意加液时不可振摇，以确保两层液体明显分层。

（4）判定。在两液接触面上形成红紫色环者，证明尿中有蛋白质。

（5）临床意义。蛋白质经常在组织细胞剧烈崩解时出现于尿中，见于纤维素性肺炎、肺坏疽、脓毒血症、恶性肿瘤、恶性腺疫、白血病及烧伤等。

四、尿沉渣标本的制备与镜检

尿沉渣包括有机沉渣和无机沉渣两类。有机沉渣包括各种细胞和各种管型；无机沉渣主要是尿中的各种盐类结晶尿液形成过程中，泌尿道常有组织的脱落物和细胞渗出，尿液离体后经离心或自行沉降，其沉降物即为尿沉渣。用显微镜对尿沉渣进行检查，识别尿液中细胞、管型、结晶、细菌、寄生虫等各种病理成分，可反映泌尿系统各部位的变化，对泌尿系统疾病进行辅助诊断、定位、鉴别及预后判断等。

1. 尿沉渣标本制备

（1）试剂。5%卢戈氏碘液（碘片 5 g，碘化钾 15 g，蒸馏水 100 mL）。

（2）标本制备。制备尿沉渣标本，要用新鲜尿液，以免管型和细胞成分破坏或消失，制作方法通常采用离心沉淀法，也可静置使之自然沉淀。

离心沉淀法：将新鲜尿液充分混匀后，取 5～10 mL 置于沉淀管内，以 1 000 r/min 离心沉淀 5～10 min；去除上清液，留 0.5 mL 尿液；摇动沉淀管，使沉淀物均匀地混悬于剩余的尿液中，吸取沉淀物制作标本。

自然沉淀法：将被检尿液放置一定时间，牛和犬的尿液放置 2～3 h，马尿液放置 2 h，待沉淀后，吸取沉淀物制作标本。

（3）制片。用吸管吸取沉淀物 1 滴，置于载玻片上，用玻棒轻轻涂布使其分散开来，滴加 1 滴 5%卢戈氏碘液，加盖玻片，待检。

【注意事项】

尿液在夏季放置时间长，易发酵分解，需加入少量麝香草酚等防腐剂；加盖玻片时，最好先将盖玻片的一边接触尿液，然后慢慢放平，以防产生气泡。

2. 尿沉渣标本镜检

镜检时，将聚光器降低，缩小光圈，使视野稍暗，以便观察无色而感光力弱的成分（如透明管型等）；先用低倍镜观察标本整体情况，找出需要详细检查的区域后，换用高倍镜仔细辨认细胞成分和管型等检查时，若遇尿中有大量结晶遮盖视野妨碍观察其他物质时，可稍加温或加化学药品除去后再镜检。

结果报告细胞成分按各个高倍镜视野内最少至最多的数值报告，如白细胞 48 个/高倍；管型及其他结晶成分：按偶见少量、中等量及多量报告。偶见是整个标本中仅见几个；少量是每个视野见到几个；中等量是每个视野数十个；多量是每个视野可见大量，甚至布满视野。

尿中无机沉渣的检查尿中无机沉渣是指各种盐类结晶和一些非结晶物碱性尿和酸性尿的无机沉渣有所不同。

（1）碱性尿中的无机沉渣。①碳酸钙结晶。草食动物尤其是马尿液中的正常成分，其形状多为圆形，具有放射状条纹，此外有哑铃状、磨刀石状、饼干状等。如向尿液中加入醋酸，则此种结晶消失并放 CO_2。草食动物尿中缺乏碳酸钙为病理状态，是尿液变为酸性的特征。②磷酸铵镁结晶。多角棱柱体及棺盖状结晶，也有雪花状或羽毛状，易溶于盐酸及醋酸中，不溶于碱性溶液和热水中。新鲜尿液中出现磷酸铵镁，是由于尿液在膀胱或肾盂中受细菌的作用，尿素被分解发酵产生氨，氨与磷酸镁结合生成的，可见于肾盂肾炎和膀胱炎。但尿样放置时间过久，可因发酵而产生磷酸铵镁。③磷酸钙（镁）结晶。无定形浅灰色颗粒，有时呈三棱形，聚集成束，可溶于醋酸中而不产气，加热时不消失。中性或弱酸性尿中的磷酸盐发亮，此结晶为碱性尿的正常成分。多量出现时，对于诊断尿潴留、慢性膀胱炎等有一定意义。④尿酸铵结晶。为黄色或褐色结晶，圆形，表面有刺突，类似曼陀罗果穗状，可溶于醋酸和盐酸中并形成尿酸结晶，易溶于氨水中，加热时结晶溶解，冷却后又析出尿酸铵能溶于氢氧化钾中并形成氨。新鲜尿液中出现尿酸铵结晶，表明有化脓性感染，如膀胱炎、肾盂肾炎等。⑤马尿酸结晶。为棱柱状或针状结晶，有时成束如交错的针状、扇形或小扫帚状，易溶于氨水和酒精，不溶于盐酸和醋酸，为马尿液的正常成分如马尿液中减少或消失，表明患有肾脏疾病。动物由于服用苯甲酸及水杨酸制剂后，尿中可见马尿酸结晶增加。

（2）酸性尿中的无机沉渣。①草酸钙结晶。动物正常尿液成分，可见于各种动物尿液中，犬尿中尤为多见。形状为四角八面体，如信封状，无色，折光性强，有时呈球状、盘状、饼干状、砝码状。不溶于醋酸，而溶于盐酸。如尿中出现大量草酸钙称为草酸盐尿，是代谢紊乱的指标，见于糖尿病、慢性肾炎及脑神经疾病等。②硫酸钙结晶。见于肉食动物尿液及酸性尿液中，形状为长棱柱状或针状，有时聚积呈束状、扇状。不溶于醋酸及氨中，但能溶于大量苏打水中，临床上常见于马小肠卡他及内服硫酸钠之后。③尿酸结晶。棕黄色磨刀石状、叶簇状、菱形片状、十字状等不溶于酸而溶于碱。为肉食动物尿液的正常成分，也可自草食动物的弱酸性尿中析出，可见于饥饿、发热性疾病、传染病及寄生虫病。④尿酸盐结晶。主要是尿酸的钾盐及钠盐，见于酸性尿中，呈棕黄色小颗粒状，聚集成堆，加热熔解，冷却后又析出，能溶于苛性碱溶液中，加醋酸后逐渐形成尿酸结晶。尿酸盐增多，表示蛋白质分解旺盛。

（3）尿中有机沉渣检查具有重要意义。尿沉渣检查是尿常规中比较重要的一项检查。尿沉渣就是尿液中的有形状成分，是原尿经过离心后，形成的沉渣。尿沉渣检查是用显微镜对尿沉淀物进行检查，识别尿液中细胞、管型、结晶、细菌、寄生虫等各种病理成分；辅助对泌尿系统疾病做出诊断、定位、鉴别诊断及预后诊断的重要试验项目。

五、上皮细胞尿

沉渣中的上皮细胞，单从外形上很难确定其来源部位，即使来自同一部位，细胞形态也可能完全不一样，扁平复层上皮细胞在表层呈扁平状，中层为纺锤形，在深层则为圆形或椭圆形，脱落后在变性的细胞质中还可出现颗粒，细胞核也模糊不清。因此，对尿中上皮细胞的分类，应把组织外源和外形结合起来进行。例如，扁平上皮细胞既可来源于阴道，也可来源于尿道表层；小圆上皮细胞可来自肾小管，也可来自深层移行上皮。

1. 肾小管细胞

来自肾小管的立方上皮，呈圆形或多边形，也有圆锥形或圆柱形，比白细胞略大，细胞核大而圆，位于细胞中央，核膜清楚，细胞质常见脂肪滴及小空泡。当肾小管病变时，此类细胞多见，在某些慢性肾脏疾病中，常见细胞质内充满粗颗粒或脂肪滴的圆形细胞，胞体大，细胞核不清楚，又称颗粒变性细胞。当肾慢性充血、梗死或血红蛋白沉着时，可见细胞质内含有含铁血黄素的棕色颗粒的圆形细胞，其颗粒呈普鲁士蓝阳性反应，此细胞称为含铁血黄素肾小管上皮细胞。

2. 鳞状上皮细胞（扁平上皮细胞）

鳞状上皮细胞，又叫扁平上皮细胞，未经染色时，细胞大而扁平，外形不规则；细胞核小，呈椭圆形，细胞边缘往往呈折叠状，有时被卷成圆筒形；染色后细胞核呈紫色，并有丰富的粉色或淡紫色的细胞质。来自尿道和膀胱黏膜的表层，正常尿液中，可见少数扁平上皮细胞；尿道炎时，可见大量扁平上皮细胞，常呈片状脱落，且伴随有较多白细胞。

3. 移形上皮细胞

由输尿管、肾盂、膀胱和尿道近膀胱段等处的移形上皮组织脱落而来，由于部位不同和脱落时器官缩张状态的差异，导致细胞大小和形态变化很大。小圆上皮细胞为低层移形上皮细胞，细胞体积小呈梨形、带尾形、纺锤形或高脚杯状；细胞核较大，呈圆形或椭圆形，偏于一侧。小圆上皮细胞多来自肾盂，故又称肾上皮细胞，有时亦可来自输尿管及膀胱颈部，此类细胞在尿液中不易见到，在肾盂、输尿管或膀胱颈部有炎症时可成片脱落。

4. 大圆上皮细胞

为表层移形上皮细胞，在器官充盈时脱落，则胞体较大，为白细胞的 2~3 倍，形态较圆。膀胱上皮表层及阴道上皮中层皆为此类细胞。正常尿内可偶见大圆上皮细胞，膀胱炎时可成片脱落。染色后，细胞核呈深紫色，细胞质呈淡蓝色。

5. 血细胞、脓球及黏液红细胞

新鲜尿液中的红细胞小而圆，淡黄褐色，无细胞核，碱性尿及稀薄尿中的红细胞常呈膨胀状态；酸性及浓缩尿中的红细胞，多为皱缩状态，边缘呈锯齿状健康动物的尿液中无红细胞，尿中出现红细胞，则为病理状态。欲确定出血的部位，必须注意上皮细胞及蛋白质的量，如果尿中蛋白质含量甚多，同时可看到肾上皮细胞及红细胞管型，则可认为是肾源性出血；如果尿中有肾上皮细胞及膀胱上皮细胞，并有大的血块，则为肾盂、膀胱及尿道出血，见于肾、膀胱、尿道出血。

6. 白细胞

新鲜尿液中的白细胞较易识别。酸性尿液中的白细胞较为完整，碱性尿液中的白细胞常膨胀而不清。尿液中以中性粒细胞较多见，也可有淋巴细胞及单核细胞，体积比红细胞略大，呈圆形，在中性、弱酸性、碱性尿液中均不见细胞核，细胞质呈淡灰色颗粒状；于较强的酸性尿液中或加入 1%醋酸处理后，可清晰看到细胞核。染色后，粒细胞的细胞核呈紫红色，细胞质中可见紫色颗粒。

正常尿液中可有少量白细胞，在离心沉淀的尿液中发现 1~2 个/高倍视野仍属于正常尿中出现大量白细胞，见于肾脏及尿路炎症。尿路发炎时，尿中仅有白细胞而无蛋白质和肾上皮细胞。而尿中蛋白质增多和有肾上皮细胞的情况下，如有大量白细胞，则为肾炎特征。尿中如有大量白细胞，则尿的物理性质发生变化，表现不透明而混浊，静置后有大量沉淀。

7. 脓细胞

主要为炎症过程中变性、破坏或死亡的分叶核嗜中性粒细胞，镜检时外形多不规则，细胞质内充满颗粒，结构模糊，细胞核隐约可见，常聚集成堆。

如果离心沉淀的尿液中每个高倍视野超过 5 个细胞为增多，称为镜下脓尿。如果尿中出现多量脓细胞，则表明泌尿系统有化脓性炎症，见于肾炎、肾盂肾炎、肾结核、膀胱炎和尿道炎。

8. 黏液

为无结构的带状物，马尿中特别多，加醋酸后不消失，可被稀碘液染成淡黄色，比透明管型宽，称为假管型。尿道炎时，黏液显著增多。

六、管型（尿圆柱）

管型指曲细尿管排出的一种柱状物，一端圆或齐，长而略曲，其长度及表面性质极不一致，如曲细尿管的铸型，故称为管型（又称为尿圆柱）。由肾小球滤出的蛋白质在肾小管内变性凝固或由蛋白质与某些细胞成分相黏合而形成。正常尿内蛋白质的含量极微，形成管型的机会甚少，尿中出现管型是肾炎的特征。根据管型的外部形态和内含物可将管型分成许多种，并结合临床症状进行鉴定，对急性或慢性肾病综合征有特异性的诊断意义，对糖尿病肾病、急性肾小管坏死肾脂肪变性、肾盂肾炎、弥漫性血管内凝血、肿瘤等疾病都有重要的鉴别诊断价值检查管型时，先用低倍镜观察有无管型及管型的大概数量，然后用高倍镜确定管型的类型。根据管型的结构和成分不同，分为下列几种。

1. 透明管型（玻璃样管型）

结构细致、均匀、边缘明显，几乎透明，长短不一，内部结构均一的圆柱状体，较窄而两端钝圆，偶含少量细颗粒，一般多为平直，也有少部分弯曲的，但很少有扭转，因其透明度高而常被忽略，需在弱光下观察，如经染色则呈浅紫色或粉色。主要由肾小管近曲小管和远曲小管的上皮分泌的黏蛋白组成，也存在少量的白蛋白、氯化物等，透明管型有时可携带 1～2 个红细胞或白细胞，但透明状物质仍占优势，为具有细胞内含物的透明管型。如果尿液中蛋白质增加，尿液高度浓缩，则管型数目增加。透明管型见于发热、肾脏疾病及体循环淤血的心脏病。

2. 颗粒管型

由肾实质病变细胞的分解产物及变性蛋白组成，细胞结构不明显，表面散有大小不等的颗粒，颗粒聚集在管型基质中管型不透明，短而粗，常断裂成节。根据颗粒大小，又可分为细颗粒管型和粗颗粒管型。细颗粒管型偶见于正常尿液，常见于使役后、脱水及发热时，如果大量出现，提示有肾实质损伤；颗粒管型多见于慢性肾小球肾炎及肾病综合征。

3. 上皮细胞管型

由脱落的肾上皮细胞与蛋白性物质黏合而成。管型基质内含有多量排列为二三排的肾小管上皮细胞，此类型细胞大小不等，常出现残坏。滴加稀醋酸，细胞核显现，易于识别。出现此种管型提示有肾小管病变，为肾小管上皮细胞脱落的依据。

4. 红细胞管型

管型中含有红细胞，在低倍镜下呈黄色，红细胞外形清楚，是鉴定红细胞管型的主要依据。经染色后，可发现无色或淡紫色的红细胞覆盖在粉色的管型基质上，如果管型中红细胞较多，则难以见到管型基质。尿中红细胞管型的出现提示有出血性肾小管损伤，多见于急性肾小球肾炎、急性肾小管坏死等，也可见于慢性肾病、多尿性肾病等。

5. 白细胞管型和脓细胞管型

管型内充满白细胞或脓细胞，在尿液沉渣检查时，有时会发现集簇的白细胞，可被误认为是白细胞管型。用普通光学显微镜检查白细胞管型，当尿液积滞、患病动物的白细胞核碎片出现融合时，鉴定较困难，改用相差显微镜有助于描绘细胞核的变化。经染色后，小白细胞可被染为紫色，大白细胞被染为浅蓝色，此种管型的基质则呈粉色。白细胞管型和脓细胞管型，提示肾有中性粒细胞渗出和间质性炎症，可在急性肾小球肾炎、肾病综合征及间质性肾炎动物的尿液中出现。

6. 脂肪管型

脂肪管型是一种较大的管型，由上皮管型和颗粒管型脂肪变性而形成，表面有脂肪滴和脂肪结晶，且在管型基质中含有许多大小不等的脂肪滴或嵌入含有脂肪滴的肾小管上皮细胞，有强的屈光性。主要见于类脂性肾病及肾小球肾炎等蜡样管型。质地均匀，轮廓明显，具有毛玻璃样闪光，表面似蜡块，长而直，很少有弯曲，较透明管型宽。尿中出现此类管型则预后不良，提示局部肾单位有长期阻塞性少或无尿现象，说明肾小管严重变性、坏死，常见于慢性肾小球肾炎的晚期、肾功能衰竭及淀粉样变性动物的尿中。

7. 肾衰竭管型

肾衰竭管型是由损坏的肾小管上皮细胞碎裂后，在明显扩大的集合管内凝聚而成，急性肾功能衰竭动物，多尿期的早期可大量出现肾衰竭管型；随着肾功能改善，肾衰竭管型可逐渐减少或消失。在慢性肾功能衰竭时出现此管型，提示预后不良。

七、非管型物体

鉴别在实际检查中，常易将非管型物体误认为管型。

1. 类圆柱体

形态与透明管型类似，质地柔软，末端尖细，容易被扭曲或弯曲成螺旋状。其形态的特殊性可能是由于肾小管分泌物质的凝固性发生改变所致，而未能形成真正的管型。常与透明管型同时存在，多见于肾血循环障碍或肾脏受到刺激时。

2. 假管型

假管型是由黏液性纤维状物黏附非晶形尿酸盐、磷酸盐等形成的圆柱形物体，似颗粒管型，但边缘不整齐，两端不圆，粗细不均匀，若加温或加酸后可立即消失，此外应与玻璃划痕、纤维丝、被毛等相区别。

【注意事项】

①尿标本必须新鲜、清洁，放置 5~6 h 即可发生腐败，使管型及红细胞因溶解而少，甚至消失，因此，应在采集尿液样本后即行检验。

②每次操作中检验的尿量、离心速度及时间、去上清尿液后管内余留尿量等均应一致，即所有尿液标本必须浓缩至相同体积时检验，以利于临床上对检验结果相互比较提供参考。

③如果尿液外观呈脓尿或血尿，可直接取尿液做显微镜检查，但必须在报告上注明离心沉淀标本或未经浓缩量的结果值。

④报告方式以每个高倍视野下所见细胞的平均数值，每个低倍视野所见管型的平均值报告，或将沉淀物置于定量计数池内进行计数后报告。

⑤尿沉渣检查有不染色和染色两种方法，尿沉渣的观察至今尚无统一标准方法，常用高倍显微镜检查尿沉淀，但其方法并不标准化。尿沉渣未染色标本镜检时，其成分易被漏掉或误认；而染色标本可避免上述缺点，能正确判定尿沉渣类别，提高检验质量，还可较清楚地观察到一些有形成分的细微结构。

- **工具准备**

实验动物、采血器、消毒用品、生化实验室、工作服。

- **人员准备**

人员分组，每组 5 人，明确职责分工（表 3-2-2）。

表 3-2-2　任务分配

任务角色	任务内容
组长：	任务：
组员 1：	任务：
组员 2：	任务：
组员 3：	任务：
组员 4：	任务：

任务筹划

一、方法筹划

各种动物的采尿方法以及注意事项；尿液分析仪的使用；尿液分析检验结果的判定。

二、流程筹划

第一步：采集尿液，练习导尿，保存尿液。
第二步：利用尿液分析仪对尿液进行检测。
第三步：认真分析尿液检验结果。
第四步：综合以上检查结果，做出最终诊断，并给出治疗方案。

任务实施

根据任务筹划情况，完成表3-2-3的任务实施步骤。

表3-2-3　任务实施步骤

步骤	任务内容
步骤一	
步骤二	
步骤三	
步骤四	
步骤五	
步骤六	

任务评价

根据任务完成情况，完成任务评价（表3-2-4）。

表3-2-4　工作任务完成过程评价

班级：		组别：	姓名：	
项目	评分标准	自我评价	小组评价	教师评价
资料收集（30分）	优秀：操作熟练，分析合理，判断准确（25~30分）			
	良好：操作较熟练，报告较准确清晰（15~25分）			
	及格：操作不太熟练，报告有少量错误（5~15分）			
	不及格：操作不熟练，判断不准确（0~5分）			

续表

班级：	组别：		姓名：	
项目	评分标准	自我评价	小组评价	教师评价
检查内容（30分）	熟悉动物尿液生化检验的基本程序和方法，各种检查操作熟练，对症状的认知（临床意义）明确（0~10分）			
	能够掌握尿液分析仪的使用（0~10分）			
	能否明确尿液试纸条检查指标（0~10分）			
课后评价（40分）	是否熟悉任务内容（0~10分）			
	是否能够准确使用分析仪（0~10分）			
	是否能够判定尿液生化检验结果（0~15分）			
	实训结束是否打扫卫生及东西归位（0~5分）			
合计				
自我评价与总结				
教师点评				

任务三　粪便生化检验

任务导入

主诉：病犬体温升高，精神沉郁，食欲减退，营养不良，后期出现脱水，呕吐，腹泻的症状，粪便中出现一些白色的虫卵。根据所学知识进行初步诊断。

根据任务情况，完成表3-3-1的任务工单。

表3-3-1　任务工单

班级：	姓名：	学号：
任务名称	粪便生化检验	
任务描述	根据实际情况，填写本任务的内容、目的、流程和方法。 任务内容：根据主诉及检查情况，做出综合分析判定。 任务目的：培养学生利用实验室检查的手段进行诊断的能力。 任务流程：通过主诉症状，选用合适的检查项目；检查病犬肠道是否有寄生虫；根据粪便检验结果，给出治疗方案。 任务方法：粪便检查，结果判定。	

续表

班级：	姓名：		学号：	
获取信息	要完成任务，需要掌握相关的知识。请收集资料，回答以下问题。 1. 实验室粪便检查的方法有哪些？ 2. 粪便检查的注意事项有哪些？ 3. 判断出病因，并给出治疗方案。			
制订计划				
任务实施	按照预先制订的工作计划，完成本任务，并记录任务实施过程。			
	序号	完成的任务	遇到的问题	解决办法

任务准备

● 知识准备

一、粪便的颜色

由于饲料种类及搭配比例不同以及季节交替，健康动物粪便的颜色也有差异。如放牧或饲喂青绿饲草时，粪便呈暗绿色；饲喂谷草、稻草时，粪便呈黄褐色。

病理状态下，粪便可见以下四种颜色。

1. 黑褐色

见于前部消化道出血。不易判断是否出血时，应做粪便潜血检查。

2. 粪便有血丝、血块

见于消化道后部出血，特别是直肠出血、结肠癌和直肠癌等家禽出现明显血便，可能是球虫病；仔猪出现血便，应考虑产气荚膜梭菌病。

3. 粪便灰白

见于犬、猫的胆管阻塞；粪便含白色凝乳块为幼龄动物消化不良。

4. 绿色

家禽在病理状况下，可能排出绿色粪便，主要见于鸡新城疫、大肠杆菌病、马立克病等。

二、粪便的硬度

健康牛的粪便因精料、粗料的搭配比例不同而硬度有所不同，奶牛和水牛的粪便成堆，黄牛的粪便呈层叠状，含水85%；绵羊及山羊的粪便含水只有55%左右，较硬；成年猪的粪便含水为55%~85%，含水少的呈棒状，含水多的呈稠粥状；马属动物的粪便近似肾形或球形，含水丰富，约为75%，有一定硬度。病理状态下，当肠管受到某种刺激后，肠管蠕动增加，肠内容物在肠管内停留时间短，肠壁吸收其中的水分减少，粪便稀软，甚至成水样，见于各种动物的肠卡他、肠炎，如仔猪黄白痢、猪流行性腹泻、猪传染性胃肠炎、雏鸡白痢、家禽大肠杆菌病等。当肠管运动机能减弱或肠肌弛缓时，肠内容物在肠管内停留时间延长，肠壁吸收其中的水分增多，粪便硬度增大，甚至变成干小的球形，见于各种动物的肠便秘，反刍动物瘤胃积食、瓣胃阻塞、真胃积食等。

三、粪便的气味

健康动物采食一般的饲料、饲草，粪便没有特别难闻的气味。猪吃精料较多时，粪便的臭味稍大。肉食动物以肉食为主粪臭味较重，异常的粪臭味有以下两种。

1. 酸臭味

见于各类动物的消化不良，主要是碳水化合物在肠道内发酵产酸。

2. 腐败臭味

见于各种原因所致的肠炎，由于肠内炎性渗出物中的蛋白质被微生物作用，腐败分解产生硫化氢气体。

四、粪便中混杂物检验

健康动物粪便中除正常未被消化的饲草、饲料残渣以外，一般不见其他混杂物。病理状况下，粪便中可出现以下几种混杂物。

1. 黏液

黏液外观黏稠透明，呈丝状或块状，见于肠炎初期。如消化道上部有炎症，黏液混在粪便内，拨出粪球或粪团才能见到；如消化道下部发炎，黏液附着于粪便表面。

2. 伪膜

外观似肠黏膜样，但实际上不是真正的肠黏膜。伪膜是由炎性渗出物中的蛋白质及纤维素凝结而成，然后由肠管分段脱落，随粪便排出体外。如进行镜检，仅见黏液和纤维丝，看不见肠上皮细胞。伪膜见于牛黏液膜性肠炎、消化道黏膜的深层炎症等。

3. 血块

见于消化道出血前部消化道出血，血块暗黑，常混于粪便内，粪潜血检验呈强阳性反应；后部消化道出血，血块鲜红或暗红，镜检可见尚未破裂的红细胞。

4. 脓球、脓汁、脓块

外观为灰白色，不透明。涂片或压片染色镜检，可见多量脓球，见于消化道化脓性疾病。

5. 过粗的草渣及未消化的谷物颗粒

见于老龄或患有牙齿不整的动物，马属动物最为常见。家禽粪便中若含有未消化的玉米、豆等颗粒，应考虑小肠球虫等所致的肠毒综合征。

五、粪便酸碱度测定

粪便的酸碱度取决于粪便中脂肪酸、乳酸或氨含量，与饲料成分及肠内容物的发酵或腐败分解程度有关。草食动物的粪便为碱性，但马的粪球内部常为弱性；肉食动物及杂食兽的粪便一般为弱碱性，有的为中性或酸性。肠内发酵过程旺盛时，由于形成多量有机酸，粪便呈强酸反应。但当肠内蛋白质分解旺盛时，由于形成游离氨，而使粪便呈强碱性反应。因此，粪便酸碱度的测定有助于了解胃、肠、胰腺等情况，可用 pH 试纸法或溴麝香草酚蓝法测定。

1. pH 试纸法

一般用广泛 pH 试纸或精密 pH 试纸测定粪便的 pH 值。取 pH 试纸一条，用蒸馏水浸湿（若粪便稀软则不必浸湿），贴于粪便表面数秒钟，取下试纸条与 pH 标准色板进行比较，即可得粪便的 pH 值。

2. 麝香草酚蓝法

取粪便 2~3 g，置于试管内，加 45 倍中性蒸馏水，混匀，加入 0.04%溴麝香草酚蓝 1~2 滴，1 min 后观察结果，如呈绿色者为中性，呈黄色者为酸性，呈蓝色者为碱性。

六、粪便潜血检验

粪潜血指粪便中含有肉眼不能确切观察到的血液。整个消化系统不论哪部分出血，都可使粪便含有潜血。粪潜血的检验方法有联苯胺法、愈创木酯法、匹拉米酮法和免疫法。愈创木酯法敏感性低，但受仪器或药物干扰因素较少，假阳性率也低；联苯胺法或邻联苯胺法敏感性高，假阳性率亦高；匹拉米酮法介于两者之间；免疫法可对微量血红蛋白发生反应，敏感性最高，专一性亦最强。临床上可根据需要而选用不同方法。下面介绍联苯胺法。

1. 原理

血红蛋白有过氧化氢酶的作用（但其本身并不是酶，因为被煮沸后仍有触酶作用），可分解过氧化氢而产生新生态氧，使联苯胺氧化为联苯胺蓝而呈蓝色反应。

2. 测定方法

用干净的竹制镊子在粪便的不同部位，选取绿豆大小的粪块，于干净载片涂成直径约 1 cm 的范围（如粪便太干燥，可加少量蒸馏水，调和涂布），然后将玻片在酒精灯上缓慢通过数次（破坏粪中的酶类），待玻片冷却后，滴加联苯胺冰醋酸约 1 mL 及新鲜过氧化氢溶液 1 mL，用火柴棒搅动混合将玻片放在白纸上观察。

3. 结果判断

正常无潜血的粪便不出现颜色反应。呈现蓝色反应的为阳性，蓝色出现越早表明粪便里的潜血也越多。“±”表示蓝色开始出现的时间为 60 s；“+”表示蓝色开始出现的时间为 30 s；“++”表示蓝色开始出现的时间为 15 s，“+++”表示蓝色开始出现的时间为 3 s。

【注意事项】

青草、马铃薯、甘薯等含有过氧化物酶，因此草食动物的粪便应加热以破坏该酶的活性。肉食动物进行粪便潜血试验时，必须在采集标本前 3~4 d 禁喂肉食，亦可将被检测粪便用蒸馏水调成粪混悬液，再加热以破坏该酶的活力。所用的容器、试管应洁净以免影响检验结果。

4. 临床意义

粪潜血阳性可见于消化道出血，如胃及十二指肠溃疡、胃癌、钩虫病、结肠癌、出血性胃肠炎、马肠系膜动脉栓塞、牛创伤性网胃炎、真胃溃疡、羊血矛线虫病等。一般消化性溃疡治疗好转或稳定期，潜血转阴性；恶性肿瘤常呈持续阳性。

七、粪便显微镜检查

1. 标本制备

取不同粪层的粪便，混合后取少许置于洁净载玻片上或以竹签直接挑粪便中可疑部分置于载玻片上，加少量生理盐水或蒸馏水，涂成均匀薄层，以能透过书报字迹为宜。必要时可滴加醋酸液或选用 0.01%伊红氯化钠染液、稀碘液或苏丹Ⅲ染液。涂片制好后，加盖片，先用低倍镜观察全片，后用高倍镜鉴定。

2. 饲料残渣检查

（1）脂肪球和脂肪酸结晶。脂肪滴为大小不等、正圆形的小球，有明显折射性，特点为浮在液面，来回游动脂肪酸结晶多呈针状，苏丹Ⅲ染色液呈红色。粪便中见到大量脂肪球和脂肪酸结晶与摄入的脂肪不能完全分解和吸收或胆汁及胰液分泌不足有关。

（2）植物细胞。植物细胞常在粪便中多量出现，形态多种多样，呈螺旋形、网状、花边形、多角形或其他形态。特点是在吹动标本时，易转动变形。植物细胞无临床意义，但可了解胃肠消化能力的强弱。

（3）淀粉颗粒。淀粉颗粒一般为大小不匀一端较尖的圆形颗粒，也有圆形或多角形的有同心层构造。用稀碘液染色后，未消化的淀粉颗粒呈蓝色，部分消化的呈棕红色。粪便中发现大量的淀粉颗粒，表明消化机能发生障碍。

（4）肌肉纤维。肌肉纤维呈带状，也有呈圆形、椭圆形或不规则形状的，有纵纹或横纹，常呈直角形，加醋酸后更清晰，有的可见核，多为黄色或黄褐色。在肉食动物粪便中为不清楚横纹的肌肉纤维。肌肉纤维过多时，可考虑胰液或肠液分泌障碍及肠蠕动增强。

3. 体细胞检查

（1）白细胞及脓细胞。白细胞的形态整齐，数量不多，且分散不成堆。脓细胞形态不整，构造不清晰，数量多而成堆。粪便中发现多量白细胞和脓细胞，表明肠管有炎症或溃疡。

（2）红细胞。粪便中若发现大量形态正常的红细胞，可能为后部肠管出血；有少量散在的形态正常的红细胞，同时又有大量白细胞时，为肠炎；若红细胞较白细胞多，且常堆集，部分有崩坏现象时，是肠管出血性疾病的特征。

（3）上皮细胞。粪便中常可见扁平上皮细胞和柱状上皮细胞。扁平上皮细胞来自肛门附近，形态无显著变化；柱状上皮细胞可由各部肠壁而来，因部位和肠动的强弱不同而形态有所改变。上皮细胞和粪便混合时一般不易发现，大量出现且伴有大量黏液或脓细胞时，可见于胃肠炎。

（4）吞噬细胞。吞噬细胞比中性粒细胞大 3~4 倍，呈卵圆形，不规则叶状或伸出伪足呈变形虫样；细胞核大，常偏于一侧，圆形，偶见肾形或不规则形；细胞质内可有空泡、颗粒，偶见有被吞噬的细菌、白细胞的残余物；细胞膜厚而明显。常与大量脓细胞同时出现，诊断意义与脓细胞相同。

八、粪便寄生虫检测

1. 毛蚴孵化法

（1）原理。在适宜温度条件下，血吸虫卵入水后，很快孵出毛蚴，它具有幼虫向上、向光向清的特性，游于水面，便于观察，做出诊断。下面介绍尼龙兜淘洗孵化法。

（2）器材。水（pH 值 6.8~7.2）、竹筷、40~80 目的铜筛、滤杯、260 目的尼龙筛兜、500 mL 量杯、粪桶、放大镜、显微镜、吸管载玻片、盖玻片、取暖炉、体温计、盆、缸、水桶、剪刀、计时器、天平、300~500 mL 长颈平底烧瓶或 200~250 mL 三角烧瓶、脱脂棉、孵育箱（室）。

（3）操作方法。将每个粪样分 3 份，在 40 目铜筛和量杯中用清水淘洗，细粪渣沉积于量中，待沉淀后弃去上清液，沉渣倒入尼龙兜用水淘洗，将尼龙兜中的粪渣装入三角烧瓶或长颈平底烧瓶中加 25℃左右清水；置于 20~25℃的孵育箱中，在一定的光照条件下进行孵育，从孵育开始到 1 h、3 h、5 h 时各观察 1 次。

（4）毛蚴的观察与识别。在光线明亮处衬以黑色背景肉眼观察，血吸虫毛蚴肉眼观察为针尖大小、灰白色、梭形，必要时可借助于手持放大镜。毛蚴多数在水面下 2 mm 范围内呈线运动，迅速而均匀，碰壁后折向，在显微镜下观察，毛蚴前端有一凸起，呈前宽后狭的三角形，两侧对称，后渐窄，周身有纤毛。发现血吸虫毛蚴即判定为阳性。

（5）结果判定。“+”表示在一个样品中有 1~5 个毛蚴；“++”表示 6~10 个毛蚴；“+++”表示 11~20 个毛蚴；“++++”表示 21 个毛蚴以上。

【注意事项】

①被检粪样必须新鲜，不可触地污染。

②忌用接触过农药、化肥或其他化学物的纸、塑料布等包装粪便。

③用水必须清洁，水中无寄生虫，且未被工业污水、农药和化肥或其他学药物污染。

④为防止毛蚴过早孵出，也可用1.0%~1.2%食盐水代替常水冲洗粪便。一般在水温不足15℃时用常水，水温为15~18℃时，于第一次换水改用盐水，水温超过18℃时一直用盐水。

⑤毛蚴和水中其他小虫不同之处是在近水面做水平或斜向直线运动，当用肉眼观察难与水中的其他小虫相区别时，可用滴管将毛蚴吸出，置显微镜下加以鉴别。

2. 幼虫分离法

主要用于生前诊断一些肺线虫病。如反刍兽网尾线虫的虫卵在新排出的粪便中已变为幼虫，类圆线虫虫卵随粪便被排到外界后很快孵化出幼虫。因此，可以通过一定方法进行分离鉴定，建立生前诊断。

- **工具准备**

实验动物；采血器、消毒用品、生化实验室、工作服。

- **人员准备**

人员分组，每组5人，明确职责分工（表3-3-2）。

表3-3-2　任务分配

任务角色	任务内容
组长：	任务：
组员1：	任务：
组员2：	任务：
组员3：	任务：
组员4：	任务：

任务筹划

一、方法筹划

粪便检查虫卵的方法以及注意事项；虫卵的识别。

二、流程筹划

第一步：初步采集粪便，利用实验室显微镜检查微生物，得出结论。

第二步：通过幼虫分离法进行分离。

第三步：鉴定虫卵。

第四步：综合以上检查结果，做出最终诊断，并给出治疗方案。

任务实施

根据任务筹划情况，完成表 3-3-3 的任务实施步骤。

表 3-3-3 任务实施步骤

步骤	任务内容
步骤一	
步骤二	
步骤三	
步骤四	
步骤五	
步骤六	

任务评价

根据任务完成情况，完成任务评价（表 3-3-4）。

表 3-3-4 工作任务完成过程评价

班级：		组别：		姓名：
项目	评分标准	自我评价	小组评价	教师评价
资料收集（30 分）	优秀：操作熟练，分析合理，判断准确（25~30 分）			
	良好：操作较熟练，报告较准确清晰（15~25 分）			
	及格：操作不太熟练，报告有少量错误（5~15 分）			
	不及格：操作不熟练，判断不准确（0~5 分）			
检查内容（30 分）	熟悉粪便检查的基本方法，各种检查操作熟练，对症状的认知（临床意义）明确（0~10 分）			
	能够掌握显微镜检查的操作过程（0~10 分）			
	能否明确虫卵鉴定的方法（0~10 分）			

续表

<table>
<tr><td>班级：</td><td colspan="2">组别：</td><td colspan="3">姓名：</td></tr>
<tr><td>项目</td><td colspan="2">评分标准</td><td>自我评价</td><td>小组评价</td><td>教师评价</td></tr>
<tr><td rowspan="4">课后评价
（40 分）</td><td colspan="2">是否熟悉任务内容（0~10 分）</td><td></td><td></td><td></td></tr>
<tr><td colspan="2">是否能够准确使用显微镜（0~10 分）</td><td></td><td></td><td></td></tr>
<tr><td colspan="2">是否能够准确判定鉴定结果（0~15 分）</td><td></td><td></td><td></td></tr>
<tr><td colspan="2">实训结束是否打扫卫生及东西归位（0~5 分）</td><td></td><td></td><td></td></tr>
<tr><td colspan="3">合计</td><td></td><td></td><td></td></tr>
<tr><td>自我评价与总结</td><td colspan="5"></td></tr>
<tr><td>教师点评</td><td colspan="5"></td></tr>
</table>

项目检测

请扫描二维码 3-1 进入在线测试，可反复答题，直到获得满意的结果。

二维码 3-1　项目三检测

项目四　特殊检查技术

项目导读

本项目内容包括动物临床检查、动物疾病处置方法等。主要培养学生掌握基本疾病处置的能力，从而逐步提高学生收集、处理信息、分析和解决问题的能力。

知识目标

(1) 掌握动物疾病临床检查的基本程序。
(2) 掌握动物疾病临床检查的基本方法和特征症状的临床意义。
(3) 掌握动物全身状态及被毛皮肤的检查。
(4) 掌握眼结膜及浅表淋巴结的检查。
(5) 熟悉体温、脉搏及呼吸数的测定方法。

技能目标

(1) 安全地接近动物并实施有效的保定措施。
(2) 通过临床检查收集动物发病症状，并对症状进行综合分析与归类。
(3) 针对常见动物临床病症做出分析诊断，并给出初步诊断结果。
(4) 熟练掌握临床一般检查各项技能。
(5) 应用实验室仪器开展动物样品的化验，并发现异常值及其临床意义。
(6) 规范地开具处方，并依据处方制订和实施治疗方案。
(7) 依据患病动物的病情制订手术计划，并通过手术有效地治疗动物。

素质目标

(1) 培养学生严谨的科学态度及专业自信。
(2) 培养学生自我保护意识，创新意识。
(3) 掌握特殊检查仪器设备的使用技能。
(4) 通过特殊仪器的使用，培养学生临床动手能力及科学的探究能力。

思政目标

（1）培养学生的职业能力及职业精神。
（2）在实验室检查中培养学生的专业自信。
（3）培养学生的实验室安全意识。

任务一　X 线诊断检查技术

任务导入

案例：一只 5 岁混种有长达两个多月的厌食与反胃病史，该犬的左侧胸腔 X 线影像如图 4-1-1 所示。幽门内的圆形软组织物质，疑似延伸至十二指肠，建议临床医生评估腹部情况。超声检查发现一个从幽门延伸到空肠中部的线性异物，伴有显著肠皱缩和肠梗阻。

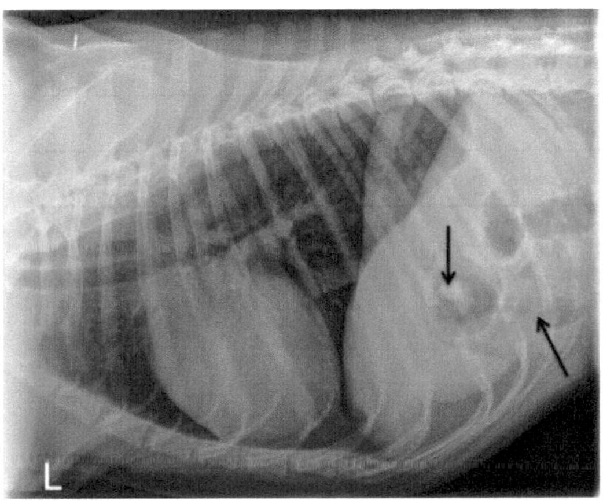

图 4-1-1　左侧胸腔 X 线影像

根据任务情况，完成表 4-1-1 的任务工单。

表 4-1-1　任务工单

班级：	姓名：	学号：
任务名称	X 线诊断检查技术	
任务描述	根据实际情况，填写本任务的内容、目的、流程和方法。 任务内容：根据检查情况，做出综合分析判定。 任务目的：锻炼学生使用精密仪器，培养学生的防范意识。 任务流程：熟悉操作过程；熟悉实操过程中的注意事项；学会判定 X 线检查结果。 任务方法：熟悉操作流程；了解注意事项。	

续表

<table>
<tr><td>班级：</td><td colspan="2">姓名：</td><td colspan="2">学号：</td></tr>
<tr><td>获取信息</td><td colspan="4">要完成任务，需要掌握相关的知识。请收集资料，回答以下问题。
1. X 线诊断的临床应用范围有哪些？
2. X 线下结石、囊肿、腹水所呈现出来的影响是什么？
3. X 线检查设备的使用需要注意什么？</td></tr>
<tr><td>制订计划</td><td colspan="4"></td></tr>
<tr><td rowspan="6">任务实施</td><td colspan="4">按照预先制订的工作计划，完成本任务，并记录任务实施过程。</td></tr>
<tr><td>序号</td><td>完成的任务</td><td>遇到的问题</td><td>解决办法</td></tr>
<tr><td></td><td></td><td></td><td></td></tr>
<tr><td></td><td></td><td></td><td></td></tr>
<tr><td></td><td></td><td></td><td></td></tr>
<tr><td></td><td></td><td></td><td></td></tr>
</table>

任务准备

- **知识准备**

一、X 线检查

X 线检查是基于 X 线的穿透性、荧光效应和感光效应及动物组织之间有密度和厚度的差别所形成的对比而产生的图像。X 线诊断技术是应用 X 线的穿透性、荧光作用和感光作用，使动物体各种不同密度的组织，包括动物体内部器官，在荧光屏或 X 线胶片上显影的一种检查技术。

X 线检查是放射学的一个主要组成部分，属于动物临床诊断中的特殊检查方法，X 线检查是利用 X 线的特殊性能，研究动物组织器官在生理状态下的形态和功能及其在疾病过程中的变化，来判断病变的性质。根据检查部位和目的要求不同，X 线检查方法分 X 线透视检查、X 线摄影检查和 X 线造影检查，随着 X 线检查技术的不断发展和设备的日趋完善，X 线检查更能准确地对疾病做出早期诊断，而且对疾病的预防、疗效观察及预后判断都有重要的应用价值。但 X 线检查也有局限性，X 线所显示的影像无特异性，对某些疾病的诊断，必须密切结合临床及其他检查结果进行综合分析。

二、X 线的产生

X 线产生于 X 线管（又称球管）内，是从阴极灯丝发射出的高速运动的电子流（阴极线）撞击于阳极钨靶的焦点面上受阻后，产生能量转换，动能的绝大部分（99.8%）转变为热能，剩余小部分（0.2%）转变为电磁波辐射线，即 X 线的特性。X 线是一种电磁波，在电磁波谱中介于紫外线与射线之间，其波长范围为 0.0006~50 nm 一般供诊断用的 X 线的波长为 0.008~0.031 nm，X 线除具有可见光的基本特性外，还具有以下几种特性。

（1）穿透作用。X 线波长很短，能穿透可见光线不能穿透的物质，包括人和动物体。由于 X 线具有这种能穿透动物体的特殊性能故可用来进行诊断。穿透程度又与 X 线的波长有关，X 线的波长越短，则穿透力越强，反之则弱波长的长短由管电压（kV）决定，管电压越高则波长越短。在实际工作中，以千伏的高低表示穿透力的强弱。同时穿透的程度与被穿透物质的原子序数及厚度有关，原子序数高或厚度大的物质则穿透弱，反之则穿透强因而常用铅作保护设备。

（2）荧光作用。X 线波长很短，肉眼看不见，但它照射在荧光物质，如铂氰化钡、钨酸钙等上被吸收后，可产生肉眼可见的荧光。当 X 线透过动物体投射在含有上述荧光物质的荧光屏上时，就可以看到动物体内组织结构和器官的荧光影像。观察其荧光影像，就可以进行疾病诊断，即 X 线透视检查。

（3）摄影作用。X 线具有光化学效应，可使摄影胶片上的感光物质如溴化银等感光，再经显影和定影处理，可形成 X 线影像，这也是 X 线摄影检查的基础。

（4）电离作用。物质受到 X 线照射时，都会产生电离作用，分解为正负离子。空气的电离程度与空气所吸收 X 线的量成正比，因而通过测量电流量可计算出 X 线的量。利用这个原理可制成多种测定照射量仪器的探头，是 X 线安全剂量测定的基础。生物学作用人和动物受到 X 线照射时，也会产生电离作用，如接受超过安全量的 X 线后，则以电离作用为起点，组织和体液会发生一系列理化性改变而受到损害。

三、X 线影像形成原理

由于 X 线具有穿透作用，荧光作用和摄影作用等特性，而且动物组织本身存在有密度和厚度的差别，当 X 线穿透不同组织结构时，它被吸收的程度不同，到达荧光屏或 X 线胶片上的 X 线量也有差异，因此在荧光屏或 X 线片上就形成黑白对比不同的影像。

X 线穿透密度不同而厚度相同的组织时，密度高的组织比密度低的组织吸收 X 线多；穿透厚度不同而密度相等的组织或器官时，厚的部分吸收 X 线多。在畜体中密度最大的是含丰富钙质的骨骼，钙的原子序数较高，所以吸收的 X 线最多，属于不透性组织；结缔组织、肌肉和软骨等各种软组织以及体液，均由碳、氢、氧、氮等低原子序数的原子构成，密度与水接近，属于中等透过性组织；脂肪组织的原子序数与软组织相似，但排列稀疏，密度比软组织小，X 线的穿透性较好；胸肺、胃肠道、窦腔等均含有气体，它的穿透作用与其波长及被穿透物质的密度和厚度成反比。

四、暗室设备的认识与使用

1. X 线胶片

X 线胶片性质类似一般照相胶片，不同之处在于 X 线胶片的片基较厚，而且两面都涂有溴化银感光药膜。X 线胶片规格应与暗盒规格一致，以 27.9 cm×35.6 cm 最普遍，其感光速度有 3F、4F、5F 三种，F 值越大，感光速度越快，X 线胶片应避光保存在阴凉干燥处，并立放以免受压。

2. 暗盒

暗盒是装载 X 线胶片进行摄影的扁盒，盒面是铝板或塑料，而盒底用其他金属制成，外面设有弹簧扣或弹性固定板，以便固定盒底并使增感屏与胶片紧贴，防止影像模糊。

3. 增感屏

增感屏是两块面上涂有荧光物质药膜的纸板或塑料板，能大大缩短曝光时间，其尺寸规格亦与暗盒相同。

装卸关闭白灯，在安全红灯下把胶片纸盒封口撕开，预先取好与 X 线胶片规格一致的暗盒置于工作台上。松开固定弹簧，打开暗盒，然后从已启封的 X 线胶片盒内取出一张胶片放入暗盒内。确保胶片四周已在暗盒内并紧闭暗盒后，则可送去进行 X 线投照。已经投照过的暗盒，送回暗室。在暗室中开启暗盒，轻拍暗盒使 X 线胶片脱离增感屏，以手指捏住胶片一角轻轻提出。注意勿用手指向暗盒内挖取或以手触及胶片中心部分，以免胶片或增减屏受污损。胶片取出后，送入自动冲片机或人工冲洗，人工冲洗时将胶片夹在洗片架上。

4. 胶片冲洗

（1）显影。显影温度为 18～20℃，显影时间为 6 min。显影时一只手拿起显影盖，另一只手把夹好胶片的洗片架放入显影桶的药液内，上下移动数次再放好，显影完毕即可取出。如无把握者，可在显影 2～3 min 后取出在红灯下短暂观察一次。发现曝光过度或曝光不足时，及时调整显影时间予以补救。

（2）洗影。显影完毕后取出胶片，滴回多余的药液于显影桶内，置洗影桶内清水中上下移动数次。

（3）定影。定影温度为 18～20℃，定影时间为 15～20 min，取出已洗影的胶片，滴去多余的清水，放入定影桶内加盖定影。

（4）水洗。定影完毕后，取出胶片，滴回多余的药液于定影筒内，放入冲洗池内用缓慢流动清水冲洗 30～60 min。

（5）干燥。冲洗完毕的胶片，取出后置于晾片架上晾干，或在胶片干燥箱内干燥胶片干燥后，从洗片架中取下并装入封套，登记后送交阅片诊断保存。

目前多数大型动物医院均使用全自动洗片机，可将摄影后的 X 线胶片直接放入洗片机中进行洗片。医用 X 线自动洗片机，机器内分设显影、定影、水洗和干燥四部分，一般设定在 32℃进行冲洗，高温快显，全程仅需 13 s 左右。显影、定影和水洗槽都有进液（水）口、溢流口和排空口，水洗直接连接自来水显影液和定影液循环利用。

待洗片效果差时，及时更换显影液和定影液。放片时，一定要碰到左侧的感应针，才能自动进入机器。机箱外有三个指示灯，中间的指示灯是工作灯；上面指示灯亮时，不能放片；下面的是温度指示灯，说明机器正在加热，也不能放片，强行放入机器会报警，出来的片子会因温度不够而干燥不全和湿黏。

【注意事项】

①使用的增感屏与 X 线胶片要求配套，常用中速钨酸钙增感屏与感蓝 X 线胶片配套使用。

②不同感色性能的 X 线胶片对安全灯也有不同要求，对感蓝、感绿的 X 线胶片都可使用红色安全灯，但感绿 X 线胶片的感光度高，安全等要求更暗一些。

③避免强光直接照射增感屏及在增感屏中长时间夹放 X 线胶片。保持增感屏清洁，不要接触划伤增感屏。沾污的增感屏可用酒精和清水擦净晾干后继续使用

④暗室内应切实保持黑暗，不能漏光。如果使用安全灯要确保安全灯质量合格，而非是“假红灯”。

⑤胶片的装卸和操作，应避免在安全灯下暴露时间过久，致使 X 线片发灰。

⑥冲洗过程中，胶片避免摩擦划伤，避免重叠或黏着。

⑦如果使用自动洗片机，需要经常检查和定期清洗洗片机保持各个溢流口畅通，避免显影液和定影液混合，防止水槽中产生的藻类阻塞溢流管。当显影液变混浊、洗出的 X 线片对比度下降发黄时，提示显影液和定影液混合。

五、X 线透视检查

利用 X 线的穿透能力和荧光作用，在 X 线透过动物体后再照射到荧光屏上，则显现光影像，通过观察荧光影像进行诊断的方法就是 X 线透视法。透视检查优点在于方法简单易行，不需要复杂的设备器材，成本费用很低，而且能迅速得出检查结果；透视又能从不同方位和角度观察病变，获得更全面和完整的影像，不仅观察到组织器官形态上的改变，还可看到器官的运动情况；缺点是不能保留永久性记录，而且荧光影像不是很清晰，病变性质不易准确判断，微细的变化容易忽略，对组织厚度大的部位，因对比度低而不能清楚观察。

1. 透视前的准备

（1）透视者应有充分的暗适应。透视前需在暗室中适应 10~15 min，戴上红色眼镜或暗色眼镜同样时间，亦可以达到适应，但在强阳光下需要更长的时间才能适应，而阴天或夜间则能较快适应。

（2）做好被检动物的保定工作。除去体表被检部位的污物及敷料油膏，尤其要避免沾染含有碘类药物，皮毛尽量刷净擦干。若在 X 线室透视需准备盛接粪尿的用具，避免引起宠物惊扰。

(3) 做好人、动物和设备的安全工作。调节好透视照射野，使其小于荧光屏的范围。检查者穿戴好防护的铅橡皮围裙与手套，做好人、动物和设备的安全措施。

2. X线透视检查的一般步骤

(1) 调节好机器。

(2) 打开电源开关，并调节电源电压表指针指至20V并适当预热机器。

(3) 将透视摄影交换器拨向透视挡或相关符号处。调节透视毫安值为2~5 mA。

(4) 根据被检动物的种类及被检部位的厚度调节电压，一般大动物为65~85 kV，小动物为50~70 kV。

(5) 调节好X线管与荧光屏间的距离，一般以50~100 cm为宜。

(6) 将荧光屏紧贴于被检部位，并与X线管中心线相垂直，脚踏脚闸，曝光时间3~5 s，间歇2~3 s，断续地进行，一般每次胸部透视约需2 min，透视时先适当开大光门，对被检部位做全面观察，注意器官形态及其运动状态，如有异常变化，缩小光门分区进行观察。一旦发现可疑病变时，再缩小光门做重点深入观察，并放大光门复查一次。如认为需要配合摄影检查，则根据透视结果，确定摄影的部位和投照方法。

(7) 检查完毕后，立即关闭电源开关，把各调节器退回零位，拉开电源墙闸。

(8) 根据检查结果，写出诊断报告。

【注意事项】

①透视检查多用于食管、胃肠造影的功能性检查，以及骨折或异物的初步筛查。

②相对于摄影检查，透视操作时辐射量较大。动物不配合检查时可能需要更多的时间检查，所以从辐射防护的角度考虑应首选摄影检查。

3. 使用X线的安全防护

X线对人体的损害，X线是一种放射线对人体的危害在于X线的电离作用。电离作用使活的组织细胞和体液受到一定程度的抑制、损害，以致生活机能破坏。损伤的程度视接触的X线量不同而异，一般照射可不产生明显的影响，但过量照射或者长时间微量照射积累到一定数量后，可产生不可恢复的损伤不同的组织细胞对X线的敏感性不一样，低分化细胞如生殖细胞、造血细胞等对其敏感性最高。造血系统的损害尤为常见，表现白细胞与淋巴细胞的减少、凝血酶降低、贫血，甚者可发生出血性综合征，X线可引起不孕或生殖机能上的变化。眼球干涩、视力疲乏和衰退，严重者可致白内障而失明，皮肤损害可见有毛发脱落、皮肤干硬、红斑、弹性降低、角质增生色素沉着或皮肤干裂，甚者溃疡或癌变。全身反应，如倦怠、睡眠不佳、头痛、健忘等。

4. X线防护措施

(1) 工作人员应避免从放射窗发出的直射线直接照射，缩小和控制其照射野范围。透视时X线直接照射到荧光屏上，必须用足够铅当量的铅玻璃遮盖荧光屏。

(2) 使用各种防护设备，如铅橡皮围裙、铅橡皮手套、铅屏风等，以起屏蔽作用外，透视时使用活动光门，摄影时使用聚光筒，以缩小照射野限制照射范围，可以减少射线的产生。

（3）提高和熟练透视技术，缩短透视观察时间。进行摄影曝光时，在距离放射源较远操作，增加距离而减少照射量。

（4）X 线室应有适当的面积和高度。宽敞的房子，散射线因分散面广而强度减弱。X 室四壁与天花板建筑结构，要根据 X 线机的千伏数考虑防护材料的铅当量。

（5）坚持日常防护检查，如检查防护制度执行情况，防护条件是否合格，工作人员应就业前检查，每 1~2 年全面体检，每半年血液检查，发现问题应及时处理。

六、X 线摄影检查

X 线透过动物体后照射到胶片上，使胶片感光成像，经过暗室冲洗获得照片，通过观察照片影像进行诊断的方法就是 X 线摄影检查法。摄影检查需要特殊设备器材，手续比较麻烦，费用较高，不能立即得出结果，只能拍摄固定位置的照片和只能显现器官的静止影像。但摄影的优点是可以保留永久性记录，便于复查比较，对微细病变能清楚显现，判断病变性质的准确率高，厚度较大的组织器官也能显现清楚。

【注意事项】

①使用的增感屏与 X 线胶片要求配套，常用中速钨酸钙增感屏与感蓝 X 线胶片配套使用。

②不同感色性能的 X 线胶片对安全灯也有不同要求，对感蓝、感绿的 X 线胶片都可使用红色安全灯，但感绿 X 线胶片的感光度高，安全等要求更暗一些。

③避免强光直接照射增感屏及在增感屏中长时间夹放 X 线胶片保持增感屏清洁不要接触划伤增感屏。沾污的增感屏可用酒精和清水擦净晾干后继续使用。

1. 摄影条件的选择

（1）千伏（kV）。根据被检部位的厚度选择千伏厚者用较高的千伏，薄者用较低的千伏。通常先获得对一定厚度部位的最佳摄影千伏，然后以此为基准，按被检部位厚度变化调整千伏。当厚度增、减 1 cm 时，管电压相应增、减 2 kV；较厚密部位需用 80 kV 以上时，厚径每增、减 1 cm，要增、减 3 kV；需用 95 kV 以上时，厚径每增、减 1 cm，要增、减 4 kV。当使用千伏可调范围很小或固定千伏的 X 线机时，则应用千伏与毫安秒转换规律，调整毫安秒的值。

（2）毫安（mA）。根据需要和 X 线机的性能选择毫安值越大，单位时间内 X 线输出量越大。

（3）焦片距（cm）。在被检部位紧贴暗盒的情况下，焦片距愈远，影像愈清晰。但 X 线的强度也受距离平方反比规律的限制，距离增加倍，强度减弱到原来的 1/4，当焦片距增加时，为使胶片达到一定的感光量，必须延长曝光时间，从而增加了摄影时动物移动的机会。焦片距过近则使影像放大和清晰度下降。一般选择 75 cm，胸部照片距离可延至 100~180 cm。

（4）曝光时间（s）。管电流通过 X 线管的时间，以秒（s）表示，常以毫安秒（ms）计算 X 线的量，即毫安与秒的乘积，例如 25 mA×2 s=50 mAs，也可变换为 50 mA×1 s=50 mAs，或 100 mA×0.5 s=50 mAs 它决定每张照片上的感光度。感光度过高、过低可造成照片过黑、过白。临床上应根据 X 线机实际性能，在保持一定的毫安秒情况下，宜尽量选择短的曝光时间，以减少动物移动而致影像模糊不清。如拍摄活动的器官如心、肺、胃、肠，要比相对静止的部位如骨骼、关节，选择更短的曝光时间。

2. 摄影曝光条件表的制定

根据所用 X 线诊断机的性能和 X 线胶片、增感屏、滤线器的型号，制定一份摄影曝光条件表，专供本单位日常摄影使用。在拍摄某部位的照片时，可以方便地从表内挑选适宜的 X 线曝光条件。在套用其他的现成技术资料时，应按本单位实际情况适当调整条件参数。如按照不同的被检部位固定毫安秒和焦片距，只变更千伏，即按照被检部位厚度的不同（cm）而改变千伏。对胸部或较薄的部位，厚度每增、减 1 cm，就相应增、减 2 kV 如制定一份中、小动物的胸部摄影曝光条件表，可先参考"厚度（cm）×2+25＝kV"的公式确定千伏数，然后试以 6 mAs 为基础进行不同的曝光试验，优选出最佳的毫安秒。

通常将一张胶片分成 4 等份，拍摄相同部位，每次投照时只暴露要照相的 1/4，而用铅板覆盖其他 3/4。第 1 份用 1/2 的基础毫安秒，第 2 份用基础毫安秒，第 3 份用加倍基础毫安秒，第 4 份用 4 倍基础毫安秒。在相同的暗室条件下冲洗照片，然后通过对比试验选出其中最满意的一份，以其条件为标准。如果试验的结果全部不佳，则改变千伏或毫安秒值再进行试验直到满意为止。一旦找出了最佳条件，即可以此为基准，按被检部位厚度（cm）的变化制定一份技术条件表。

3. 影响 X 线片质量的因素

（1）影响照片清晰度的因素有以下几种。

有效焦点面积：X 线管的焦点面积越小，照片的清晰度越高；否则相反，常有伴影存在。

焦片距：焦片距越远，影像越清晰；越近，则影像越模糊而放大失真。但光的强度受反比平方规律限制，距离增加 1 倍，强度减弱为 1/4 当距离增加时，为确保胶片的一定感光量，势必延长曝光时间，增加了动物移动的机会，故距离也不宜过大，一般多采用 70～76 cm。投照部位与胶片的距离。投照部位与胶片的距离越近，影像越清晰；否则相反。

X 线的投照方向与角度：一般使 X 线的中心束垂直于胶片的中心。投照部位的固定。摄影曝光的瞬间，投照部位应绝对固定，任何移动会使影像模糊，所以最好在动物呼吸间歇或安静的瞬间进行曝光。

（2）影响对比度的因素有以下几种。

管电压：管电压过高，波长太短，则 X 线穿透力过强，照片因曝光过度而一致变黑。反之，照片一致灰白，都是对比度丧失。因此，必须选择合适的管电压。一般的原则是投照厚的部位要用较高的千伏，薄的部位则用较低的千伏。在没有经验或缺乏现成参数资料情况下，可参考简便公式"千伏（kV）＝厚度（cm）2+40～45"计算。

管电流与曝光时间：管电流（mA）与曝光时间（s）的乘积为曝光时的 X 线的

量 mAs 过大，造成曝光过度而照片过黑；反之，则曝光不足而照片过白，都会降低对比度。在机器性能允许情况下，原则上以选择尽可能短的曝光时间为佳，以免动物在曝光时移动而损害照片的清晰度。在相对安静的部位，如四肢骨骼，曝光时间可较长些，但对活动的器官如心、肺、胃和肠等，时间则越短越好。

4. X 线摄影检查的一般步骤

（1）拍片。①按要求保定好动物，除去欲拍片部位的附着物。②根据摄影检查部位的大小及器官，选定所需要线片的大小，在暗室内安全灯下装入相应大小的 X 线暗盒内，并贴上标明摄影日期及方位（左或右）的铅字号码符号。③根据欲摄影检查部位及器官，调整好 kV 值、mA 值及时间并将透视、摄影交换器拨向摄影挡。④根据被检部位选定好距离。⑤安放 X 线片暗盒，使暗盒的中心与被检部位中心相一致，并紧贴于被检部位的体表。⑥移动 X 线管，使其中心线对准被检部位和 X 线片中心。⑦趁动物安静时进行曝光。⑧摄片完毕，立即关闭电源，把各调节器退回零位。将 X 线片送到暗室内进行冲洗处理。

（2）X 线片的冲洗。①显影。在暗室中从暗盒内取出胶片，将其固定于相应的洗片夹上，然后放入 18~20℃ 显影液内，并轻轻摇动几次，以使药液与胶片接触均匀，并清除表面的气泡。然后盖好盖子，显影 4~8 min（通常 5 min）。②洗影。显影完成后，将胶片从显影液内取出放入清水内清洗 0.5~1 min，洗掉附着胶片上的显影药液。③定影。将洗影后的胶片放入 18~20℃（最高不得超过 25℃）定影液中，定影 10~15 min，最多不超过 30 min。④漂洗。将定影后的 X 线片放置于流动的清水中，冲洗 0.5~1 h 或更长一些时间，以除去胶片经定影后尚未感光的药膜部分，若无流动清水，则需延长漂洗时间。⑤干燥。将漂洗后的胶片悬挂于晾片架上，置于通风处或电热干片箱内进行干燥后，即可观察。

目前多数大型动物医院均使用全自动洗片机，可将摄影后的 X 线胶片直接放入洗片机进行洗片。柯达医用 X 线自动洗片机（MXP-102），机器内分设显影、定影、水洗和干燥四部分，一般设定在 32℃ 进行冲洗，高温快显，全程仅需 130 s 左右显影、定影和水洗槽都有进液（水）口、溢流口和排空口，水洗直接连接自来水，显影液和定影液循环利用。待洗片效果差时，及时更换显影液和定影液。放片时，一定要碰到左侧的感应针，才能自动进入机器机箱外有 3 个指示灯，中间的指示灯是工作灯；上面指示灯亮时，不能放片；下面的是温度指示灯，说明机器正在加热，也不能放片，强行放入机器会报警，出来的片子会因温度不够而干燥不全和湿黏。

（3）观察判断结果，写出报告。

【注意事项】

①使用 X 线机前必须先调整电源电压至标准位置（220 V）。

②必须在额定性能内使用，切勿过负荷。低于额定性能使用，可以延长 X 线管寿命同时每次曝光后，应有数分钟的间歇，以待阳极靶面散热。

③在曝光过程中，不可临时调动各调节旋钮。

④按下一挡使旋转阳极稳定后（2~3 s），再按到二挡进行曝光。

⑤注意熟悉X线机正常使用现象，若发现异常声音、臭味、漏油等异常现象，应立即停止使用，报修检查。

⑥X线机日常要注意防震防潮，保持清洁干燥，定期检查安全接地，小心操作使用。

⑦充分认识辐射反应的危害，穿戴好防护用具，做好安全防护措施。

⑧暗室内应切实保持黑暗，不能漏光。如果使用安全灯要确保安全灯质量合格，而非是“假红灯”。

⑨胶片的装卸和操作，应避免在安全灯下暴露时间过久，致使X线片发灰。

⑩冲洗过程中，胶片避免摩擦划伤，避免重叠或黏着。经常检查和定期清洗洗片机，保持各个溢流口畅通，避免显影液和定影液混合，防止水槽中产生的藻类阻塞溢流管。当显影液变混浊、洗出的X线片对比度下降发黄时，提示显影液和定影液混合。

七、X线造影检查

对缺乏天然对比的组织和器官，为扩大其检查范围，提高诊断效果，可以把人工对比剂引进被检器官的内腔或其周围，造成密度对比差异，使被检组织器官的内腔或外形显现出来，这种人工对比技术称为造影术，而所用的对比剂称为造影剂。造影剂有两大类，原则上应是无毒、无害、无副作用，且是化学纯。

1. 食管造影

（1）造影剂的配制。配制观察食管腔形态学状况的造影剂时，可将硫酸钡与水按1∶(3~4）配成稀钡胶浆灌投；需要观察食管黏膜的细节时，可将硫酸钡与水按(3~4)∶1配制成稠钡剂投喂。

（2）检查方法。食道检查原则上以透视为主，如发现异常，必要时则在异常部位摄片检查。经口腔灌注硫酸钡液，剂量为每千克体重3~5 mL，如需摄片检查应在钡餐后立即进行。

2. 胃肠造影

（1）造影剂的配制。配制成硫酸钡与水之比为1∶(1~2）的混悬液，有条件也可直接使用商用阳性造影剂（硫酸钡微粉制成的混悬液）。

（2）动物准备。被检动物应禁食12 h以上，可以饮水。

（3）检查方法。配制好的硫酸钡混悬液按每千克体重2~5 mL经口缓慢灌入。每个20 min进行一次摄片，直至1 h后，然后每隔1 h摄片1次，直至做出诊断或大部分造影剂抵达结肠。

【注意事项】

①食管、胃肠造影摄片检查的时机把握。

②不同检查时硫酸钡的浓度及用量的区别。

③钡餐灌服时应从动物的嘴角缓慢注入，防止将钡剂呛入气管。

3. 膀胱造影方法

（1）膀胱阳性造影。将涂有利多卡因凝胶的导尿管插入犬的膀胱，排空膀胱内尿液。将 76%复方泛影葡胺注射液浓度与生理盐水按 1：（1~2）稀释后通过导尿管注入膀胱，直至膀胱中度扩张，通常所需稀释造影剂的量为每千克体重 6~12 mL 注入完毕后即可进行摄片检查。

（2）膀胱阴性造影。将涂有利多卡因凝胶的导尿管插入犬的膀胱，排空膀胱内尿液。将空气以每千克体重 6~12 mL 注入已经排空的膀胱，直至膀胱中度扩张。注入完毕后即可进行摄片检查。

（3）膀胱双重造影。先将小剂量稀释后的阳性造影剂（1~5 mL）注入已经排空的膀胱，将动物翻滚以使造影剂黏附于膀胱黏膜。然后将膀胱排空，并注入中等量的空气进行摄片。此外，也可在阳性造影完毕后排空膀胱，注入空气来进行双重造影。

【注意事项】

①膀胱充气造影时也可通过拍打后腹部充气的膀胱，来判定充盈的程度。

②膀胱充气造影时，应将动物左侧卧，以减少致命性肺栓塞的发生。

八、造影剂

1. 造影剂的引入方法

（1）直接引入法。把造影剂通过动物自然孔道、瘘管或体表穿刺等途径直接充盈到所检查器官的内腔或周围，形成对比。如胃肠道造影、支气管造影、关节腔充气造影和腹腔充气造影等。

（2）生理排泄法。造影剂经口或静脉注入法进入血液循环，有选择性地在器官积累、浓缩、排泄而形成对比，如碘酚酸经口进行胆囊造影。

2. 造影剂的分类

（1）阴性造影剂又称可透性造影剂，以空气常用且方便，常用于关节造影、气腹造影、膀胱造影等。注意防止气体进入血管产生气栓。

（2）阳性造影剂又称不透性造影剂。常用的有钡剂（25%~40%硫酸钡）和碘剂（10%~12.5%碘化钠），主要用于消化道、泌尿道、脓腔和瘘管的检查。

九、骨骼与关节常见疾病的 X 线诊断

透视检查常对骨折、脱位的复位手术、阳性异物检查和异物摘除进行检查，在骨与关节的检查中因不能显示细微结构和病变，所以只能作为一种辅助检查方法，临床上常采用 X 线摄影检查。

1. 骨骼与关节的摆位

（1）肩关节侧位投照。病犬侧卧，患肢在下。将患肢向下、向前拉，使肩关节在胸骨和气管的腹侧。头颈向背侧屈曲，对侧肢后拉，但不能使身体旋转。X 线中心束对准肩峰（图 4-1-2）。

（2）肩关节后前位投照。病犬仰卧，胸腹部适当支撑，拉住后肢，患肢尽可能前拉、轻微内旋，使肩胛骨轻微远离身体，避免与肋骨重叠，肩胛骨垂直于摄影床。X 线中心束对准肩关节（图 4-1-3）。

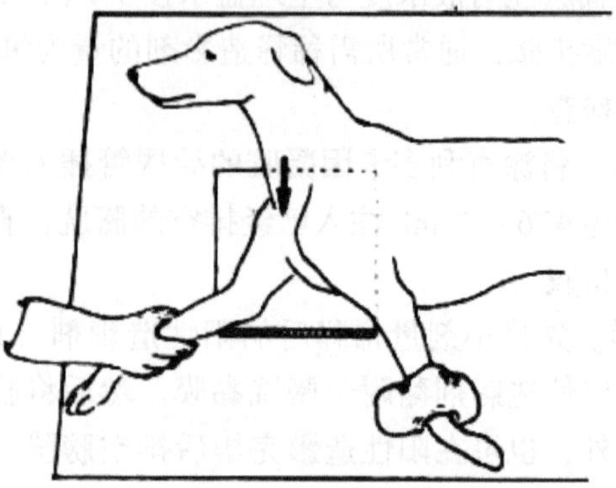

图 4-1-2 肩关节侧位投照

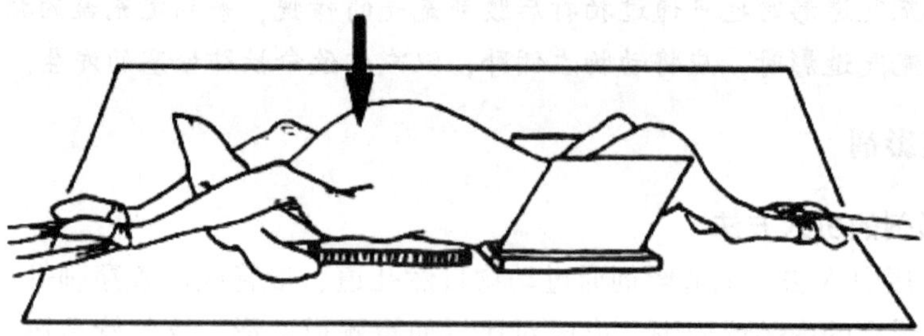

图 4-1-3 肩关节后前位投照

（3）肱骨侧位投照。病犬侧卧，患肢在下。患肢前拉，对侧肢屈曲后拉远离 X 线中心束，头颈向背侧屈曲，后肢固定。X 线中心束对准肱骨骨体中部（图 4-1-4）。该体位易于评价肱骨和肘关节，但对肩关节的穿透力往往不足。

图 4-1-4 肱骨侧位投照

（4）肱骨前后位投照。患犬俯卧，患肢尽可能前拉，对侧肢自然位置，头歪向健肢侧或后仰，远离原射线。该摆位下，肱骨和片盒不平行，为减少失真，X 线中心束可向肱骨近端背侧倾斜 10°~20°，对准肱骨骨体中部（图 4-1-5）。也可用水平 X 线投照，病犬侧卧，病肢在上（图 4-1-6），该摆位下，肱骨和片盒平行，但对肱骨近端的显示有一定的局限性。

图 4-1-5 肱骨前后位投照

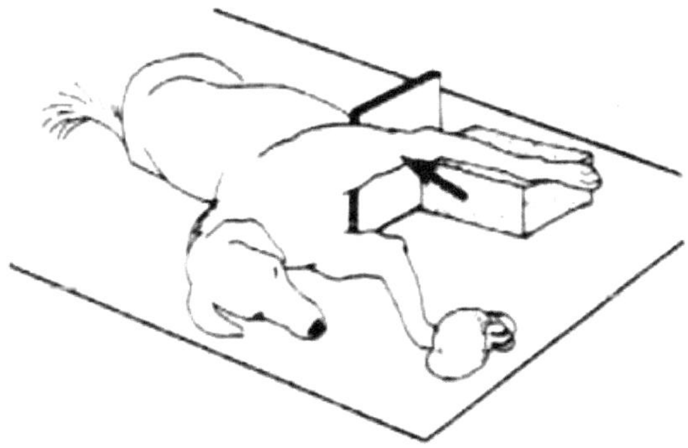

图 4-1-6 肱骨水平 X 线前后投照

动物四肢正常骨骼与关节的 X 线片：四肢骨为长骨，正常管状长骨的骨膜不显影，与周围软组织共同呈现暗黑阴影。骨密质呈现均匀致密的白色阴影，在骨干中央部最厚，两端逐渐变薄、骨密质上有时可见条状的营养血管或点状营养血管孔的阴影。骨松质位于骨松质内面充满于长骨两端，呈现细致整齐网状结构的灰白阴影。骨小梁常按机械负重需要规则排列。骨髓腔位于两侧骨密质部中间，成灰黑阴影，四肢正常关节间隙呈黑色阴影，组成单关节的两骨端呈现灰白色阴影；复关节各骨排列正常，轮廓清楚。关节囊和周围韧带及软组织不能区分，均为灰暗阴影。

2. 骨骼病变的基本表现

（1）密度的改变。

密度降低：在常规投照条件下，X 线片上骨质的密度较正常降低，可以是局限性或多骨性改变。

骨质疏松：又称骨质稀疏，指单位体积内骨质减少，X 线表现为骨皮质变薄，骨髓腔增宽，骨小梁变细，数目减少，间隙变宽。老龄动物、高度营养不良或代谢障碍等原因所致，表现为广泛性的整个密度降低。由于炎症、外伤或废用等原因所致，则为局限性密度降低。

骨质软化：指骨样组织中钙盐沉着减少或脱钙，即每克骨中的含钙量减少，未钙化的骨样组织增多，为广泛性的改变。X 线表现为骨质密度普遍降低，皮质变薄，骨小梁稀少，负重骨弯曲变形。多见于幼畜的佝偻病和软骨病。

骨质破坏：在病理过程中，正常的骨组织被肉芽组织、囊肿或坏死组织等所代替，导致局部骨质溶解、吸收。X 线表现为局部骨质密度降低，骨皮质及骨小梁消失，呈现局部骨质缺损区。

密度增高：骨质增生硬化，即在单位体积内骨质增多。X 线表现为骨皮质增厚，轮廓粗大，盆腔狭窄，骨小梁增粗致密，失去网状结构，使整个密度增高。局限性或多发性，呈慢性经过，见于慢性炎症、骨病修复期等。

死骨：有些骨病在破坏区内如有死骨形成显现不规则的块状或条索状致密阴影，此阴影在周围坏死透明区对比下，显得死骨形状清楚且密度增高，称“骨柩”，见于慢性骨髓炎及骨结核等骨质压缩；外伤性压缩性骨折或嵌入性骨折时，局部密度增高。

（2）骨轮廓、大小及位置的改变。轮廓粗糙，边缘不规则，见于骨膜增生及骨质增生，局部隆突为骨内占位性病变；内分泌障碍，神经营养或血流供给障碍引起骨骼缩小变形；外伤骨折、脱位引起骨骼外形改变。

（3）骨膜的改变。正常骨膜为极薄的结缔组织组成，X 线不能显示。当骨膜外伤或受病原刺激就会引起增生性改变。常见有以下几种形式平行形：平行于骨皮质呈线条样增生，单层或多层，呈“葱皮样”改变，见于骨外伤的愈合期。

花边状：呈波形不规则起伏状，见于骨髓炎的愈合期。

纺锤形：骨膜围绕骨干呈纺锤形增厚，见于骨折的愈合期。

（4）软组织的改变。正常软组织有一定弧度关系，骨髓炎早期周围软组织发生肿胀骨结核时软组织有脓肿形成；外伤时软组织内可能有积气，异物或炎性坏死，软组织出血，可能有肌肉或筋腱的钙化现象。

3. 关节病变的 X 线表现

（1）关节周围软组织肿胀。软组织肿大，密度增高，层次模糊不清，见于软组织挫伤及化脓性关节炎早期。

（2）关节内积液。渗出性炎症或化脓性关节炎常引起关节腔内积液，X 线表现为关节间隙增宽，密度增加。必要时应对侧片进行对照观察。

（3）关节破坏。常见于化脓性关节炎，关节软骨明显破坏，随之破坏关节板及骨松质 X 线表现为关节面不光滑，粗糙不规则，甚至骨质缺损关节间隙狭窄或消失，严重则引起关节变形、半脱位或畸形。

（4）关节脱位。关节结构发生改变或破坏，常见于髋关节、膝关节及系关节。

（5）关节强直。为化脓性关节炎或慢性炎症的结果，如仅破坏部分关节软骨。在愈合后纤维组织增生，无骨小梁穿过其间，关节活动受限，为纤维性强直；如软骨及骨质均破坏，在愈合过程中使两骨端融合，X 线表现为关节间隙明显狭窄或完全消失，并有骨小梁通过其间，为骨性强直。

【注意事项】

①投照范围应包括骨周围的软组织，除拍摄病变部位外，还应包括邻近的一个关节。

②对侧健肢的投照有助于比较诊断，特别是在生长板未闭合时。如果病变是在四肢的近端，对侧健肢的侧位最容易比较；如果病变是在四肢的远端，前后位（背掌位或掌背位）最容易比较。

③怀疑幼犬的发育性骨或关节疾病时，可进行整肢的投照。前肢前后位投照时，要包括肘关节以远的部分；侧位投照时，要包括肩关节以远的部分后肢侧位投照时，要包括膝关节以远的部分。

④拍摄关节时，应使 X 线中心束平行通过关节间隙，必要时在负重情况下拍摄。

⑤两侧对称的骨和关节，病变在一侧而症状不明显或经 X 线检查有疑惑时，需拍摄对侧健肢相同部位的 X 线片进行比较。

⑥骨盆投照时，注意尾巴的位置，不要与怀疑的病变处重叠。

⑦髋关节检查时，如果摆位不正则两侧的闭孔大小不等，影像中闭孔较小的一侧髋关节的髋臼比其实际深度要浅。

⑧必须注意摆位对脊柱影像造成的影响，特别是在脊柱旋转时椎体对侧缘与椎间隙的重叠，不要误认为椎间隙狭窄。

十、胸肺疾病的 X 线诊断

1. 胸部投照的摆位

（1）侧位投照。右侧位投照时，患犬右侧卧，前肢前拉，后肢后拉，头颈自然伸展，高胸骨，防止胸部旋转。投照范围从肩前到第一腰椎，投照中心在第 4~5 肋间隙（肩胛骨后缘 1~2 指处），胸廓的厚度以第 13 肋骨处的厚度为准，左侧位投照时，患犬左侧卧，其他同右侧位投照。

（2）背腹位投照。患犬俯卧，前肢前拉，肘头外展，后肢自然摆放，脊柱拉直，胸椎与胸骨上下在同一垂直平面，投照范围从肩前到第 1 腰椎，投照中心在第 5~6 肋间（肩骨后缘），胸廓的厚度以第 13 肋骨处的厚度为准。

（3）腹背位投照。患犬仰卧，前肢前拉，肘头外展，后肢自然摆放，脊柱拉直，胸椎与胸骨上下在同一垂直平面，投照范围从肩前到第 1 腰椎，投照中心在第 5~6 肋间隙（肩骨后缘），胸廓的厚度以第 13 肋骨处的厚度为准。

（4）水平 X 线投照。水平 X 线投照主要用于显示胸腔积液的胸内液面和不适宜侧卧保定的患犬。患犬自然站立，前肢适当前拉，后肢后拉，头颈自然伸展。投照范围从肩前到第 1 腰椎，投照中心在第 4~5 肋间隙（肩胛骨后缘 1~2 指处），也可拍摄水平 X 线投照的侧卧腹背位、仰卧侧位、双后肢站立腹背位或侧位 X 线片。

2. 胸部投照条件设定

（1）曝光量。充满气体的肺脏对 X 线的吸收较少，根据曝光实验曝光量通常选用 4 mAs。

（2）管电压。根据投照部位的厚度（cm）×2+（40~45）V 来确定，如果投照部位超过 15 cm，需要使用滤线栅时，则在根据厚度确定的管电压的基础上补充 20~25 kV。

3. 胸部正常 X 线

解剖胸椎、肋骨和胸骨可较清楚显示，两侧的肋骨重叠，靠近胶片或荧光屏一侧肋骨影像较小而且清晰，远离胶片的对侧肋骨影像放大且较模糊。前至第一对肋骨，后至向前倾斜隆凸的横膈，胸椎和胸骨之间的广大透明区域为肺野。肺野中部呈斜置的类圆锥形软组织密度的阴影为心脏。心基部向前的一条带状透明阴影为气管。胸主动脉是一由心基部上方升起弯向背与胸椎平行的较粗宽带状软组织阴影。心基部后方有一向后的较窄短的带状软组织密度阴影，为后腔静脉。在主动脉与后腔静脉之间的肺野，由心基部向后上方发出的树状分支的阴影，为肺门和肺纹理阴影。心脏后缘与膈肌前下方构成锐角三角区，为心膈三角区。

4. 肺部病变的基本线表现

（1）渗出性病变。指肺的急性炎症，肺泡内气体被炎性渗出物代替。X 线表现为云雾状密度增加的阴影，密度均匀或不一致，大小不定边缘模糊，界限不清，多个小片状阴影可融合成大片状阴影，称软性阴影。

（2）增殖性病变。见于肺的慢性炎症，是肺组织内形成肉芽组织，特点为细胞和纤维组织大量增殖，呈局限性小结节，慢性肺结核的结节样变化最为典型，也见于慢性间质性肺炎。X 线表现为密度较高，边缘较清楚，呈斑点状或花瓣状的阴影，缺乏融合现象，病灶进展缓慢。与渗出性病灶比较，属于硬性阴影。

（3）纤维性病变。是肺组织病变愈合修复的现象，肺组织破坏后产生的局限性或弥漫性纤维结缔组织的阴影。此种病变多见于肺结核、肺脓肿和间质性肺炎等。X 线表现为粗细不一的条索状阴影或网状阴影，密度增高，边缘清晰，属于硬性阴影。条索状阴影无一定的走向，与肺纹理不同，有时呈聚集收缩现象。广泛性纤维性病变，常引起肺组织萎缩，导致附近器官向患侧移位、胸廓塌陷、肋间隙变窄等现象。

（4）钙化。慢性炎症愈合的另一种形式，多见于肺和淋巴结干酪样坏死病灶的愈合见于干酪性肺炎、牛肺结核。X 线表现为密度增高、边缘锐利的斑点状、斑块状或形状不规则的球形致密阴影。

（5）空洞。当肺组织坏死液化后经支气管排出即形成空洞，洞壁由坏死组织和肉芽组织等形成。根据其病理发展过程分为 3 类。

多发性空洞：X 线下见到多个不规则的透亮区周围有大量炎性实变阴影。见于坏疽性肺炎、肺结核或转移性肺脓肿。

厚壁空洞：空洞周围具有较厚的结缔组织及渗出阴影，空洞内壁光滑，外壁不规则。当坏死组织液化而引流不畅，使液体残留洞内时空洞内则出现液平面，见于肺脓肿、慢性肺结核等。

薄壁空洞：空洞周围有薄层纤维组织围绕，因肺组织向四周的牵引形成圆形空洞。X 线表现为境界清晰、内壁光滑的圆形透亮区周围很少有浸润性病变。在空洞底部有时见少量液体阴影，见于肺结核，常为多发性。

（6）囊腔。与薄壁空洞形态相似，但壁更薄。由肺组织内的腔隙呈病理性扩大引起，如肺大疱、局限性肺气肿、局限性气胸、局限性气囊所致。X 线表现为一环状透亮区，洞壁更薄，周围无炎性渗出及实变阴影，洞内无液平面。

（7）肿块。肿块性病变是肿瘤或囊肿代替了正常肺组织的表现。X 线表现为圆形或类圆形、中等密度的致密阴影，一般边缘清晰锐利，可单发或多发。见于牛、羊的肺棘球蚴病。

5. 动物肺部常见疾病的 X 线表现

（1）支气管炎。急性支气管炎缺乏 X 线表现；慢性支气管炎，可见肺纹理增粗、阴影变浓。

（2）小叶性肺炎。肺野内呈片状或斑点状、密度不均匀、形状不规则、边缘模糊的阴影，并按肺纹理分布，多见于肺野下部；如果病灶融合，可见较大片云雾状阴影，密度不均匀。

（3）大叶性肺炎。充血、渗出期缺乏 X 线表现，在肝变期于肺野中下部呈现大片均匀致密，其上界呈弧形向上隆凸的灰暗阴影；在溶解吸收期，原大片实变阴影逐渐缩小，稀疏变淡，呈不规则斑片或斑点状阴影，随病情的好转，病变阴影继续缩小到消失；非典型性大叶性肺炎时，其病变常发生于肺野的背侧及肺隔叶的后上部。

（4）肺坏疽。多见于肺野下部呈现类似蜂窝状的弥漫性渗出性阴影。

（5）猪喘气病。背腹位检查时，在肺野中央区域的两膈角及心脏外周，呈现云雾状渗出性阴影密度不均匀，边缘模糊，致使心脏形态被遮蔽而消失。

（6）肺棘球蚴病。肺野内呈现圆形或椭圆形致密阴影，密度均匀，边缘明显，周围无炎性反应，其位置、大小、数量不等。

（7）肺脓肿。前期脓汁未排除时，呈现较浓密的局灶性肺实变阴影，密度均匀，但边缘较淡而模糊，中心区密度较深；后期脓汁排出形成空洞时，呈现透明的空洞阴影。

（8）肺气肿。肺透明度增高，膈肌运动减弱并向后移，肋间增宽。

（9）心包炎和心包积液。心影外缘弧度消失，其后界与膈肌接近或接触。

（10）胸腔积液。胸腔有少量积液时，站立侧位检查，可见心膈角钝化消失、密度增高；多量积液时，肺野下部呈现广泛而密度均匀的阴影；当改变体位时，液面随之改变。

（11）异物性肺炎。初期，吸入异物沿支气管扩散，在肺门区呈现沿肺纹理分布的小叶性渗出性阴影，随病情的发展，病变发生融合，在肺野下部出现小片状模糊阴影，呈团块状或弥漫性阴影，密度不均匀。当肺组织腐败分解、液化的肺组织被排出后，呈现大小不一、无一定形状的空洞阴影，呈蜂窝状阴影，较大的空洞也能呈现环带状空壁。

（12）肺结核。主要有以下几种。

急性粟粒性肺结核：整个肺野有均匀分布、大小相等的点状或颗粒状边缘较清楚的致密阴影，有些病例可见到小病灶融合成较大的点状阴影。

结核性肺炎：此型病情较重，多为大片状渗出性的阴影，与融合性支气管肺炎相似，但在渗出阴影中有较致密的结节样病变为其特点。有时在大片状模糊阴影之间出现密度降低区或较明显的空洞形成。此型常可并发结核性胸膜炎。

肺硬变：为慢性增殖性经过。表现为范围不等、密度较高、边缘较清楚的致密阴影。有时在病变区出现单发或多发的空洞透明区，并有点状或斑片状钙化灶混杂其间。

【注意事项】

①胸部投照要求高千伏低毫安秒。曝光时间一般为 0.02~0.05 s，最好低于 0.03 s。

②对于体型较大的犬，胸部厚度超过 15 cm 或特别肥胖的犬，要考虑使用滤线栅。

③选择在最大吸气时曝光。

④背腹位或腹背位投照时，因脊柱和胸骨重叠的影响，一定要加大曝光量，保证足够的穿透力。

⑤注意摆位对胸部器官影像的影响，标准胸片必须满足以下要求：包含组成胸廓的全部骨骼；前肢没有遮挡肺野；膈、心脏和主动脉显影清晰；肋骨边缘清晰；肺血管纹理清晰；在背腹位 X 线片上，可见与心脏重叠的脊柱影像；背腹位线片影像左右对称，脊柱和胸骨正好重叠；在侧位 X 线片上，两侧的肋软骨结合点重叠，肋骨的背侧弯曲不超过脊柱。

⑥某些特殊情况可能会影响摆位的选择，一定要根据患犬的病情和病变的部位选择摆位，常规的左侧位、右侧位、腹背位、背腹位或站立侧位、斜位都可应用。

⑦皮肤是胸部影像背景密度的组成部分，皮肤上的杂质、皮褶和与肺野重叠的乳头都可能造成胸内异常影像，要注意辨别。

十一、腹部疾病的 X 线诊断

1. 腹部

投照的摆位方法腹部投照的常规摆位包括腹背位和侧位。右侧位更常用，但左侧位时，胃内气体在幽门处聚积，使幽门显示为较规则的圆形低密度区。也可用相对侧位、背腹位、斜位和水平 X 线投照等。以犬为例将介绍腹部投照的不同摆位（大动物的投照则略有不同）。

（1）侧位投照。动物右侧卧或左侧卧，用透射线的衬垫物将胸骨垫高至与腰椎等高水平，将后肢向后牵拉使之与脊柱约呈 120°。X 线束中心对准腹中部（最后肋骨后缘），照射范围包括前界含膈，后界达髋关节水平，上界含脊柱，下界达腹底壁。

（2）腹背位投照。动物仰卧，前肢前拉，后肢自然摆放屈曲呈蛙腿样，X 线束中心对准脐部，投照范围包含剑状软骨至耻骨的区域。

（3）背腹位投照。动物俯卧，前肢自然趴卧，后肢呈蛙腿姿势，X 线束中心对准第 13 肋骨后缘，投照范围包括剑状软骨至耻骨的区域。

（4）水平 X 线投照。水平 X 线投照主要用于检查腹腔内积气、积液及肠梗阻后肠道内液气的界面。动物自然站立，或取仰卧、直立体位，X 线自动物一侧射入，可拍得腹部水平投照的侧位 X 线片。动物取侧卧位或直立体位，可拍得腹部水平投照的正位 X 线片。

2. 腹部投照条件设定

（1）曝光量。腹部为软组织密度，对 X 线的吸收介于骨骼与肺脏之间，根据曝光实验通常曝光量选用 6 mAs。

（2）管电压。根据投照部位的厚度（cm）×2+（40~45）kV 来确定，如果投照部位超过 12 cm，需要使用滤线栅时，则在根据厚度确定的管电压的基础上补充 20~25 kV。

（3）腹部正常 X 线。解剖腹部内脏器官的正常位置和外观受投照体位、呼吸状态、动物的生理情况及 X 线束的几何学因素影响。一般来说，位于前腹部的膈、肝、胃、降十二指肠、脾和肾的位置最易发生变化。

胃：大部分情况下，胃内都存在一定量的液体和气体，所以在 X 线平片上可以据此辨别胃的部分轮廓。右侧位时，胃内存留的气体主要停留在胃底和胃体，从而显示出胃底和胃体的轮廓，而左侧位时，胃内气体则主要停留在幽门，显示为较规则的圆形低密度区。通过胃内钡餐造影可以清楚地显示胃的轮廓、位置、黏膜状态和蠕动情况。胃在空虚状态下一般位于最后肋弓以内，当胃内充满时则有一小部分露出肋弓以外。胃的初始排空时间为采食后 15 min，完全排空时间为采食后 1~4 h。

脾：右侧位时，在腹底壁、肝的后面可见到脾的一部分阴影，表现为月牙形或弯三角形软组织密度阴影。而左侧位时，整个脾的影像可能被小肠遮挡而难以显现。背腹位或腹背位时，脾为胃体后外侧小的三角形阴影。

肝：肝的 X 线影像呈均质的软组织阴影，轮廓不清，可借助相邻器官的解剖位置、形态变化来推断肝的位置。肝的左右缘与腹壁相接，在腹腔内脂肪较多的情况下可清晰显示。肝的下缘可借助镰状韧带内的脂肪的对比清楚显现。肝的背缘不显影，后面凹与胃相贴，可借胃、右肾和十二指肠的位置间接估测。在侧位 X 线片上，肝的后下缘呈三角形、边缘锐利，一般不超出最后肋弓或稍超出肋骨。右侧位投照时，肝的左外叶后移，其阴影比左侧位投照时大。在腹背位 X 线片上，肝主要位于右腹，其前缘与膈接触，右后缘与右肾前端相接，左后缘与胃底相接，中间部分与胃小弯相接。

肾：在平片上，肾影像清晰度与腹膜后腔及腹膜腔内蓄积的脂肪量有关，脂肪多影像清晰。犬的右肾位于第 13 胸椎至第 1 腰椎水平处，左肾位于第 2~4 腰椎水平处。猫的右肾位于第 1~4 腰椎水平处，左肾位于第 2~5 腰椎水平处。正常犬肾脏的长度约为第 2 腰椎长度的 3 倍，范围为 2.5~3.5 倍。猫肾的长度为第 2 腰椎的 2.5~3 倍。幼小的仔猫和大公猫的肾相对较大。在实际投照时，为使左右肾更明显分开，多采用右侧位。

小肠：包括十二指肠、空肠和回肠。小肠内通常含有一定量的气体和液体，通过气体的衬托在 X 线平片上可看到小肠轮廓，显示为平滑、连续、弯曲盘旋的管状阴影，均匀分布于腹腔内一般犬的小肠直径相当于两个肋骨的宽度，猫小肠直径不超过 12 mm。造影剂通过小肠的时间，犬为 2~3 h，猫为 1~2 h。

大肠：犬、猫的大肠包括盲肠、结肠直肠和肛管。犬的盲肠位于腹中部右侧，呈半圆形或“C”形，肠腔内常含有少量气体。猫的盲肠为短的锥形憩室，内无气体，在X线片上难以确认。结肠由升结肠、横结肠和降结肠三部分构成。结肠的形状如“?”，结肠进入骨盆腔延续为直肠和肛管。大肠与其邻近器官的解剖位置关系对于大肠及其邻近脏器病变的影像学鉴别有非常重要的意义。

膀胱：正常膀胱的体积、形状和位置处在不断变化之中，排尿后在X线片上不显影，充满尿液时则在耻骨前方、腹底壁上方、小肠后方、大肠下方看到卵圆形或长椭圆形，(猫) 均质软组织阴影。膀胱造影可以清楚地显示膀胱黏膜的形态结构。

尿道：雄性和雌性的尿道在长度和宽度上有较大区别。雌性尿道短而宽，雄性尿道长而细，可分成三段，依次为前列腺尿道、膜性尿道和阴茎部尿道。前列腺尿道直径稍宽，但前列腺后界处则轻微缩小。犬阴茎部尿道背侧有阴茎骨包绕，极易发生尿道结石堵塞。

前列腺：位置在膀胱后、直肠下耻骨上，其位置随膀胱位置的变化而变化。当膀胱充满时，由于牵拉作用，前列腺会进入腹腔；若膀胱形成会阴疝，则前列腺进入盆腔管后部。前列腺病变时，通常是向前方变位。未成年犬的前列腺全部位于盆腔管内，到成年后前列腺增大，3~4岁时腺体前移，大部分位于腹腔内。到10岁或11岁时，腺体通常发生一定程度的萎缩，又回到盆腔内。成年猫前列腺位置和形态与犬相似，但比犬的小，在X线片上很难显影。

子宫：平片检查主要用于与子宫相关的腹腔肿块或子宫本身增大，也可用于检查胎儿发育情况、妊娠子宫及患病子宫的进展变化。检查子宫时需要禁食24 h和灌肠。未妊娠子宫很难在X线平片上与小肠区别。胎儿骨骼出现钙化的时间约在怀孕后45 d，所以X线平片可用于确诊45 d后的妊娠检查。

卵巢：卵巢位于肾的后面，母犬和母猫正常卵巢不易显影，X线检查有一定的局限性，而且对于种犬、猫要尽量减少对卵巢的辐射。

（4）腹部病变的基本X线表现。腹腔内的器官种类较多，所患疾病类型也比较复杂，其X线征象各有特点，但归纳起来主要表现为以下几方面变化。

体积变化：主要表现为内脏器官的体积比正常时增大或缩小。引起器官体积增大的原因可能是组织器官肿胀、增生、肥大，器官内出现肿瘤、囊肿、血肿、脓肿、气肿或积液。体积缩小可能由于器官先天发育不足或器官因病萎缩所致。

位置变化：位置的变化说明内脏器官发生异常移位。腹腔内的器官除空肠游离性较大外，其他器官的位置相对固定。发生移位主要原因是由于相邻组织器官发生病变推移所致，如胃后移常见于肝肿大或肿瘤。

形态轮廓变化：表现为内脏器官的变形，任何超出生理范围的变形都是病变的征象，如肝肿大后的肝后缘变钝圆。

密度变化：主要表现为密度的增高或降低，可呈广泛性或局限性密度变化。广泛性密度升高见于腹腔积液、腹膜炎等；局部的密度增高见于腹腔器官的肿瘤或增大，器官内的结石常表现为高密度异物阴影。腹部出现低密度阴影可见于胃肠积气或气腹，需要注意正常时，消化道内或多或少存留一些气体。

（5）腹部常见疾病的 X 线表现。

胃扩张-胃扭转：以犬多发，猫偶尔发生，各品种犬均可发病，但以德国牧羊犬、圣伯纳、大丹、爱尔兰爹利、杜伯文等大型犬多发。做前腹部 X 线显示，胃高度扩张，充盈气体和食物。一条细长的软组织密度样的皱褶横跨胃，将胃分成两部分。脾脏增大并移至腹部右侧。小肠受推压后移。心脏影像狭长，后腔静脉很狭窄。

肠梗阻：X 线检查对小动物的肠梗阻有重要的意义。应做动物站立侧位，X 线水平投照。阻塞部上段肠管积气、积液。X 线特征性表现为多发性半圆形或拱形透明气影，在其下部有致密的液平面。这些液平面大小长短不一，高低不等，如阶梯样。如发生肠套叠，钡剂灌肠可显示肠腔内套叠形成的肿块密影，套入部侧面呈杯口状的特征性影像。

腹水：X 线显示腹部膨胀，呈烟雾朦胧阴影，清晰度下降，正常腹内组织器官结构被遮蔽而不能清晰显示，仅可显示肠内气体阴影。腹腔穿刺放液后重新拍片，可显示腹内结构影像。

子宫蓄脓：排空直肠后做腹部 X 线摄片。在中腹部、后腹部以及骨盆前区，子宫蓄脓通常显示为轮廓清楚、密度均匀、盘旋曲管状、团块状或袋状密影，肠管被挤向前方移位应注意与有气体阴影的肠管作鉴别，并结合病史、配种经过等不可误诊为妊娠子宫。

尿结石：尿结石按其发生部位分为肾结石、输尿管结石、膀胱结石和尿道结石。临床上以膀胱结石和公畜的尿道结石多见。多数尿结石为 X 线不透性结石，如磷酸盐、碳酸盐和草酸钙等，普通 X 线摄影检查可以显示其高密度阴影。但尿酸盐结石密度低，与软组织密度相同，普通 X 线摄影检查不可显示，为 X 线可透性结石。犬、猫最常见的尿结石是磷酸盐结石。肾结石可发生于一侧或双侧肾盂或肾盏内，X 线表现为单个或多个大小不一、边界清楚、粒状、角形或鹿角形的不透性致密阴影。

对尿酸盐 X 线可透性结石，需在肾盂造影下才能显示，呈透明的充盈缺损。膀胱结石多为 X 线不透性结石，X 线表现单个或多个圆形、椭圆形密影，阴影呈分层者多为草酸钙结石。对疑有 X 线可透性结石者，应做膀胱充气造影检查。

【注意事项】

①腹部投照时，应适当降低管电压（V），增加曝光量（mAs），曝光时间不必低于 0.05 s。

②腹部投照最好选择呼气末进行曝光。

③腹部的测量以第 13 肋骨处的厚度为准，当超过 11 cm 时用滤线器。

④动物正位投照时，体位一定要摆正，避免扭曲。腹背位时，后肢呈“蛙腿”样屈曲，以避免皮褶影像的干扰。

⑤被检动物要根据疾病的性质和检查的目的进行不同的投照前准备。怀疑膀胱疾病时只需要清理后段结肠内的粪便；怀疑中腹部肿块时，则要清理全段消化道。一般要在检查前禁食 12 h。

- **工具准备**

实验动物、X线检查、铅衣、工作服、X线检查室。

- **人员准备**

人员分组，每组5人，明确职责分工（表4-1-2）。

表4-1-2　任务分配

任务角色	任务内容
组长：	任务：
组员1：	任务：
组员2：	任务：
组员3：	任务：
组员4：	任务：

任务筹划

一、方法筹划

各种动物X线检查的保定方法以及注意事项；X线检查结果的判定。

二、流程筹划

第一步：熟悉X线检查设备的操作过程。
第二步：掌握X线拍摄过程中的注意事项。
第三步：认真分析X线检查结果。
第四步：综合以上检查结果，做出最终诊断，并写出治疗方案。

任务实施

根据任务筹划情况，完成表4-1-3的任务实施步骤。

表4-1-3　任务实施步骤

步骤	任务内容
步骤一	
步骤二	
步骤三	
步骤四	

续表

步骤	任务内容
步骤五	
步骤六	

任务评价

根据任务完成情况，完成任务评价（表 4-1-4）。

表 4-1-4　工作任务完成过程评价

班级：		组别：		姓名：
项目	评分标准	自我评价	小组评价	教师评价
资料收集（30 分）	优秀：操作熟练，分析合理，判断准确（25~30 分）			
	良好：操作较熟练，报告较准确清晰（15~25 分）			
	及格：操作不太熟练，报告有少量错误（5~15 分）			
	不及格：操作不熟练，判断不准确（0~5 分）			
检查内容（30 分）	熟悉动物保定的基本程序和方法，各种检查操作熟练（0~10 分）			
	能够掌握 X 线检查设备的使用（0~10 分）			
	能否明确 X 线检查的内容（0~10 分）			
课后评价（40 分）	是否熟悉任务内容（0~10 分）			
	是否能够准确进行全程的操作过程（0~10 分）			
	是否能够判定检查结果（0~15 分）			
	实训结束是否打扫卫生及东西归位（0~5 分）			
合计				
自我评价与总结				
教师点评				

任务二 B 型超声检查技术

任务导入

主诉：患犬 3 d 前尿流不畅，频频表现排尿动作，但无尿排出，患犬精神沉郁，鼻尖湿润，可视黏膜粉红，巩膜充血，阴茎和包皮无异常，触诊腹部紧张，膀胱充盈，坚实，皮肤弹性差，听诊心肺音无异常，根据所学理论知识及实验室检查技术给出诊断结果。

根据任务情况，完成表 4-2-1 的任务工单。

表 4-2-1 任务工单

<table>
<tr><td>班级：</td><td>姓名：</td><td>学号：</td></tr>
<tr><td>任务名称</td><td colspan="2">B 型超声检查技术</td></tr>
<tr><td>任务描述</td><td colspan="2">根据实际情况，填写本任务的内容、目的、流程和方法。
任务内容：根据主诉情况，做出合理诊断。
任务目的：锻炼学生使用 B 超的能力。
任务流程：学会使用 B 超；掌握 B 超影像学的判定。
任务方法：视诊、触诊。</td></tr>
<tr><td>获取信息</td><td colspan="2">要完成任务，需要掌握相关的知识。请收集资料，回答以下问题。
1. 查阅相关 B 超内容资料。
2. B 超影像的判定标准是什么？
3. 结石的 B 超影像是什么样的？</td></tr>
<tr><td>制订计划</td><td colspan="2"></td></tr>
</table>

续表

<table>
<tr><td>班级：</td><td colspan="2">姓名：</td><td colspan="2">学号：</td></tr>
<tr><td rowspan="6">任务实施</td><td colspan="4">按照预先制订的工作计划，完成本任务，并记录任务实施过程。</td></tr>
<tr><td>序号</td><td>完成的任务</td><td>遇到的问题</td><td>解决办法</td></tr>
<tr><td></td><td></td><td></td><td></td></tr>
<tr><td></td><td></td><td></td><td></td></tr>
<tr><td></td><td></td><td></td><td></td></tr>
<tr><td></td><td></td><td></td><td></td></tr>
</table>

任务准备

- **知识准备**

一、超声波检查的概述

超声波检查属于动物临床诊断中的特殊检查方法，是运用超声波的物理特性及动物体的声学特性，对动物体的组织器官形态结构与功能状态做出判断的一种非创伤性检查法。根据超声回声显示方式的不同，兽医超声诊断可分为 A 型、B 型、D 型和 M 型四类。因 B 超具有安全、无损伤、操作简便、做出结论迅速、符合率高等优点而得到广泛应用。主要用于测定实质性脏器的体积、形态与物理特性；判定囊性器官的大小、形态及其走向；检测心脏、大血管及外周血管的结构、功能与血流的动力学状态；鉴定脏器内占位性病灶的物理性质；检测体腔积液的存在与否，并对其数量做出初步估计；引导穿刺、活检或导管植入等辅助诊断。

二、超声波的物理特性

声波是物体的机械振动产生的，振动的频率超过 20 000 次/s 称为超声波，简称超声。超声波在机体内传播的物理特性是超声影像诊断的基础。超声的定向又称方向性或束射性。当探头的声源晶片振动发生超声时，形成了一股声束，以一定的方向传播。诊断方面利用这一特性做器官的定向探查，以发现体内脏器或组织的位置和形态上的变化。超声的反射性超声在介质中传播，若遇到声阻抗不同的界面时一部分声能引起返回，所余的声能继续传播。如介质中有多个不同的声阻界面，则可顺序产生多次的回声反超声界面的大小要大于超声的半波长，才能产生反射。若界面小于半波长，则无反射而产生绕射。超声垂直入射界面时，反射的回声可被接收，返回探头而在示波屏显示。入射超声与界面成角而不垂直时，入射角与反射角相等，探头接收不到反射的回声。

超声的吸收和衰减性超声在介质中传播时，由于与介质中的摩擦产生黏滞性和热传播而吸收，又由于声速本身的扩散、反射、散射、折射与传播距离的增加而衰减。吸收和衰减除与介质的不同有关外，亦与超声的频率有关。但频率又与超声的穿透力有关，频率越高，衰减越大，穿透力越弱。超声诊断要是利用这种界面反射的物理特性。

三、B 型超声诊断的原理

B 型超声诊断法，又称超声断层显像法或辉度调制超声诊断法，简称 B 型超声或 B 超。B 型超声诊断法是将回声信号以光点明暗，即灰阶的形式显示出来。光点的强弱反映回声界面反射和衰减超声的强弱。这些光点、光线和光面构成了被扫查部位二维断层图像或切面图像，这种图像称为声像图。

B 超成像的基本原理基于超声波的物理特性，当超声探头发出的超声波在动物体组织中传播时，遇到不同声阻抗的各种界面，而发生一系列的反射，反射回来的声能通过探头的晶体片转变为电能，主机再将电信号经过处理，以不同大小的光点，不同亮暗的灰度显示在荧光屏上，并构成脏器断面的大体形态及内部结构解剖图像和病变区域的大小、形态、部位等二维切面图像。当成像速度达到每秒 25~30 幅或以上时，则可显示脏器的活动情况，检测和观察心脏、大血管、胎动、胎心的动态变化。

四、动物组织器官的声学特征

不同组织结构的反射规律超声在动物体内传播时，具有反射、折射、绕射、干涉、速度、声压、吸收等物理特性。由于动物体的各种器官组织（液性、实质性、含气性）对超声的吸收（衰减）、声阻抗、反射界面的状态以及血流速度和脉管搏动振幅的不同，超声在其中传播时就会产生不同的反射规律，分析、研究反射规律的变化特点是超声影像诊断的重要理论基础。

1. 不同组织结构的反射规律

（1）实质性组织。由于其内部存在多个声学界面，故示波屏上出现多个高低不等的反射波或实质性。

（2）暗区液性组织。由于它们为均质介质，超声经过时不呈现反射，示波屏上显示出“平段”或液性暗区。

（3）含气性组织。超声几乎不能穿过，故在示波屏上，出现强烈的饱和回波（递次衰减）或逐次衰减变化光团。

2. 脏器运动的变化规律

由于心脏、动脉、横膈和胎心等运动器官与超声发射源的距离不断地变化，其反射信号则有规律地位移，因而可在示波屏上显示；又由于其反射信号在频率上出现频移，又可用多普勒诊断仪监听或显示。脏器功能的变化规律利用动物体内各种脏器生理功能的变化规律及对比扫查的方法，判定其功能状态。如排尿前后测定膀胱内的尿量，以判定有无尿液的潴留等。吸收衰减规律动物体内各种生理和病理的实质性组织，对超声的吸收系数不同。

病变会增加声路的长度，充血纤维化的病变增加了反射界面，从而使超声能量分散和吸收，由此出现了病变组织与正常组织间对超声吸收程度的差异。利用这一规律可判断病变组织的性质和范围。组织对超声的吸收衰减一般是癌性组织>脂肪组织>正常组织。因此，在正常灵敏度时，病变的组织可出现波的衰减，癌性组织可表现为衰减暗区。

超声诊断，就是依据上述反射规律的改变原理，用来检查各种脏器和组织中有无占位病变、器质性的或某些功能性的病理过程。

五、B 型超声诊断仪的使用

1. B 型超声诊断仪结构观察

B 型超声诊断仪一般由探头、主机、信号显示、编辑及记录系统几部分组成。

（1）探头。探头是用来发射和接收超声，进行电声信号转换的部件，与超声诊断仪的灵敏度、分辨力等密切相关。根据探查部位和用途不同，探头可分为体壁用、腔内用（直肠内、阴道内、腹腔内、血管内）和穿刺用探头。根据超声扫描方式，探头可分为线阵扫描和扇形扫描两类，前者因探头接触面小，更适合小动物的探查。常用的超声频率为 3.5 MHz 探头和 5.0 MHz 探头。探头频率高则分辨力好，但探查深度浅；频率低则探查深，但分辨率差。从体壁进行探查，一般用 2.25 MHz、3.5 MHz 探头或 5.0 MHz 探头。小动物一般用 5.0 MHz 探头或 7.5 MHz 探头。

（2）主机。主机主要为电路系统，由主控电路、高频发射电路、高频信号放大电路、视频信号放大器和扫描发生器等组成。在主机面板上，可供选择输出强度、增益、延时、深度、冻结等技术参数。

（3）显示与记录系统。超声回声信号通过显示器显示出图像，也可由记录器记录并以存储、打印、录像或拍照等方式保存，还可根据需要对图像进行测量和编辑。

2. 操作要领

（1）动物准备。将动物保定，剃毛，在患病动物诊断部位涂上适量超声耦合剂，使探头端面与诊断部位皮肤紧密接触，但不得用力挤压，否则会损坏探头。

（2）开机。将探头插入主机插座上，并将其锁定。在需要另接地线的情况下，将接地端子与地线可靠连接。用电源线将主机接入 20 V 交流电，启动电源开关。

（3）探头选择。根据待检部位，选择所需探头的种类及频率。

（4）增益调节。在进行整体扫查之前先调节超声仪的增益，通常将增益调至胆囊或膀胱为无回声暗为宜。

（5）扫查。适当移动探头位置和调整探头方向，在观察图像过程中寻找和确定最佳探测位置和角度，此时屏幕显示为被测部位的截面声像图。“近场、远场增益”“亮度”“对比度”调节，当得到满意的声像图时，立即“冻结”使声像图定格，以便对探测到的图像进行观察和诊断。

常用的扫查手法有滑行扫查、加压扫查、扇形扫查、混合扫查和对比扫查等。

滑行扫查：探头表面与皮肤之间借耦合剂的润滑性，使探头接触皮肤的同时进行移动，以观察器官或肿块的切面结构状态。

加压扫查：常用于腹部检查，为排除肠腔气体对诊断影响的扫查方法。手握探头，边扫查边向下压迫，以驱散肠腔内气体，达到发现被测器官或包块的声像图。如对早孕子宫的扫查。

扇形扫查：使探头于一点做各种方向的扇面形摆动。用于较小器官与包块的扫查。

混合扫查：是上述三种手法的同时结合运用，有利于发现病变的全貌。对比扫查。用于对称性器官（如肾脏）的检查，以病健比较对照。

（6）记录图像存储、编辑、打印。

（7）结束关机，切断电源。

【注意事项】

①探头为超声仪中最核心的部件，切勿摔、撞探头，暂时不用时要及时将探头放回探头固定槽中。

②显示器上有亮度与对比度调节旋钮，如果工作的环境光线太强或太弱，可通过调节亮度和对比度来使图像变得柔和平滑。

③插拔探头必须在冻结或关机状态下进行，否则有可能发生故障。

④探头使用完毕，可以用棉球蘸少量的水清除超声耦合剂并放置在探头支架内，保持清洁，干燥。

⑤超声仪电源关闭后需 2 min 方可再次开机，如果间隔时间过短，仪器有可能发生故障。

⑥应避免在强电磁场及高频辐射装置附近使用超声仪，有可能对超声仪产生不良影响。

六、生殖器官的 B 型超声诊断

1. 检查方法

子宫探查子宫时小动物多取仰卧位，在耻骨前缘进行扫查。局部剃毛，涂耦合剂，使用 5.0 MHz 探头进行扫查，扫查方位有横向和纵向扫查。

前列腺中小型动物则一般采用体表探查法，取站立或仰卧保定位，与耻骨前缘后腹部做纵切面和横切面扫查。大型和中型动物采用直肠探查法，取站立保定位，用 5.0 MHz 或更高频率的直肠探头伸入直肠内向下或偏左、偏右扫查。

2. 生殖器官声像图特点

（1）犬子宫。B 超通常探查不到正常子宫，用 7.5 MHz 高频探头，可能看到呈卵圆形弱回声团块的子宫颈、呈管状结构的子宫角，位于膀胱和直肠之间。充尿的膀胱可作为探查子宫时的声窗和解剖标界。子宫缺乏蠕动和腔内气体，可依次将其与肠道区分开。发情期子宫增大，并出现放射性强回声。产后 3 d 内子宫直径变化快怀孕后，子宫中出现孕囊，呈圆形暗区。

（2）犬胎盘。环状胎盘，位于胎囊中部，在子宫壁一侧可观察到胎盘层和胎盘带，为均质弱回声。

（3）犬卵巢。外形似桑葚状，位于第三腰椎或第四腰椎下方，肾脏之后 1 ~ 4 cm 处，经产犬位置更向后向下，体积为（1.5 ~ 3.0）cm×（0.7 ~ 1.5）cm×

(0.5~0.75) cm 发情时，成熟卵泡数为 3~15 个，卵泡直径 4~5 mm 黄体直径 2~5 mm。在发情后 2~3 d 能探查到卵泡，为多个呈圆形无回声区。

(4) 大前列腺。横断面观呈双叶形，纵断面呈卵圆形。前列腺包膜周边回声清晰光滑实质呈中等强度的均质回声，间杂小回声光点。

(5) 犬睾丸。正常时，睾丸实质为粗介质回声结构，睾丸纵隔呈均匀的 2 mm 宽的线状强回声结构，在睾丸中心的长轴位置。附睾声像图是变化的，附睾尾从均匀的无回声到弱回声结构。

3. 诊断早孕

犬于 25~34 d、35~44 d、47~56 d，用 3.0 MHz 线阵探头测量母犬孕囊直径，分别平均为 23~30 mm、25~49 mm、46~89 mm。在子宫壁一侧观察到犬的胎盘为均质弱回声结构，选用 7.5 MHz 扇扫探头，当深度超过 3 cm 时用 3.0 MHz 线阵探头，最早在配种后 20 d 可在子宫内探到直径 20 mm 的绒毛膜腔（暗区），即孕囊(GS)，GS 周围子宫壁的回声比子宫角强。23~35 d 可观察到子宫壁上呈椭圆形结构的胚体，大小约为 3.0 mm×2.0 mm。配种后 30 d 前，唯一能观察到的是胎心搏动。在 23~25 d 即可根据检测到 GS、胚胎结构和胎心搏动确定妊娠。妊娠 34~37 d 可分辨胎头与胎体适合测量胎儿大小和诊断死胎。

4. 观察胚胎发育

(1) 估测怀胎数目。主要用于怀多胎的羊、犬、猫及实验动物。估测犬怀胎数的时间在妊娠 28~35 d 最适合，怀胎 5 只以下的较怀胎多的准确率高。

(2) 预测胎龄。分娩犬胎龄增长与绒毛膜囊直径、胎头径和胎内结构变化密切相关，根据这些指标估测胎龄最好；根据子宫径估测兔、豚鼠的胎龄最好，豚鼠子宫直径与胎龄的相关性很高。犬分娩前 21~24 d，胎儿的冠臀长大约相当于胎盘带的横宽，分娩前 8~11 d 可观察到胎儿的胸腔，以及初次观察到心脏、胃、肾、膀胱和 GS 失去圆形的时间，可用于预测母犬的分娩时间。

(3) 预测胎儿性别。根据胎儿生殖结节的分化和位移及胎儿的外生殖器，可预测胎儿的性别。

(4) 监护分娩小动物。分娩一般不需监护，但在发生过期不产、难产和产仔少时，需要进行检查以确定是否怀孕、胎儿是否存活和分娩是否结束，B 超可以根据探查到胎体、胎心搏动做出确切诊断。

(5) 监护产后子宫复旧。犬在产后 1 周用 7.5 MHz 扇扫探头扫查子宫角为管状结构，声像图呈多层次的不同回声结构；在胎盘部位为多个分离、不连续的肿大，伴有中心的低回声结构；胎盘部位子宫角直径为 11~38 mm，非胎盘部位子宫角直径为 5~14 mm 产后 15 周子宫复旧完成，子宫角形成均匀的低回声，没有肿大的管状结构，直径缩小到 3~6 mm。

5. 诊断繁殖疾病

(1) 胚胎吸收和流产。声像图特征为子宫内暗区缩小（表示胎水容量减少和变化)，子宫壁变厚、孕体萎陷、胚胎心搏消失，进而胚胎消失。胚胎吸收后，子宫呈现适度的低回声，如同产后子宫一样。

（2）气肿胎。腹壁触诊可明显触及胎儿，但B超探查不见胎儿形态，完全被气肿的强反射所阻挡。

（3）子宫积液大。在腹部横向扫描时，腹腔后部或中部出现充满液体、大小不等的圆形或管状或不规则形结构；腔内呈无回声暗区，或呈雪花样回声图像，内无胎体反射；子宫壁很薄，反射不强。

（4）子宫蓄脓。在膀胱与直肠间有一囊状或管状弱回声区，边界为次强回声带，轮廓不甚清楚。

（5）睾丸疾病。可检出睾丸肿瘤，但还不易区分肿瘤的细胞类型。还可诊断出非肿瘤性的血管损伤、睾丸萎缩、阴囊水肿、阴囊疝和隐睾。

（6）前列腺疾病。犬前列腺的大小变化较大，老龄犬有时显著增大，位置常有变化；膀胱空虚或收缩时，腺体全部位于骨盆腔，甚至后移至耻骨前缘后方2~3 cm处；膀胱充满时，常大部分移位于耻骨前方。犬背侧卧保定，中等充尿的膀胱，在接近盆腔入口的边缘进行扫查。B超能观察前列腺的结构，可区别前列腺肥大是囊性还是实性，但不能明确区分实性前列腺肥大是良性增生还是肿瘤。老龄犬前列腺旁囊肿较为常见，其声像图特征为无回声结构，内有隔膜形成的回声，有的在前列腺实质内出现中等大的无回声囊或囊肿。

【注意事项】

①卵巢通常难以探查到，发情期可在肾的后方观察到卵泡的无回声结构。

②正常的子宫通常难以探查到，只有在病理以及怀孕后才容易探测到。

③对于早孕的探查阴性，不能排除受孕的可能，建议一周后复查。

七、腹部脏器的探查

1. 肝疾病声像图

犬仰卧位肋弓下扫查通路，在矢状面和横断面上移动探头使得整个肝均被检查到。胃内气体是肝超声检查最大的干扰，因此应避免检查前的饲喂以及吞气症的发生。

（1）回声强度增加。肝实质弥漫性回声增强，提示有继发性严重肝硬化或脂肪肝；肝硬化伴有腹水时，呈现无回声暗区。

（2）弥漫性回声强度降低。犬肝回声强度普遍降低，主要见于肝淋巴腺瘤；肝硬化时肝体积缩小；脂肪肝和淋巴肉瘤时，肝体积增大或正常。

（3）局灶性无回声。肝囊肿声像图形态是囊肿内无回声，边界和远壁界限清晰，周边有反射和折射带；有的囊肿可伴有间隔，内有条索状和不同程度的回声增强；肝囊肿一般都单发，不影响肝大小。还可见于血肿、脓肿、肝坏死以及原发性或转移性肿瘤疾病。

（4）局灶性弱回声。见于血肿或脓肿的某一阶段、原发性或转移性肿瘤的实质性肿块；不同类型的原发性或转移性肿瘤，可显现弱回声，也可显现混合性回声；弱回声图像是非特异性的，要结合其他诊断综合分析、确诊。

（5）强回声病变。见于致密纤维组织或钙化、气体、血肿和脓肿形成的早期，并伴有不同程度的声影；局灶性纤维化或钙化，可继发于以前的创伤或炎症疾病。

（6）混合性回声。可见于血肿、脓肿、坏死或不同类型的肿瘤。这些病变主要是伴有液体成分的固体病变或大量液体伴有固体成分，也可能是液体和固体成分均等；液体因其稠度不同可表现为无回声或弱回声；对于肿块与不同类型的条索状物聚积和坏死，可产生混合性回声；某些肿瘤过程产生强回声的中心环绕一个透声的环状靶病变。

2. 胆囊和胆管声像图

（1）胆汁阻塞。胆管完全阻塞时，声像图是胆囊迅速扩张和伴随有胆管增大。扩张的肝内胆管以其不规则分支和弯曲的状态与门静脉相区分。

（2）胆石症和胆总管石症。结石呈强回声结构，当有足够大小和密度时，出现强的声影。改变动物姿势时，结石和沉积物在胆囊内可发生位移，能和沉积物相区分。胆总管结石除伴有阻塞外，由于缺乏无回声的胆汁环绕，且肠臌气妨碍观察，故难以与沉积物相鉴别。

（3）胆囊壁增厚。犬的胆囊壁正常时观察不到。在疾病的急性期，由于胆囊水肿，胆囊壁增厚，可观察到内外壁形成一个双缘的声像图征象。在慢性胆囊炎时，由于慢性炎症和瘢痕组织导致不可逆的胆囊壁增厚，呈不规则的、厚的回声增强。

3. 脾疾病声像图

犬仰卧位保定，大型深胸犬脾头部的检查最好采用右侧卧位保定，左侧肋间扫查。脾头部位于左颅背侧腹腔内，紧贴胃的尾侧，在胃和腹壁之间，其位置受胃的充盈变化影响。犬脾游离端的位置和脾的体积变化很大，导致每只犬的脾超声检查的位置都略有不同。

（1）回声降低而无实质异常。败血症或毒血症均会引起脾急性充血和整个脾增大。被动性充血可由麻醉、慢性肝疾病或右心衰竭所致。脾扭转、脾静脉栓塞、淋巴腺瘤和白血病也可使脾肿大，在大多数情况下，呈现脾回声正常或低回声结构。

（2）局灶性回声异常。局灶性回声异常时，常伴有脾增大征象。类似肝探查，可以诊断脾囊肿、血肿、脓肿、肿瘤以及坏死和梗塞。脾淋巴腺瘤也可出现局灶性低回声结构。犬脾感染时，开始为弱回声或混合回声，随后由于瘢痕组织的形成而发展为强回声的楔形病变。

（3）脾破裂。脾破裂继发于创伤或在病理情况下所致脾破裂时，可呈现脾血肿或游离性腹水。

（4）脾血肿。脾血肿显示不规则、大的无回声和弱回声脾团块，跟随探查，团块进行性溶解消散，血肿吸收。

4. 肾疾病声像图

采用仰卧位、左侧卧或右侧卧位进行检查。右肾位于颅背侧较深的位置，尤其对于深胸犬而言，右腹外侧肋间肋弓下扫查也相对较难。因此，某些犬需要在第 11 或 12 肋间对右肾进行扫查，肾应从横断面、纵断面以及冠状面进行全面扫查。

（1）肾结石。结石处形成极强回声，结石后方伴有声影。B 超探查可检出直径大于0.5 cm的肾结石，还能查出X线摄影不能显示结石密度的肾结石病，肾实质回声强度增加并有声影存在，肾结石病就易诊断，如仅为肾实质回声增强而无声影就不能做出肾结石病的诊断，因肾纤维化也会增加肾实质回声强度。

(2) 肾盂积水。肾实质内出现大的无回声区，是由尿液使肾盂扩张所致。肾皮质的多少随肾盂积水程度而定。肾输尿管盂积水轻微，无回声区可把肾盂的回声隔开。在声像图上偶尔可看到肾脏阻塞的部位。

(3) 肾实质疾病。任何慢性、进行性和不可逆性的肾实质疾病，最终的结局都是肾实质纤维化和瘢痕组织形成。B超不能明显区分肾实质疾病，但可相应提示疾病的严重程度。不可逆性肾脏疾病时，皮质回声强度增加，均质性消失，皮髓质结合处明显丧失。肾脏体积比正常小，边界不明显、不规则。

(4) 肾囊肿。囊肿内无回声，囊肿壁界限清楚，囊的深部呈强回声结构。肾囊肿有单个或多个，进行性多囊肾病有多个间隔囊区，伴有肾脏边缘不规则或没有明显的界线。

(5) 肾脏肿瘤。犬有血管肉瘤、肾母细胞瘤、组织细胞淋巴瘤、软骨肉瘤和肾腺癌，它们的声像图有很大差异，最常见的是混合型回声结构。肿瘤发生钙化或纤维化时呈强回声结构；肿瘤内发生坏死、出血和液化时呈无回声结构和弱回声结构，偶见肿瘤呈均质弱回声结构。除淋巴腺瘤呈弱回声结构外，根据回声结构不能确定肿瘤细胞的类型，也不能鉴别肿瘤是原发性的还是转移性的。

5. 膀胱疾病声像图

取仰卧位进行扫查。仰卧位扫查能使膀胱得到最合适的图像，但在鉴定膀胱内沉淀或结石时也需要进行站立位和左、右侧卧扫查。沉淀或结石将根据体位变化落在支持侧膀胱壁上。膀胱中度充盈时最适合进行超声检查。如果怀疑膀胱病变，但膀胱是排空的，需要等到膀胱自然充盈后再进行扫查。

(1) 膀胱结石。通过超声扫查能确定肿块的性质，是矿物质还是软组织，并判定结石的大小、数目、部位和膀胱壁有无增厚。结石声像图特征，一是膀胱内无回声区域中有致密的强回声光点或光团，其强回声的大小和形状视结石大小和形状而定；二是强回声的光团或光点后方伴有声影，膀胱壁增厚。

(2) 膀胱炎。膀胱壁增厚、轮廓不规则，黏膜下层为低回声带。

(3) 膀胱肿瘤。声像图可见膀胱无回声区内有自膀胱壁向腔内凸入的肿瘤团块状回声结构，呈强光团，边缘清晰，后方不伴有声影。

6. 胃肠道疾病声像图

(1) 胃肠道异物。高密度物质如骨头、石子、玻璃球、果核，呈强回声结构，有的球状物呈强回声环，均伴有声影；中密度物质如橡胶瓶塞、泡沫塑料，呈次强回声结构；低密度物质如棉丝、线团、海绵、塑料袋等，呈弱回声结构，量少时不易探查到；纤细物如缝针、细金属丝，虽是高密度物质，但因太细而难以探查到。胃肠道内异物可引起梗阻，胃内会积有液体，或在阻塞部附近积有液体，有利于观察到异物。

(2) 胃肠套叠。横切时，肠套叠呈多层靶样声像图并伴有邻近部位液体蓄积，出现暗区。套叠前段出现积液，呈现暗区。

（3）胃肠道肿瘤。B超能观察到的胃肠道肿瘤有平滑肌瘤、平滑肌肉瘤、淋巴肉瘤，以及退行性肉瘤和腺癌。平滑肌瘤、平滑肌肉瘤和淋巴肉瘤呈分离、均质圆形回声结构，胃平滑肌肉瘤是一大的无柄回声团块，其中央有一不规则的似火山口样的强回声结构，提示肿瘤有深度溃疡。淋巴肉瘤均为孤立的同质圆形回声结构。退行性肉瘤呈现明显不规则、肠壁增厚的图像，肠壁层次结构遭破坏，邻近有液体。

（4）胃肠道炎症。犬胃炎伴发胃溃疡，声像图特征是广泛性胃壁增厚达6 mm，胃窦部增厚区内有2 cm长火山样中心，其他部位变化不明显。肠炎时，小肠内积有多量液体，呈无回声暗区，为小肠液性扩张，肠壁厚度变化不大，但蠕动消失。

【注意事项】

①确定弥漫性回声异常必须和正常的其他实质性脏器的回声进行比较，以排除由于仪器增益加大产生的假性改变。

②不要将膀胱背侧结肠内粪便的强回声误认为膀胱结石，可通过站立位扫查来简单区分。

③注意鉴别扫查过程中出现的有价值伪影和无价值伪影。

④超声物理学、病理生理学和断层解剖学是超声诊断的基础，要想进一步提高超声诊断技能需要强化上述基础。

- **工具准备**

B超、实验动物、彩超室、耦合剂、实验服。

- **人员准备**

人员分组，每组5人，明确职责分工（表4-2-2）。

表4-2-2 任务分配

任务角色	任务内容
组长：	任务：
组员1：	任务：
组员2：	任务：
组员3：	任务：
组员4：	任务：

任务筹划

一、方法筹划

动物B超探查时的保定方法以及注意事项；B超判定结果。

二、流程筹划

第一步：熟悉 B 超的操作过程。
第二步：掌握 B 超探查过程中的注意事项。
第三步：认真分析 B 超探查结果。
第四步：综合以上检查结果，做出最终诊断，并写出治疗方案。

任务实施

根据任务筹划情况，完成表 4-2-3 的任务实施步骤。

表 4-2-3 任务实施步骤

步骤	任务内容
步骤一	
步骤二	
步骤三	
步骤四	
步骤五	
步骤六	

任务评价

根据任务完成情况，完成任务评价（表 4-2-4）。

表 4-2-4 工作任务完成过程评价

班级：		组别：		姓名：
项目	评分标准	自我评价	小组评价	教师评价
资料收集（30 分）	优秀：操作熟练，分析合理，判断准确（25~30 分）			
	良好：操作较熟练，报告较准确清晰（15~25 分）			
	及格：操作不太熟练，报告有少量错误（5~15 分）			
	不及格：操作不熟练，判断不准确（0~5 分）			
检查内容（30 分）	熟悉动物 B 超探查时的保定方法，熟悉各种影像学意义（临床意义）（0~10 分）			
	能够掌握 B 超的使用方法（0~10 分）			
	能否明确 B 超检查的内容（0~10 分）			

续表

班级：		组别：	姓名：	
项目	评分标准	自我评价	小组评价	教师评价
课后评价（40分）	是否熟悉任务内容（0~10分）			
	是否能够准确判定肾脏区域（0~10分）			
	是否能够判定影像结果（0~15分）			
	实训结束是否打扫卫生及东西归位（0~5分）			
合计				
自我评价与总结				
教师点评				

任务三　内窥镜检查技术

任务导入

主诉：该犬患有单侧隐睾，主人自己查找相关资料并咨询医生后，认识到犬患隐睾的危害性，预约进行腹腔镜手术摘除隐睾和正常睾丸，进行腹腔B超检查如图4-3-1所示。同时，该犬长期伴有异食的行为，爱吃草、塑料袋、石头等。食欲饮欲正常，排便正常。

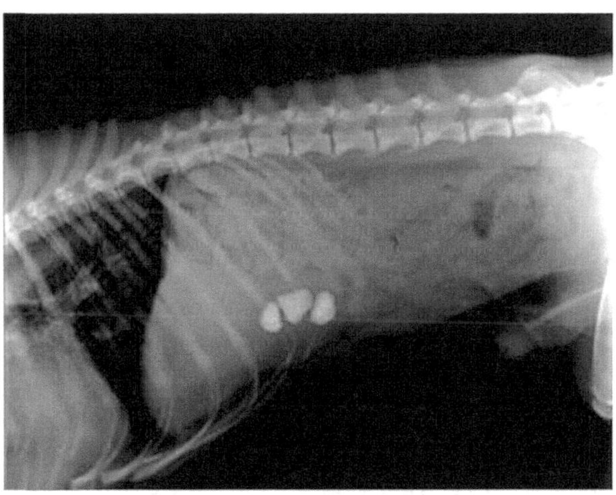

图4-3-1　腹腔B超图像

根据任务情况，完成表 4-3-1 的任务工单。

表 4-3-1　任务工单

<table>
<tr><td colspan="2">班级：</td><td colspan="2">姓名：</td><td>学号：</td></tr>
<tr><td>任务名称</td><td colspan="4">内窥镜检查技术</td></tr>
<tr><td>任务描述</td><td colspan="4">根据实际情况，填写本任务的内容、目的、流程和方法。
任务内容：根据主诉及检查情况，做出综合分析判定。
任务目的：培养学生初步对微创手术的认识。
任务流程：测定体温，观察体温变化；检查病犬腹部是否有异常；根据主诉情况及收集的信息进行判定。
任务方法：触诊、体温计进行必要检查。</td></tr>
<tr><td>获取信息</td><td colspan="4">要完成任务，需要掌握相关的知识。请收集资料，回答以下问题。
1. 收集内窥镜使用的步骤及注意事项。
2. 腹部异物对动物造成的伤害有哪些？
3. 腹部异物怎么治疗？</td></tr>
<tr><td>制订计划</td><td colspan="4"></td></tr>
<tr><td rowspan="6">任务实施</td><td colspan="4">按照预先制订的工作计划，完成本任务，并记录任务实施过程。</td></tr>
<tr><td>序号</td><td>完成的任务</td><td>遇到的问题</td><td>解决办法</td></tr>
<tr><td></td><td></td><td></td><td></td></tr>
<tr><td></td><td></td><td></td><td></td></tr>
<tr><td></td><td></td><td></td><td></td></tr>
<tr><td></td><td></td><td></td><td></td></tr>
</table>

任务准备

- **知识准备**

一、内窥镜概念

内窥镜又称为内腔镜，简称内镜或窥镜，是一种先进的医学光学仪器。借助于内窥镜，可以直视体内许多器官系统的形态，在损伤性很小的情况下完成一些传统手术，并方便地从活体器官上获取少量组织，进行疾病诊断。随着动物医疗水平的提高，内窥镜在兽医临床的应用逐渐增多，不仅在疾病检查诊断中发挥了重要作用，也是许多疾病有效治疗过程中的关键。目前国内外用于动物临床的内窥镜主要是软性纤维内窥镜，包括胸腔镜、腹腔镜、食管镜、胃镜、结肠镜及关节镜。内窥镜应用应根据检查部位和器械不同，做不同准备。

二、内窥镜的种类

内窥镜种类有 3 种，分别是电子摄像式内镜、超声内镜、纤维内镜。

1. 电子摄像式内镜

其头端装有小的光敏感集成电路块，作为微型电视摄像机，成像于电视屏幕上，可供多人观看，便于会诊和教学并可录像和摄影，有利于资料保存。

2. 超声内镜

将超声探头固定在纤维内镜头端，送入上消化道或呼吸道，在内镜观察管道内腔的同时，可用超声探头探查消化道壁、支气管管壁及毗邻脏器，并将声像图显示在屏幕上。

3. 纤维内镜

内镜检查的临床应用以纤维内镜为主。随着纤维光学技术的不断发展及工艺改进，目前已经制成了多种类型的纤维内镜，国内外学者也逐步将其应用于兽医临床领域，如咽喉镜、胃镜、直肠镜、宫腔镜、膀胱镜、关节镜、腹腔镜、胸腔镜等。按进入体内的途径，凡通过自然孔道如口腔、气管或尿道等插入的称为内镜；凡通过人工孔道如皮肤或黏膜及相应组织切开而插入的称为腔镜。

三、内窥镜的临床应用

1. 支气管镜检查

适用于临床上具有气管或支气管阻塞症状的犬、猫。检查前进行全身麻醉，鼻内或取 2%利多卡因 1 mL 咽部喷雾。取俯卧姿势，头部尽量向前上方伸展，经鼻或经口腔插入内窥镜（经口腔插入时需装置开口器）。根据个体大小选择不同型号的可屈式光导纤维支气管镜，镜体直径以 3～10 mm、长度 25～60 cm 为宜。插入时，先缓慢将镜端插喉腔，并对声带及其附近的组织进行观察，然后送入气管内。此时边插入边对气管黏膜进行观察。对中、大型犬，镜端可达肺边缘的支气管。对病变部位可用细胞刷或活检钳采取病料，进行组织学检查，还可吸取支气管分泌物或冲洗物进行细胞学检查和微生物学检查。

2. 食管镜检查

选用可屈式光导纤维内窥镜进行检查。取左侧卧位，全身麻醉，装置开口器经口插入内窥镜，进入咽腔后，沿咽峡后襞正中的食管入口，随食管腔走向，调节插入方向，边插入边送气，同时进行观察，颈段食管正常是塌陷的，黏膜光滑、湿润，呈粉红色，皱襞纵行；胸段食管腔随呼吸运动而扩张和塌陷：食管与胃结合部通常是关闭的，胃黏膜皱襞粗大而不规则，呈深红色。急性食管炎时，黏膜肿胀，呈深红色，天鹅绒状；慢性食管炎时，黏膜弥漫性潮红、水肿，附有淡白色渗出物，可见有糜烂、溃疡或肉芽肿。

3. 胃镜检查

禁食 24 h，左侧卧，全身麻醉。镜头一过贲门即应停止插入，先对胃腔进行大体观察，正常胃黏膜呈暗红色，湿润、光滑，半透明状，皱襞呈索状隆起。上下移动镜头，可观察到胃体的大部分，依据大弯部的切迹可将体部与窦部区分开，镜头上弯，沿大弯推进，便可进入窦部。检查贲门部时，将镜头反曲呈“J”形。常见的病理变化有胃炎、溃疡、出血。

4. 结肠镜检查

检查前 2 d 给予流体食物，而后禁食 24 h。用温水灌肠，排空直肠和后部结肠的积粪；犬左侧卧，全身麻醉；经肛门插入结肠镜，边插边吹空气。在未发现直肠或结肠开口时，切勿将镜头抵至盲端，以免造成直肠穿孔。当镜头通过直肠时，顺着肠管自然走向插入内窥镜，将镜头略向上方弯曲，便可进入降行结肠。常见的病理变化有结肠炎、慢性溃疡性结肠炎、肿瘤、寄生虫等。

5. 腹腔镜检查

术部选择依检查目的而定，先在术部旁刺入封闭针，造成适度气腹，再在术部做一小的皮肤切口，将套管针插入腹腔，拔出针芯，插入腹腔镜，观察腹腔脏器的位置、大小、颜色、表面性状，以及有无粘连。

6. 膀胱镜检查

将母犬站立保定，排出直肠内积粪和膀胱内积尿，于硬膜外腔麻醉。先插入导尿管并向膀胱内打气，而后取出导尿管，插入硬质窥镜。膀胱黏膜正常时富有光泽、湿润，血管隆凸，呈深红色，输尿管口不断有尿滴形成。慢性膀胱炎时，黏膜增厚，形如山峡或类似肿瘤样增生。

7. 胃黏膜活检方法

（1）对准病灶部位，活检钳伸出 2~3 cm，不宜过长。

（2）垂直活检部位。

（3）直径大于 2 cm 的溃疡取病变周围，勿钳取溃疡底面以防穿孔，小而浅的溃疡、息肉、糜烂、隆起，则对准病灶钳取。

（4）活检数量，疑为癌的取 4~8 块，疑为溃疡的取 2~4 块，疑为炎症的取 1~2 块。

四、内窥镜的操作使用

1. 动物准备

动物禁食 12 h 以上，全身麻醉左侧卧保定于手术台上，使用开口器确保整个操作过程动物的口呈张开状态。

2. 插镜方法

左手操作操作柄，右手持镜身 25 cm 处，轻柔缓慢插入口腔领咽部，将胃镜沿舌后根插入食管入口处，看到食管后即可循腔进镜。

3. 充气操作

入食管后边进镜边充气，部分气体先进入胃内，进入胃内即可观察扩张的胃壁。食管少量充气能看清四壁即可。胃体中等扩张能看清胃四壁即可。观察胃底、穹隆部位时需在胃体基础上加注少量气体。

4. 见腔进镜

无腔时结合退镜及角度键进镜。大量胃液潴留时吸引液体，适当充气使视野四壁清楚，见腔入镜。

5. 用毕消毒

操作后对内窥镜进行彻底清洗、消毒，可防止疾病的交叉感染。内窥镜的消毒主要有以下几点。①使用完毕后应立即清洗，以免血液和黏液干固后不易洗净洗涤时，先将软管末端浸在蒸馏水中，用纱布或海绵擦洗镜体软管部和弯曲部，并反复注气和注水，使气管和水管出水处黏附的污物排出。活检孔道需用清洁刷反复刷拭清洗。②将清洗过的插管、气管、水管、孔道、活检钳等擦干，放入戊二醛消毒液中浸泡消毒 20 min。在洗涤与浸泡消毒液过程中，勿使操纵部弄湿。③用 75%酒精擦拭消毒纤维镜头部、软管操纵部、各调节旋钮。④消毒完毕，用蒸馏水充分冲淋插管和内管道，以便除去残留消毒剂。⑤贮存时应将镜体悬挂于干燥处，弯角固定钮应置于“自由位”，活检钳瓣应张开。

五、内窥镜观察顺序

1. 食管（上中下）

进镜时粗略观察食管有无溃疡、扩张、狭窄、肿物、异物等，如要进一步活检、内窥镜下治疗可待退镜时处理。

2. 胃

进胃内直下一般即可看到胃体大弯侧的平行皱襞，此处黏液较多，息肉、溃疡、糜烂等病变的发生率极低。

3. 胃窦

可见圆锥形胃窦，半月形胃角，胃角是胃窦定位的标志物。

【注意事项】

①应用前应先检查内窥镜的照明装置、电源反射镜等部分，准备好再进行检查。
②对犬、猫等动物进行内窥镜检查时一定要上开口器，防止动物咬坏内镜管身。
③内窥镜内部很精细，使用时不要强制弯曲、折叠、扭转、碰撞等，以免损伤。
④由于操作需要进行全身麻醉，操作时必须做好麻醉监护。
⑤活检后渗血较多者可喷少量肾上腺素进行止血。

- **工具准备**

内窥镜、实验动物、实验室或者动物医院。

- **人员准备**

人员分组，每组 5 人，明确职责分工（表 4-3-2）。

表 4-3-2 任务分配

任务角色	任务内容
组长：	任务：
组员 1：	任务：
组员 2：	任务：
组员 3：	任务：
组员 4：	任务：

任务筹划

一、方法筹划

内窥镜使用及诊断检查技术；了解内窥镜的操作步骤及相关参数的正常值及异常值的临床解读。

二、流程筹划

第一步：熟悉内窥镜的操作过程。
第二步：熟悉内窥镜使用注意事项。
第三步：利用内窥镜直视体内器官系统的形态做出疾病初步诊断。
第四步：综合以上检查结果，做出最终诊断，并写出治疗方案。

任务实施

根据任务筹划情况，完成表 4-3-3 的任务实施步骤。

表 4-3-3 任务实施步骤

步骤	任务内容
步骤一	
步骤二	
步骤三	
步骤四	
步骤五	
步骤六	

任务评价

根据任务完成情况，完成任务评价（表 4-3-4）。

表 4-3-4 工作任务完成过程评价

<table>
<tr><td colspan="2">班级：</td><td>组别：</td><td colspan="3">姓名：</td></tr>
<tr><td>项目</td><td>评分标准</td><td>自我评价</td><td>小组评价</td><td>教师评价</td></tr>
<tr><td rowspan="4">资料收集
（30 分）</td><td>优秀：操作熟练，分析合理，判断准确（25~30 分）</td><td></td><td></td><td></td></tr>
<tr><td>良好：操作较熟练，报告较准确清晰（15~25 分）</td><td></td><td></td><td></td></tr>
<tr><td>及格：操作不太熟练，报告有少量错误（5~15 分）</td><td></td><td></td><td></td></tr>
<tr><td>不及格：操作不熟练，判断不准确（0~5 分）</td><td></td><td></td><td></td></tr>
<tr><td rowspan="3">检查内容
（30 分）</td><td>熟悉动物内窥镜检查时的保定方法，熟悉各种影像学意义（临床意义）（0~10 分）</td><td></td><td></td><td></td></tr>
<tr><td>能够掌握内窥镜的使用方法（0~10 分）</td><td></td><td></td><td></td></tr>
<tr><td>能否明确内窥镜检查的内容（0~10 分）</td><td></td><td></td><td></td></tr>
<tr><td rowspan="4">课后评价
（40 分）</td><td>是否熟悉任务内容（0~10 分）</td><td></td><td></td><td></td></tr>
<tr><td>是否能够准确找到异物所在的部位（0~10 分）</td><td></td><td></td><td></td></tr>
<tr><td>是否能够判定影像结果（0~15 分）</td><td></td><td></td><td></td></tr>
<tr><td>实训结束是否打扫卫生及东西归位（0~5 分）</td><td></td><td></td><td></td></tr>
<tr><td colspan="2">合计</td><td></td><td></td><td></td></tr>
<tr><td>自我评价与总结</td><td colspan="4"></td></tr>
<tr><td>教师点评</td><td colspan="4"></td></tr>
</table>

知识拓展：心电图检查（二维码 4-1）。

二维码 4-1

知识拓展：心电图检查

项目检测

请扫描二维码 4-2 进入在线测试，可反复答题，直到获得满意的结果。

二维码 4-2 项目四检测

项目五 动物疾病药物治疗技术

项目导读

本项目内容包括动药液抽吸法，皮内、皮下、肌内、静脉注射法，胸腔穿刺、腹腔穿刺等，主要培养学生基本疾病治疗给药及基本疾病穿刺诊断的能力，从而逐步提高学生收集、处理信息、分析和解决问题的能力。

知识目标

(1) 掌握动物疾病治疗的各种投药技术的基本操作步骤。

(2) 掌握动物疾病治疗基本手段。

(3) 掌握动物投药技能及注意事项。

(4) 掌握皮内、皮下、肌内、静脉注射法的注意事项。

(5) 掌握皮内、皮下、肌内、静脉注射法的操作技巧。

(6) 掌握胸腔穿刺的部位、方法、临床意义及注意事项。

技能目标

(1) 安全地接近动物并实施有效的保定措施。

(2) 通过疾病特点，选用最适治疗手段。

(3) 针对常见动物系统疾病做出合理诊断分析，并给予治疗措施及选用合适的投药技术。

(4) 能够根据皮内、皮下、肌内、静脉注射选择正确的器具。

(5) 能够根据皮内、皮下、肌内、静脉注射选择正确的药物。

(6) 能够正确找到胸腔穿刺的部位及掌握操作要点。

素质目标

(1) 培养学生的创新意识，对治疗有自己的想法。

(2) 掌握实验室化验技术及指标分析的能力，培养学生有正确使用仪器、保持实验室卫生的意识等。

（3）通过体验诊疗技术及给药技术，培养学生热爱动物的理念，培养学生临床动手能力及科学的探究能力。

（4）具有团队精神和协作能力，培养学生的敬业精神。

思政目标

（1）培养学生的职业道德。

（2）培养学生的敬业精神。

（3）培养学生作为一名兽医最基本的专业自豪感。

任务一　动物疾病治疗投药技术

任务导入

牛，2 岁，黑白花，采食量下降，反刍减弱、鼻镜干燥、粪便干小黑硬，瘤胃蠕动音减弱，腹围增大，根据兽医其他检查给出诊断结果，并给出相应的治疗方案，完成给药任务。

根据任务情况，完成表 5-1-1 的任务工单。

表 5-1-1　任务工单

<table>
<tr><td colspan="2">班级：</td><td>姓名：</td><td>学号：</td></tr>
<tr><td>任务名称</td><td colspan="3">动物疾病治疗投药技术</td></tr>
<tr><td>任务描述</td><td colspan="3">根据实际情况，填写本任务的内容、目的、流程和方法。
任务内容：灌服给药的操作步骤及注意事项。
任务目的：让学生掌握食道给药的方法。
任务流程：熟悉掌握食管插管的步骤；掌握食管插管的操作步骤；掌握食管插管的注意事项。
任务方法：学习操作步骤及注意事项；配合教师完成操作步骤并独立完成。</td></tr>
<tr><td>获取信息</td><td colspan="3">要完成任务，需要掌握相关的知识。请收集资料，回答以下问题。
1. 什么是经口给药法？
2. 什么是混饲给药法？
3. 什么是胃导管给药技术？
4. 投药技术包括哪些？
5. 胃导管给药有哪些注意事项？如何判断胃导管投入是否正确？</td></tr>
</table>

续表

<table>
<tr><td>班级：</td><td colspan="2">姓名：</td><td colspan="2">学号：</td></tr>
<tr><td>制订计划</td><td colspan="4"></td></tr>
<tr><td rowspan="6">任务实施</td><td colspan="4">按照预先制订的工作计划，完成本任务，并记录任务实施过程。</td></tr>
<tr><td>序号</td><td>完成的任务</td><td>遇到的问题</td><td>解决办法</td></tr>
<tr><td></td><td></td><td></td><td></td></tr>
<tr><td></td><td></td><td></td><td></td></tr>
<tr><td></td><td></td><td></td><td></td></tr>
<tr><td></td><td></td><td></td><td></td></tr>
</table>

任务准备

- **知识准备**

一、灌服投药技术

经口投药法：投服少量药液时常用的方法，多用于猪、犬、猫等中小动物，其次是牛、猪、马（图 5-1-1）。投药前，要准备好灌角、橡胶瓶、小勺、洗耳球或注射器等投药器具。不同动物操作方法不同，具体如下。

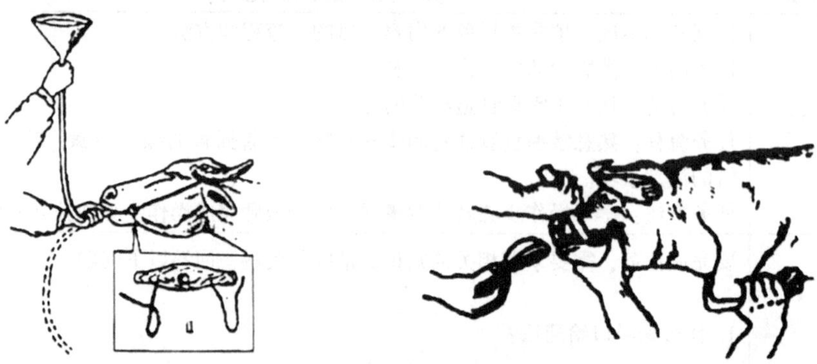

图 5-1-1 动物经口投药

1. 牛经口投药法

将牛保定于保定栏内站立，使用鼻钳或由助手握住角根和鼻中隔，使头稍抬高，固定头部。术者以灌药瓶灌药。

2. 猪经口投药法

助手用腿夹住猪的颈部，用手抓住两耳，使头稍仰，术者以灌药器投药。

3. 犬经口投药法

（1）胃导管投药法。此法适用于投入大量水剂、油剂或可溶于水的流质药液。

方法简单、安全可靠，不浪费药液。

投药时对犬施以坐姿保定。打开口腔，选择大小适合的胃导管，用胃导管测量犬鼻端到第8肋骨的距离后做好记号。用润滑剂涂布胃导管前端，插口腔从舌面上缓缓地向咽部推进，在犬出现吞咽动作时，顺势将胃导管推入食管直至胃内。判定插入胃内的标志是：从胃管末端吸气呈负压，犬无咳嗽表现。然后连接漏斗，将药液灌入。灌药完毕，除去漏斗，压扁导管末端，缓缓抽出胃导管。

（2）匙勺、洗耳球或注射器投药法。适用于投服少量的水剂药物、粉剂或研碎的片剂加适量水制成的溶液、混悬液，以及中草药煎剂。投药时，对犬施以坐姿保定，助手使犬嘴处于闭合状态，犬头稍向上保持倾斜。操作者以左手食指插入嘴角边，并把嘴角向外拉，用中指将上唇稍向上推，使之形成兜状口。右手持勺、洗耳球或注射器将药液灌入。注意一次灌入量不宜过多，每次灌入后，待药液完全咽下后再重复灌入，以防误咽。

二、混饲投药技术

混饲给药法是将药物均匀地混拌在饲料中让畜禽采食时连同药物一次食入胃内的一种给药方法。该法简便易行、节省人力，故常用于现代集约化养猪场、养禽场的预防性给药，也适合于尚有食欲的发病猪群、禽群的治疗用药。

【注意事项】

①准确掌握药物拌料的浓度。按照拌料给药的标准，准确、认真地计算所用药物剂量，如按动物每千克体重给药，应严格按照个体体重，计算出动物群体体重，再按要求将药物拌入料内；同时也要注意拌料用药标准与饲喂次数相一致，以免造成药量过小起不到作用或药量过大引起动物中毒。

②药物与饲料必须混合均匀。特别是在大批量饲料拌药时，更需多次逐步分级扩充，以达到充分混匀的目的。切忌将全部药量一次加入所需饲料中，因为简单混合会造成部分动物药物中毒而大部分动物吃不到药物，达不到防止疾病的目的或贻误病情。

③密切注意不良反应。有些药物混入饲料后，可与饲料中的某些成分发生拮抗作用，例如饲料中长期混合磺胺药物时，就容易引起鸡B族维生素或维生素K缺乏，此时就应适当补充维生素。

三、胃管投药技术

1. 经鼻投药法

经鼻投药法即用胃管经鼻腔插入胃内，将药液投入胃内，是投服大量药液时的常用方法。多用于马、牛、羊。

根据牛、马个体的大小，选用相应口径及长度的橡胶管。成年牛、马可用特制的胃管其一端钝圆；马驹、羊可用大动物导尿管。此外，需有与胃管口径相匹配的漏斗。胃管用前应以温水清洗干净，排出管内残水，一端涂以如液体石蜡、凡士林等润滑剂，尔后盘成数圈，涂油钝圆端向前，另一端向后，用右手握好。

2. 牛经鼻投药法

(1) 将病牛在柱栏内妥善保定，畜主站在牛头左侧握住笼头，固定牛头不要过度前伸。

(2) 术者站于牛头稍右前方，用左手无名指与小指伸入左侧上鼻翼的副鼻腔，中指、食指伸入鼻腔与鼻腔外侧拇指固定内侧的鼻翼。

(3) 右手持胃管将前端通过左手拇指与食指之间沿鼻中隔徐徐插入鼻腔，同时左手食指、中指与拇指将胃管固定在鼻翼边缘，以防患病动物骚动时胃管滑出。

(4) 当胃管前端抵达咽部后，随病牛吞咽动作将胃管插入食道。有时患病动物可能拒绝吞咽，推送困难，此时不要勉强推送，应稍停或轻轻抽动胃管，或在咽喉外部进行按摩，诱发吞咽动作，伺机将胃管插入食道（表 5-1-2）。

表 5-1-2 胃管插入食道或气管的鉴别

鉴别方法	插入食道内	插入气管内
手感	推动胃管稍有阻力感	无阻力、有咳嗽
触摸	手摸颈沟区感到有一硬的管状物	无
观察	胃管前端在食道沟呈明显的波动式下行	无
听诊	将胃管后端放在耳边，可听到不规则的咕噜音或水泡音，无气流冲击音	随呼吸动作听到有节奏的呼出气流音冲击耳边

(5) 为了检查胃管是否正确进入食道内，可做充气检查。再将胃管前端推送到颈部下 1/3 处，在胃管另一端连接漏斗，即可投药。

(6) 投药完毕，再灌以少量清水，冲净胃管内残留药液，之后右手将胃管折曲一段，徐徐抽出，当胃管前端退至咽部时，以左手握住胃管与右手一同抽出。胃管用毕洗净后，放在 2%煤酚皂溶液中浸泡消毒备用。

(7) 经鼻给牛投药胃管到达咽部时，易使前端折回口腔，而被咬碎，需注意猪羊经鼻投药法给猪羊经鼻投药胃管应细，一般使用大动物导尿管即可。

【注意事项】

①插入或抽动胃管时要小心、缓慢，不得粗暴。

②当患病动物呼吸极度困难或有鼻炎、咽炎、喉炎、高温时，忌用胃管投药。

③牛插入胃管后，遇有气体排出，应鉴别是来自胃内还是呼吸道。来自胃内气体有酸臭味，气味的发出与呼吸动作不一致。

④牛经鼻投药，胃管进入咽部或上部食道时，如发生呕吐，则应放低牛头，以防呕吐物误咽入气管，如呕吐物很多，则应抽出胃管，待吐完后再投。牛的食道较马短而宽，故胃管通过食道的阻力较小。

⑤当证实胃管插入食道深部后进行灌药。如灌药后引起咳嗽、气喘，应立即停灌。如灌药中因动物骚动使胃管移动脱出时，亦应停止灌药，待重新插入判断无误后再继续灌药。

⑥经鼻插入胃管，常因操作粗暴、反复投送、强烈抽动或管壁干燥，刺激鼻黏膜肿胀发炎，有时血管破裂引起鼻出血。在少量出血时，可将动物头部适当高抬或吊起，冷敷额部，并不断淋浇冷水。如出血过多冷敷无效时，可用1%鞣酸棉球塞于鼻腔中，或者皮下注射0.1%盐酸肾上腺素5 mL或1%硫酸阿托品1~2 mL，必要时可注射止血药。

⑦胃管投药时，必须正确判断是否插入食道否则，会将药液误灌入气管和肺内引起异物性肺炎。

⑧药物误投入呼吸道后，动物立即表现不安，频繁咳嗽，呼吸急促，鼻翼开张或张口呼吸；继则可见肌肉震颤，出汗，黏膜发绀，心跳加快，心音增强，音界扩大；数小时后体温升高，肺部出现明显广泛的啰音，并进一步呈现异物性肺炎的症状。如灌入大量药液时，可造成动物的窒息或迅速死亡。

⑨抢救措施。在灌药过程中，应密切注意患病动物表现，一旦发现异常，应立即停止并使动物低头，促进咳嗽，呛出药物。其次应用强心剂或给以少量阿托品兴奋呼吸系统，同时应大量注射抗菌药制剂，直至恢复。严重者，可按异物性肺炎的疗法进行抢救。

- **工具准备**

实验动物（牛）、保定用具、工作服、胃导管、液体石蜡或凡士林、灌药瓶、消毒用品、体温计、听诊器、叩诊槌等。

- **人员准备**

人员分组，每组5人，明确职责分工（表5-1-3）。

表5-1-3　任务分配

任务角色	任务内容
组长：	任务：
组员1：	任务：
组员2：	任务：
组员3：	任务：
组员4：	任务：

任务筹划

一、方法筹划

经口投药法，学会灌服投药技术的方法、操作要领和注意事项；混饲给药法，了解混饲投药技术的方法、适用范围和注意事项；经鼻投药法，学会胃管投药技术的方法、适用范围和判断方法。

二、流程筹划

第一步：了解经口投药法；混饲给药法；经鼻投药法的使用范围。

第二步：利用体温计、听诊器完成对病牛体温、脉搏和呼吸数的测定。

第三步：结合主要症状、利用一般检查内容对病牛进行全面检查，给出初步诊断结果。

第四步：利用经口投药法、混饲给药法、经鼻投药法的特点及疾病选择合适的投药技术。

第五步：确定给药方案。

第六步：对病牛静脉进行采血，利用血细胞分析仪测定血常规并判定结果，并进行口服药的给药。

任务实施

根据任务筹划情况，完成表 5-1-4 的任务实施步骤。

表 5-1-4 任务实施步骤

步骤	任务内容
步骤一	
步骤二	
步骤三	
步骤四	
步骤五	
步骤六	

任务评价

根据任务完成情况，完成任务评价（表 5-1-5）。

表 5-1-5 工作任务完成过程评价

班级：		组别：		姓名：
项目	评分标准	自我评价	小组评价	教师评价
资料收集（30 分）	优秀：操作熟练，分析合理，判断准确（25~30 分）			
	良好：操作较熟练，报告较准确清晰（15~25 分）			
	及格：操作不太熟练，报告有少量错误（5~15 分）			
	不及格：操作不熟练，判断不准确（0~5 分）			

续表

班级：		组别：	姓名：	
项目	评分标准	自我评价	小组评价	教师评价
检查内容（30分）	熟悉动物投药技术方法，熟练的操作和对注意事项的掌握；（0~10分）			
	对不同投药技术针对的适应证的理解（0~10分）			
	浅表淋巴结的检查（0~10分）			
课后评价（40分）	是否熟悉任务内容（1~10分）			
	是否能够准确表述经口投药的注意事项（0~10分）			
	是否能够准确表述胃管投药的判断方法（0~15分）			
	实训结束是否打扫干净卫生及东西归位（0~5分）			
合计				
自我评价与总结				
教师点评				

任务二　动物疾病治疗给药技术

任务导入

养殖背景：陕西榆林横山一家养殖场养殖200只羊，羔羊20 d左右，开始出现跛行、喜卧地不愿动、起立困难、四肢负重困难，行走非常缓慢。

用药方案：通过养殖户的描述分析，羔羊因为生长快导致体内钙及营养缺乏，所以推荐使用地邦久壮和软瘫灵配合使用治疗，地邦久壮注射液3 mL/（次・d），软瘫灵每天4~5 mL/（次/d）。连续使用3 d。试分析所用的给药技术。

根据任务情况，完成表5-2-1的任务工单。

表 5-2-1 任务工单

<table>
<tr><td>班级：</td><td colspan="2">姓名：</td><td colspan="2">学号：</td></tr>
<tr><td>任务名称</td><td colspan="4">动物疾病治疗给药技术</td></tr>
<tr><td>任务描述</td><td colspan="4">根据实际情况，填写本任务的内容、目的、流程和方法。
任务内容：完成静脉注射及选用合适的药物。
任务目的：掌握静脉注射的操作步骤；掌握静脉注射给药的技能及注意事项。
任务流程：学习静脉注射方法流程；完成静脉注射消毒工作及操作步骤；掌握静脉注射的注意事项。
任务方法：视频学习基本操作；教师讲解操作流程；完成注射后的任务。</td></tr>
<tr><td>获取信息</td><td colspan="4">要完成任务，需要掌握相关的知识。请收集资料，回答以下问题。
1. 常见的动物给药技术有哪些？
2. 皮内注射与皮下注射的区别是什么？
3. 腹腔注射的应用范围有哪些？
4. 一次治疗有没有必要采取多种给药技术？</td></tr>
<tr><td>制订计划</td><td colspan="4"></td></tr>
<tr><td rowspan="6">任务实施</td><td colspan="4">按照预先制订的工作计划，完成本任务，并记录任务实施过程。</td></tr>
<tr><td>序号</td><td>完成的任务</td><td>遇到的问题</td><td>解决办法</td></tr>
<tr><td></td><td></td><td></td><td></td></tr>
<tr><td></td><td></td><td></td><td></td></tr>
<tr><td></td><td></td><td></td><td></td></tr>
<tr><td></td><td></td><td></td><td></td></tr>
</table>

任务准备

- **知识准备**

一、注射给药法

注射法是使用无菌注射器或输液器将药液直接注入动物体组织内、体腔或血管内的给药方法。注射法是临床治疗上最常用的技术，具有避免胃肠内容物的影响、给药量小、确实、见效快等优点。

1. 注射器

注射器和针头动物用注射器按材料分为玻璃制、金属制、塑料制、塑钢制等，按其容量分为 1 mL、2.5 mL、5 mL、10 mL、20 mL、30 mL、50 mL、100 mL 等规格。大量输液时使用容量较大的输液瓶。此外，还有装甲注射器、连续注射器、远距离吹管注射器等用于特殊用途的注射器。注射器由针管和活塞两部分组成。注射针头按其内径大小及长短分为不同型号，主要有 4 号、4.5 号、5 号、5.5 号、6 号、6.5 号、7 号、8 号、9 号、12 号、16 号、20 号等规格针头由针尖、针梗、针栓三部分组成（图 5-2-1）。

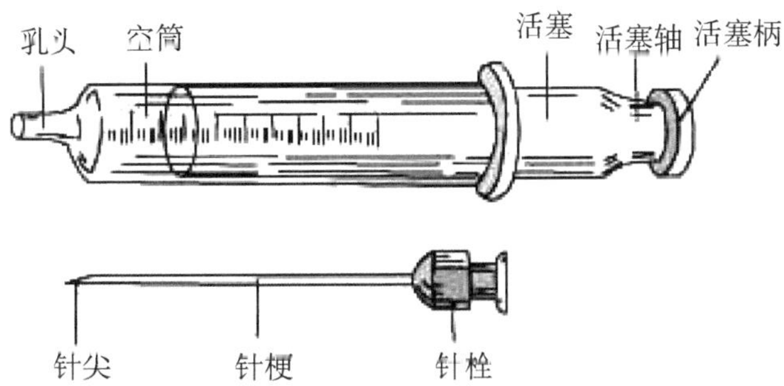

图 5-2-1　注射器和针头的构造

使用时应按动物的种类、注射方法和剂量的不同，选择合适的注射器与针头。并应检查注射器有无破损，针头和针管、活塞是否适合金属注射器的橡胶垫是否老化，松紧度的调节是否适宜，针尖是否锐利、通畅，与注射器的连接是否严密等。所有注射器械在使用前都必须清洗干净并进行消毒（煮沸或高压蒸汽灭菌）。塑料制注射器为一次性使用。

2. 注射药品

消毒药为 2%～5%碘酊、70%～75%酒精等；注射用药根据实际处方准备。

3. 注射盘

常规放置下列物品：无菌持物钳，皮肤消毒液（2%碘酊和 70%乙醇），棉签或乙醇棉球，静脉注射用的止血带和止血钳。

4. 药液抽吸

（1）自安瓿瓶内吸取药液的方法。将安瓿瓶尖端药液弹至体部，用乙醇棉球消毒安瓿瓶颈部，然后用砂轮在安瓿瓶颈部划一锯痕，再次消毒，折断安瓿瓶。将针头斜面向下放入安瓿瓶内液面之下，抽动活塞吸药。吸药时手持针栓柄，不可触及针栓其他部位（图 5-2-2），抽毕，将针头垂直向上，轻拉针栓，使针头中的药液流入注射器内，使气泡聚集在乳头处，轻推针栓，驱出气体。如注射器乳头位于一侧，排气时将乳头稍倾斜，使气泡集中在乳头根部，用上述方法驱出气体。将安瓿瓶套在针头上备用。

（2）自密封瓶内吸取药液的方法。除去铝盖中心部分，用 2%碘酊、70%乙醇棉签消毒瓶盖，再将针头插入瓶内，注入所需药量等量的空气，以增加瓶内压力，

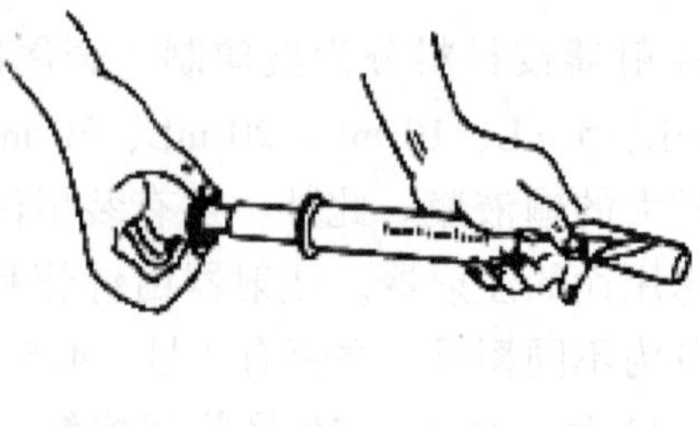

图 5-2-2 自安瓿瓶内吸取药液

避免形成负压。倒转药瓶及注射器，使针尖在液面以下，吸取所需药量。再以食指固定针栓，拔出针头，排尽空气。

（3）吸取结晶、粉剂或油剂药物的方法。用无菌生理盐水或注射用水或专用溶剂将结晶、粉剂药物溶解，待充分溶解后吸取。如为混悬液，应先摇匀再吸药。油剂可先用双手对搓药瓶后再抽吸。油剂及混悬剂抽吸时应选用稍粗的针头。

【注意事项】

①应按动物的种类、注射方法和剂量的不同，选择合适的注射器与针头。并应检查注射器有无破损，针头和针管、活塞是否适合金属注射器的橡胶垫是否老化，松紧度的调节是否适宜，针尖是否锐利、通畅，与注射器的连接是否严密等。所有注射器械在使用前都必须清洗干净并进行消毒（煮沸或高压蒸汽灭菌）。塑料制注射器为一次性使用。

②严格遵守无菌操作原则，防止感染。注射前需洗手、戴口罩。对被毛浓厚的动物，可先剪毛。用棉球蘸 2% 碘酊消毒注射部位以注射点为中心向外螺旋式旋转涂擦，待碘酊干后，用 70% 乙醇以同法脱碘，待干后方可注射。

③认真执行查对制度，做好“三查七对”。“三查”：操作前查、操作中查和操作后查。“七对”：核对动物主人姓名、动物、药名、剂量、浓度、时间、用法。

④检查药液质量。如药液变色、沉淀、混浊药物有效期已过或安瓿瓶有裂缝，均不能使用。多种药物混合注射时则需注意配伍禁忌。

⑤根据药液量、黏稠度及刺激性强弱选择注射器和针头。注射器需完好无损、不漏气。针头应锐利、无钩、无弯曲，注射器和针头衔接紧密。

⑥选择合适的注射部位，防止损伤神经和血管，不能在炎症、硬结、瘢痕及皮肤病处进针。应注意不同种属的动物，其各种注射部位的不同。

⑦注射药物按规定时间现配现用。临用时抽取，以防药物效价降低或污染。

⑧注射前需排尽注射器内空气，以防空气进入形成空气栓子。排空时应防止浪费药物。

⑨进针后，推进药液前，应抽动活塞，检查有无回血。静脉注射时需见有回血方可注入药液。皮下、肌内注射时，如发现回血，则应拔出针头重新进针，切不可将药液注入血管内。

⑩运用无痛注射技巧。首先要分散动物的注意力，采取适当的体位，使肌肉松弛，注射时做到“二快一慢”，即进针和拔针快，推注药液慢，但对骚动不安的动物应尽可能在短时间内注射完毕。对刺激性强的药物，针头宜粗长，进针宜深，以防疼痛和形成硬结。同时注射多种药物时，先注射无刺激性或刺激性弱的药物，后注射刺激性强的药物如注射一种药物量大时，应采取分点注射。

二、静脉注射

静脉内注射是将药液注入静脉内或利用液体静压将一定量的无菌溶液或药液或血液直接滴入静脉的方法，是临床治疗和抢救患病动物的重要手段。药液直接注入脉管内，随血液分布全身，药效快，作用强，注射部位疼痛反应较轻。但药物代谢较快，作用时间较短。药物直接进入血液，不会受到消化道及其他脏器的影响而发生变化或失去作用。患病动物能耐受刺激性较强的药液，如钙制剂、水合氯醛、10%氯化钠、九一四等，以及容纳大量的输液和输血。

（一）应用

用于大量的输液、输血；或用于以治疗为目的的如急救、强心等急需速效的药物；或注射药物有较强的刺激作用，又不能皮下、肌内注射，只能通过静脉内注射才能发挥药效的药物。

（二）准备

（1）静脉注射或输液的用品包括注射盘、注射器及针头、瓶套、开瓶器、止血带、血管钳、胶布、剪毛剪、无菌纱布、药液、输液卡、输液架。

（2）根据注射用量可备50~100 mL注射器及相应的注射针头或连接乳胶管的针头。大量输液时则应分别使用250 mL、500 mL、1 000 mL输液瓶，并以乳胶管连接针头，在乳管中段装以滴注玻璃管或乳胶管夹子，以调节滴数，掌握其注入速度。采用一次性输液器更为方便。

（3）注射药液的温度要尽可能地接近于体温使用输液瓶时，输液瓶的位置应高于注射部位。

（三）操作方法

1. 牛的静脉内注射

（1）颈静脉注射法。①保定。②消毒。③注射者用左手压迫颈静脉的近心端（靠近胸腔入口处），或者用绳索勒紧颈下部，使静脉回流受阻而怒张。确定注射部位后（颈静脉的下1/3与中1/3的交界处的颈静脉上，图5-2-3），右手持针头用力迅速地垂直刺入皮肤（因牛的皮肤很厚，不易穿透，最好借助腕力奋力刺入）及血管，若见到有血液流出，表明已将针头刺入颈静脉中，再沿颈静脉走向稍微向前送入，固定好针头后，连接注射器或输液瓶的胶管，即可注入药液。④注射完毕，一只手拿灭菌棉球紧压针孔处，另一只手迅速拔针并按压片刻。

（2）尾静脉注射法。①保定。②消毒。③注射者一只手举起牛尾，使它与背中线垂直，另一只手持注射器在尾腹侧中线，垂直于尾纵轴进针至针头稍微触及尾骨（在近尾根的腹中线处进针部位根据动物大小不同而变化，一般距肛门 10~20 cm）。抽吸注射器判断有无回血，如有回血即可注射药液或采血。如果无回血，可将针稍微退 1~5 mm，并再次用上述方法鉴别是否刺入。④注射完毕，一只手拿灭菌棉球紧压针孔处另一只手迅速拔针并按压片刻。⑤牛的尾静脉注射法适用于小剂量的给药和采血，可代替颈静脉穿刺法，且尾部抽血可减轻患牛的紧张程度，避免牛吼叫和过度保定，操作简便快捷。

图 5-2-3　牛颈静脉注射部位

2. 犬的静脉内注射

（1）前臂皮下静脉（也称头静脉）注射法。此静脉位于前肢腕关节正前方稍偏内侧。犬可侧卧、伏卧或站立保定，助手或犬主人从犬的后侧握住犬的肘部，使皮肤向上牵拉和静脉怒张，也可用止血带或乳胶管结扎，使静脉怒张。操作者位于犬的前面，注射针由近腕关节 1/3 处刺入静脉，当确定针头在血管内后，针头连接管处见到回血，再顺静脉管进针少许，以防犬骚动时针头滑出血管；松开止血带或乳胶管，即可注入药液，并调整输液速度。静脉输液时，可用胶布缠绕固定针头。注射完毕，以干棉签或棉球按压穿刺点，迅速拔出针头，局部按压或嘱畜主按压片刻，防止针孔出血。

（2）后肢外侧小隐静脉注射法。此静脉位于后肢胫部下 1/3 的外侧浅表皮下，由前斜向后上方，易于滑动。注射时，使犬侧卧保定，局部剪毛消毒。用乳胶带绑在犬股部，或由助手用手紧握股部，使静脉怒张。操作者位于犬的腹侧，左手从内侧握住下肢以固定静脉，右手持注射针由左手指端处刺入静脉（图 5-2-4）。

（3）后肢内侧面大隐静脉注射法。此静脉在后肢膝部内侧浅表的皮下。助手将犬背卧后固定，伸展后肢向外拉直，暴露腹股沟，在腹股沟三角区附近，先用左手中指、食指探摸股动脉跳动部位，在其下方剪毛消毒；然后右手持针头，针头由跳动的股动脉下方直接刺入大隐静脉管内。注射方法同前述的后肢小隐静脉注射法。

图 5-2-4　犬的静脉内注射

3. 猪的静脉内注射

（1）耳静脉注射法。将猪站立或侧卧保定，耳静脉局部剪毛、消毒具体操作如下。一人用手压住猪耳背面耳根部静脉管处，使静脉怒张，或用酒精棉反复涂擦，并用手指头弹叩，以引起血管充盈。术者用左手把持耳尖，并将其托平；右手持连接注射器的针头或头皮针，沿静脉管的径路刺入血管内，轻轻抽动针筒活塞，见有回血后，再沿血管向前进针。松开压迫静脉的手指，术者用左手拇指压住注射针头，连同注射器固定在猪耳上，右手徐徐推进针筒活塞或高举输液瓶即可注入药液。注射完毕，左手拿灭菌棉球紧压针孔处，右手迅速拔针。为了防止血肿或针孔出血，应压迫片刻，最后涂擦碘酊（图 5-2-5）。

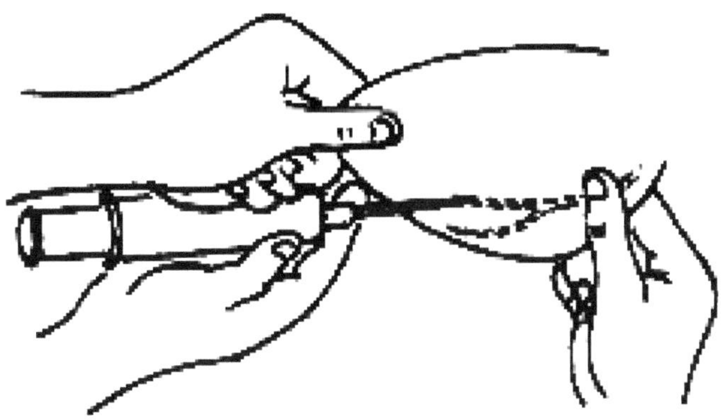

图 5-2-5　猪的耳静脉注射

（2）前腔静脉注射法，用于大量输液或采血。前腔静脉是由左右两侧的颈静脉和腋静脉在第 1 对肋骨间的胸腔入口处于气管腹侧面汇合而成。注射部位在第 1 肋骨与胸骨柄结合处的前方。由于左侧靠近膈神经，易损伤，故多于右侧进行注射。针头刺入方向，呈近似垂直并稍向中央及胸腔倾斜，刺入深度依猪体大小而定，一般 2~6 cm。因此，应选用 7~9 号针头。

取站立或仰卧保定。其方法：站立保定时的部位在右侧，于耳根至胸骨柄的连线上，距胸骨端 1~3 cm 处，术者拿连接针头的注射器，稍斜向中央刺向第 1 肋骨间胸腔入口处，边刺入边抽动注射器活塞或内管，见有回血时，标志已刺入前腔静脉内，即可徐徐注入药液。取仰卧保定时，胸骨柄可向前凸出，并于两侧第 1 肋骨结合处的直前侧方呈两个明显的凹陷窝，用手指沿胸骨柄两侧触诊时感觉更明显，多在右侧凹陷窝处进行注射。先固定好猪两前肢及头部，消毒后，术者持连接针头的注射器，由右侧沿第1肋骨与胸骨结合部前方的凹陷窝处刺入，并稍斜刺向中央及胸腔方向，边刺边回血，见回血后，即可注入药液，注完后左手持酒精棉球紧压针孔，右手拔出针头，涂抹碘酊消毒（图5-2-6）。

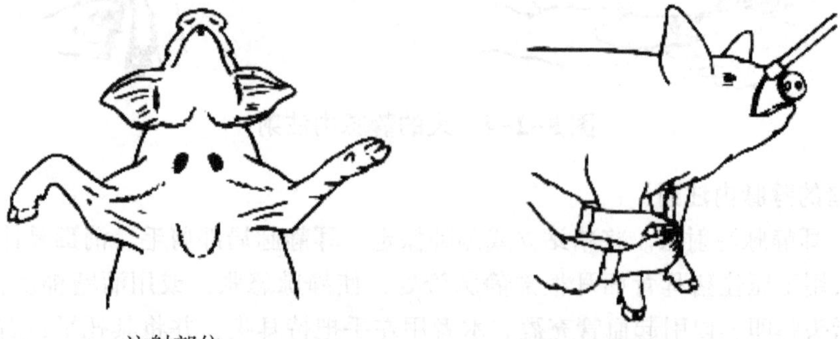

注射部位　　注射方法

图5-2-6　猪的前腔静脉注射

【注意事项】

①严格遵守无菌操作，对所有注射用具及注射部位，均应严格消毒。

②动物确实保定，看清脉管并明确注射部位后扎针头，以免引起血肿。

③检查针头是否通畅，如针孔被组织块或血凝块堵塞时，应及时更换针头。

④注入药液前应排除注射器或输液胶管中的空气。

⑤针头刺入静脉后，要再顺静脉方向进针连接输液管后使之固定。

⑥对所需注射的药品质量（如有无杂质、沉淀等）应严格检查，不同药液混合使用时要注意配伍禁忌。对组织刺激性强或有腐蚀性的药液要严禁漏出血管外，油剂不能进行静脉注射。

⑦给动物补液时，速度不要过快，大动物以每分钟30~60 mL为宜，犬、猫等小动物以每分钟25~40滴为宜。药液在注入前应保证其接近动物体温。

⑧输液过程中，要随时注意观察动物的表现，如有不安、出汗、呼吸困难、肌肉震颤，犬发生皮肤丘疹、眼睑和唇部水肿等症状时，应立即停止注射，待查明原因后再行处置。

⑨要随时观察药液注入情况，当发现输入液体突然过慢或停止以及注射局部明显肿胀时，应检查回血（放低输液瓶，或一只手捏紧乳胶管上部，使药液停止下流，再用另一只手在乳胶管下部突然加压或拉长，并随即放开，利用产生的一时性负压，观察其是否回血）。也可用右手小指与手掌捏紧乳胶管，同时以拇指与食指捏紧远心端前段乳胶管并拉长，造成负压，随即放开，看其是否回血。如针头已滑出血管外，则应重新刺入。

三、静脉注射时药液外漏的处理办法

当发现药液外漏时，应立即停止注射，并根据不同的药液采取如下措施进行处理。

（1）如果是等渗溶液（如生理盐水或等渗葡萄糖），一般很快自然吸收，不必做任何处理。

（2）如果是高渗盐溶液，则应向肿胀局部及其周围注入适量的灭菌蒸馏水，以稀释原液。

（3）如果是刺激性强或有腐蚀性的药液，则应向其周围组织内注入生理盐水；如果是氯化钙溶液，可注入10%硫酸钠或10%硫代硫酸钠10~20 mL，使氯化钙变为无刺激性的硫酸钙和氯化钠。

（4）局部进行温敷，以缓解疼痛。

（5）如果是大量药液外漏，应做早期切开，并用高渗硫酸镁溶液引流。

四、肌内注射给药技术

肌内注射是将药物注入肌肉内的注射方法。肌肉内血管丰富，药液注射肌肉内吸收较快由于肌肉内的感觉神经较少，疼痛轻微。因此，刺激性较强和较难吸收的药液，进行血管内注射而有副作用的药液，油剂、乳剂等不能进行血管内注射的药液，为了缓慢吸收、持续发挥作用的药液等，均可采用肌内注射。但由于肌肉组织致密，仅能注射较少量的药液。

1. 部位

大动物与犊牛、马驹、羊、犬等多在颈侧及臀部股前部；猪在耳根后、臀部或股内侧；禽类在胸肌部或大腿部。但应避开大血管及神经路径的部位。

2. 准备

根据动物种类和注射部位不同，选择大小适当的注射针头，犬、猫一般选用7号针头，猪、羊选用12号针头，牛、马选用16号针头。

3. 方法

（1）动物适当保定，局部常规消毒处理。

（2）左手的拇指与食指轻压注射局部，右手持注射器，使针头与皮肤垂直，迅速刺入肌肉内。一般刺入2~3 cm，小动物刺入深度酌减，尔后用左手拇指与食指握住露出皮外的针头结合部分，以食指指节顶在皮上，再用右手抽动针管活塞，观察无回血后，即可缓慢注入药液。如有回血，可将针头拔出少许再行试抽，直至见无回血后方可注入药液。注射完毕，用左手持酒精棉球压迫针孔部，迅速拔出针头。

【注意事项】

①肌内注射由于吸收缓慢，能长时间保持药效，维持血药浓度。

②肌肉比皮肤感觉迟钝，因此注射具有刺激性的药物，不会引起剧烈疼痛，但对强刺激性药物如钙制剂、浓盐水等不宜做肌内注射。

③由于动物的骚动或操作不熟练，注射针头或玻璃或塑料注射器的接合头易折断。

④长期进行肌内注射的动物，注射部位应交替更换，以减少硬结的发生。

五、皮内注射给药技术

皮内注射是将药液注入表皮与真皮之间的注射方法，主要用于诊断。皮内注射与其他治疗注射相比，其药液的注入量少，所以不用于治疗。主要用于如牛结核、副结核、牛肝蛭病、马鼻疽等，某些疾病的变态反应诊断，或做药物过敏试验，以及炭疽疫苗、绵羊痘苗等的预防接种。一般仅在皮内注射药液、疫苗或菌苗 0.1~0.5 mL。

1. 部位

根据不同动物可选在颈侧中部皮下或尾根内侧。

2. 准备

小容量注射器或 1~2 mL 特制的皮内注射器与短针头。

3. 方法

按常规消毒，排尽注射器内空气，左手绷紧注射部位，右手持注射器，针头斜面向上，与皮肤呈 5°角刺入皮内（图 5-2-7）待针头斜面全部进入皮内后，左手拇指固定针柱，右手推注药液，局部可见一半球形隆起，俗称皮丘。注毕，迅速拔出针头，术部轻轻消毒，但应避免压挤局部。注射正确时，可见注射局部形成一半球状隆起，推药时感到有一定的阻力，如误入皮下则无此现象。

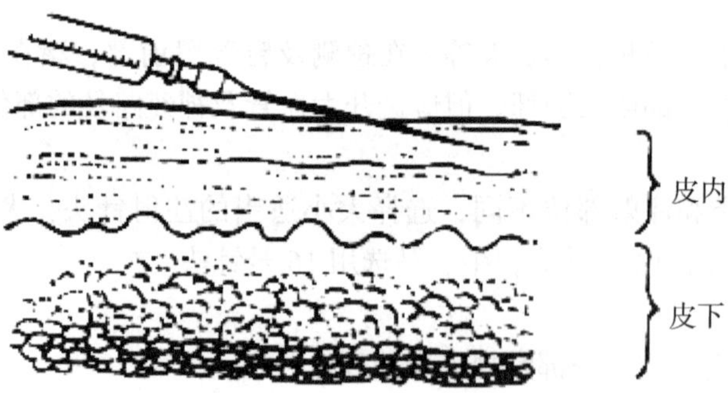

图 5-2-7 皮内注射的进针角度

【注意事项】

①注射部位一定要认真判定准确无误，否则将影响诊断和预防接种效果。

②进针不可过深，以免刺入皮下，应将药物注入表皮和真皮之间。

③拔出针头后注射部位不可用棉球按压揉擦。

六、皮下注射给药技术

皮下注射是将药物注射到皮下结缔组织内，经毛细血管、淋巴管吸收进入血液，以发挥药效，从而达到防治疾病的目的。

1. 应用

将药液注射于皮下结缔组织内，经毛细血管、淋巴管吸收进入血液，发挥药效作用，从而达到防治疾病的目的。凡是易溶解、无强刺激性的药品及疫苗、菌苗、血清、抗蠕虫药（如伊维菌素）等，某些局部麻醉，不能经口或不宜经口的药物，以及要求在一定时间内发生药效时，均可做皮下注射。

2. 准备

根据注射药量多少，可用 2 mL、5 mL、10 mL、20 mL、50 mL 的注射器及相应针头。当抽吸药液时，先将安瓿瓶封口端用酒精棉消毒，并随时检查药品名称及质量。

3. 部位

多选在皮肤较薄、富有皮下组织、活动性较大的部位。大动物多在颈部两侧；猪在耳根后或股内侧；羊在颈侧、背胸侧、肘后或股内侧；犬、猫在背胸部、股内侧、颈部和肩胛后部；禽类则选在翼下。

4. 方法

（1）药液的吸取。首先用酒精棉球消毒盛药液的瓶口，然后用砂轮切掉瓶口的上端，再将连接在注射器上的注射针插入安瓿瓶的药液内，慢慢抽拉内芯。当注射器内混有气泡时，必须把气泡排出。此时注射针要安装牢固，以免脱掉。

（2）消毒注射局部。首先进行剪毛、清洗、擦干，除去体表污物。注射时，要切实保定患病动物，对术者的手指及注射部位进行消毒。

（3）注射。注射时，术者左手中指和拇指捏起注射部位的皮肤，同时用食指尖下压使其呈皱褶陷窝，右手持连接针头的注射器，针头斜面向上，从皱褶基部陷窝处与皮肤呈 30°~40°（图 5-2-8），刺入针头的 2/3，并根据动物体型的大小，适当调整进针深度，此时如感觉针头无阻抗，且能自由活动针头时，左手把持针头连接部，右手抽吸无回血即可推压针筒活塞注射药液。如需注射大量药液时，则应分点注射。注完后，左手持干棉球按住刺入点，右手拔出针头，局部消毒。必要时可对局部进行轻轻按摩，促进吸收。当要注射大量药液时，应利用深部皮下组织注射，这样可以延缓吸收并能辅助静脉注射。

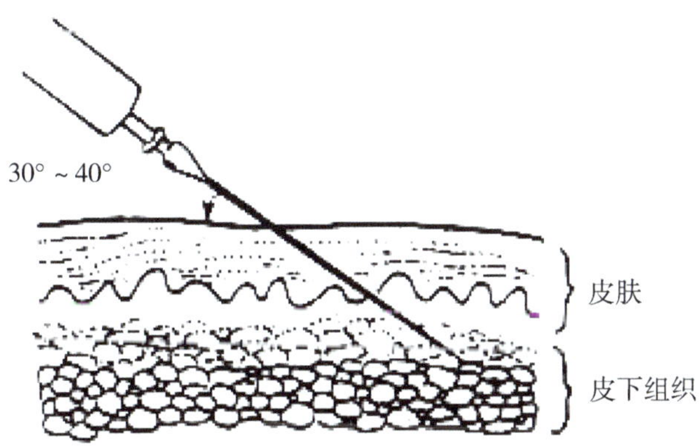

图 5-2-8　皮下注射的进针角度

【注意事项】

刺激性强的药品不能做皮下注射，特别是对局部刺激较强的钙制剂、砷制剂、水合氯醛及高渗溶液等，易诱发炎症，甚至组织坏死。

七、气管内注射技术

气管内注射是将药液注入气管内，使药物直接作用于气管黏膜的注射方法。

1. 应用

适用于气管及肺部疾病的治疗。临床上常将抗菌药注入气管内治疗支气管炎和肺炎、肺的驱虫，注入麻醉剂以治疗剧烈的咳嗽。

2. 准备

5 mL 注射器、管心、液体石蜡、棉签、无菌纱布块。

3. 部位

根据动物种类及注射目的不同而注射部位不同。一般在颈部上 1/3 处，腹侧面正中，两个气管软骨环之间进行注射（图 5-2-9）。

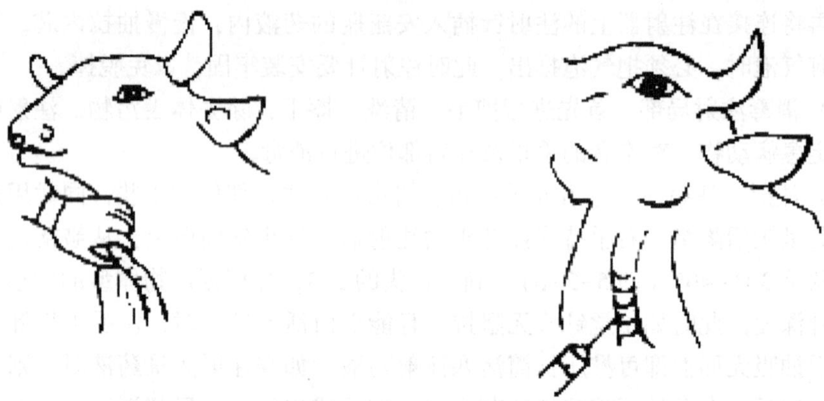

图 5-2-9 牛气管注射

4. 方法

（1）动物仰卧、侧卧或站立保定，使前躯稍高于后躯，局部剪毛消毒。

（2）术者一只手持连接针头的注射器，另一只手握住气管，于两个气管软骨环之间，垂直刺入气管内，此时摆动针头，感觉前端空虚，再缓缓滴入药液。

（3）注完后拔出针头，涂擦碘酊消毒。

【注意事项】

①注射前宜将药液加温至与畜体同温，以减轻刺激。

②注射过程如遇动物咳嗽时，则应暂停注射，待安静后再行注入。

③注射速度不过快，最好一滴一滴地注入，以免刺激气管黏膜，咳出药液。

④如患病动物咳嗽剧烈，或为了防止注射诱发咳嗽，可先注射 2% 盐酸普鲁卡因溶液 2~5 mL（大动物）后，降低气管的敏感反应，再注入药液。

⑤注射药液量不宜过多，猪、羊、犬一般 3~5 mL，牛 20~30 mL，量过大时，易发生气管阻塞而引起呼吸困难。

八、胸腔注射给药技术

胸腔内注射也称胸膜腔内注射，是将药液或气体注入胸膜腔内的注射方法。注入胸腔的药物吸收较快，对胸腔炎症疗效显著。同时通过排出积液、气体或冲洗，会使病情减轻。因此，本法对于治疗胸腔内出血、胸腔积液、胸腔积气等病症疗效显著。应注意胸腔内有心脏和肺脏，注射或穿刺时容易误伤。

1. 应用

胸膜腔内注射药液，适用于治疗胸膜的炎症、抽出胸膜腔内的渗出液或漏出液做实验室诊断、注入消炎药或洗涤药液及气胸疗法时向胸腔内注入空气以压缩肺脏。

2. 准备

在大动物用 20 号长针头，小动物用 6~8 号针头，并分别连接于相应的针管上。为排出胸腔内的积液或洗涤胸腔，通常要使用套管针。一般根据动物的大小或治疗目的来选用器材。

3. 部位

牛、羊在右侧第 5~6 肋间，左侧第 6 肋间；马在右侧第 6~7 肋间，左侧第 7~8 肋间；猪在右侧第 5~6 肋间，左侧第 6 肋间；犬、猫在右侧第 6 肋间或左侧第 7 肋间各种动物都是在与肩关节水平线相交点下方 3 cm，即胸外静脉上方沿肋骨前缘刺入。大动物取站立姿势，小动物以犬坐姿势为宜。

4. 方法

（1）动物站立保定，术部剪毛消毒。

（2）部位。术者左手将穿刺部位皮肤稍向前方移动 1~2 cm；右手持连接针头的注射器，沿肋骨前缘垂直刺入，深度 3~5 cm，可依据动物个体大小及营养程度确定。

（3）注入药液。刺入注射针时，一定注意不要损伤胸腔内的脏器，注入的药液温度应与体温相近。在排出胸腔积液、注入药液或气体时，必须缓慢进行，并且要密切注意患病动物的反应。

（4）注入药液后，拔出针头，使局部皮肤复位，并进行消毒处理。

九、腹腔注射给药技术

腹腔内注射是利用药物的局部作用和腹膜的吸收作用，将药液注入腹腔内的一种注射方法。

1. 应用

当静脉管不宜输液时可用本法。腹腔内注射在大动物较少应用，而在小动物的治疗上则经常采用。对于犬、猫也可注入麻醉剂。该法还可用于腹水的治疗，利用穿刺排出腹腔内的积液，借以冲洗腹腔，治疗腹膜炎。

2. 准备

注射器、注射针、消毒液、棉球等。

3. 部位

牛在右侧肷窝部；马在右侧肷窝部；犬、猪、猫则宜在两侧后腹部；猪在第 5~

6乳头之间，腹下静脉和乳腺中间也可进行（图5-2-10）。

4. 方法

（1）单纯为了注射药物，牛可选择肷部中央。如有其他目的则可依据腹腔穿刺法进行。

（2）给犬、猪、猫注射时，先将其两后肢提起，做倒立保定；局部剪毛消毒。

（3）术者一只手把握腹侧壁，另一只手持连接针头的注射器，在距耻骨前缘3~5 cm处的中线旁垂直刺入。刺入腹腔后，摇动针头有空虚感时，即可注射。

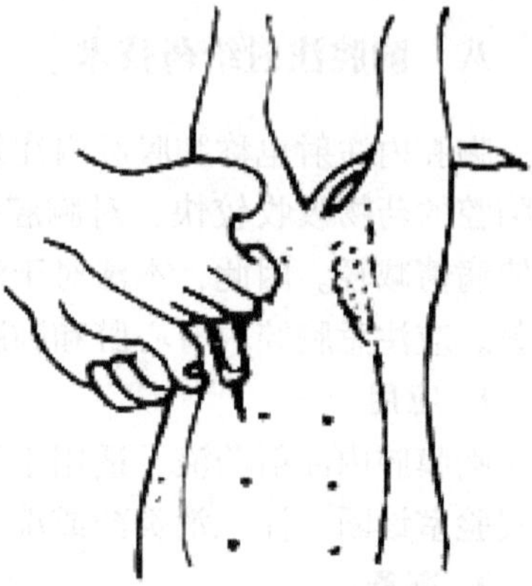

图5-2-10　猪的腹腔注射

十、瘤胃内注射

1. 瘤胃内注射应用

主要用于牛、羊瘤胃臌气的止酵及瘤胃炎症的治疗。

2. 准备

套管针或盐水针头（羊一般可选用较长的14~16号肌内注射针头）、手术刀、剪毛剪及常规消毒药品。

3. 部位

侧腹部髋结节与最后肋间连线的中央，即肷窝部位。

4. 方法

动物站立保定，术部剪毛、消毒。若选用套管针，术者右手持套管针对准穿刺点，呈45°迅速用力刺入瘤胃10~20 cm，左手固定套管针外套，拔出内芯，此时用手堵住针孔，频频间歇性放出气体。待气体排完后，再行注射。如中途堵塞，可用内芯疏通后注射药液（常用止酵剂有：鱼石脂酒精、1%~2.5%福尔马林、1%来苏尔、植物油、0.1%新洁尔灭等）。无套管针时，手术刀在术部切开1 cm小口后，再用盐水针头（羊不必切开皮肤）刺入。注射完毕，视情况套管针可暂时保留以便下次重复注射用。

【注意事项】

放气不宜过快，以防止脑缺血的发生。反复注射时，应防止术部感染。拔针时要快，以防瘤胃内容物漏入腹腔和腹膜炎的发生。

十一、瓣胃内注射给药技术

瓣胃内注射是将药液注入牛、羊等反刍动物瓣胃的注射方法。使瓣胃内容物软化，主要用于瓣胃阻塞。

1. 应用

将药液直接注入于瓣胃中，主要用于治疗瓣胃阻塞或某些特殊药品给药（如治疗血吸虫的吡喹酮）。

2. 准备

套管针或盐水针头、手术刀、剪毛剪及常规消毒药品。

3. 部位

瓣胃位于右侧第 7~10 肋间，其注射部位在右侧第 9 肋间与肩关节水平线相交点的下方 2 cm 处（图 5-2-11）。

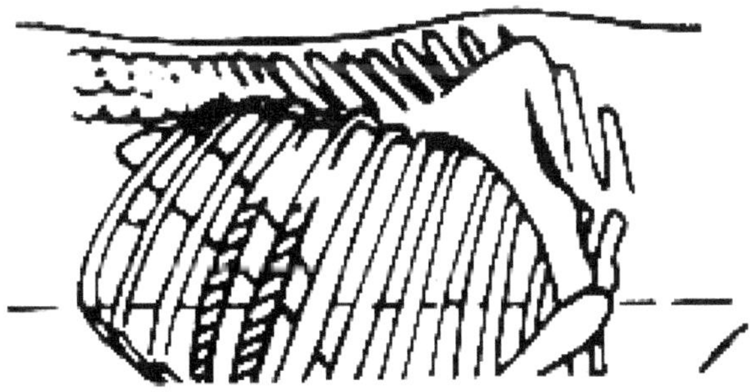

图 5-2-11　瓣胃注射部位

4. 方法

术者左手稍移动皮肤，右手持针头垂直刺入皮肤后，使针头朝向左侧肘头左前下方，刺入深度 8~10 cm（羊稍浅），先有阻力感，当刺入瓣胃内则阻力减小，并有沙沙感。此时注入 20~50 mL 生理盐水，再回抽如混有食糜或胃内容物时，即为正确。可开始注入所需药物（如 25%~30%硫酸镁，生理盐水，液体石蜡等）注射完毕，迅速拔出针头，术部擦涂碘酊，也可用碘仿火棉胶封闭针孔。

十二、乳房内注射给药技术

乳房内注射是指经导乳管将药液注入乳池的注射方法。

1. 应用

主要用于治疗奶牛、奶山羊乳房炎或通过导乳管送入空气，治疗奶牛生产瘫痪。

2. 准备

5 mL 奶牛乳房灌注器，抗生素、剪毛剪及常规消毒药品。

3. 方法

（1）用左手将乳头握于掌内，轻轻向下拉，右手持消毒导乳管，自乳头口徐徐插入。

（2）再以左手把握乳头及导乳管，右手持注射器与导乳管连接，或将输液瓶的乳胶导管与导乳管连接，然后徐徐注入药液。

（3）注射完毕，拔出导乳管，以左手拇指与食指捏闭乳头开口，防止药液外流。右手按摩乳房，促进药液充分扩散。

（4）如治疗产后瘫痪需要送风时，可使用乳房送风器，或 100 mL 注射器及消毒后手用打气筒送风。送风之前，在金属滤过筒内，放置灭菌纱布，过滤空气，防止感染。先将乳房送风器与导乳管连接，或 100 mL 注射器接合端垫 2 层灭菌纱布与导乳管连接。4 个乳头分别充满空气，充气量以乳房的皮肤紧张、乳腺基部边缘清楚变厚、轻敲乳房发出鼓音为标准。充气后，可用手指轻轻捻转乳头肌，并结系一条纱布，防止空气溢出，经1 h后解除。

（5）为了注入药液洗涤乳房时，可将洗涤药剂注入后，随后挤出，如此操作，反复数次，直至挤出液体透明为止，最后注入抗菌药溶液。

知识拓展：其他注射给药技术（二维码5-1）。

二维码 5-1
知识拓展：其他注射给药技术

- **工具准备**

导乳管、15 cm长针头、注射器、注射用药品（液体石蜡、25%硫酸镁、生理盐水、植物油等）、开瓶器、止血带、血管钳、胶布、剪毛剪、无菌纱布、药液、输液卡、输液架。

- **人员准备**

人员分组，每组5人，明确职责分工（表5-2-2）。

表 5-2-2 任务分配

任务角色	任务内容
组长：	任务：
组员 1：	任务：
组员 2：	任务：
组员 3：	任务：
组员 4：	任务：

任务筹划

一、方法筹划

静脉注射给药的技术，肌内注射给药的技术，皮内注射给药技术，皮下注射给药技术，气管内注射给药技术，胸腔注射给药技术，腹腔注射给药技术，乳房内注射给药技术。

二、流程筹划

第一步：学习静脉注射给药技术的应用范围、操作步骤及注意事项。

第二步：学习、比较肌内注射，皮内注射及皮下注射的应用范围、操作步骤及注意事项。

第三步：学习气管内注射给药技术的应用范围、操作步骤及注意事项。

第四步：学习胸腔注射及腹腔注射给药技术的应用范围、操作步骤及注意事项。

第五步：学习瓣胃内注射给药技术的应用范围、操作步骤及注意事项。

第六步：学习乳房内注射给药技术的应用范围、操作步骤及注意事项。

任务实施

根据任务筹划情况，完成表 5-2-3 的任务实施步骤。

表 5-2-3　任务实施步骤

步骤	任务内容
步骤一	
步骤二	
步骤三	
步骤四	
步骤五	
步骤六	

任务评价

根据任务完成情况，完成任务评价（表 5-2-4）。

表 5-2-4　工作任务完成过程评价

班级：	组别：		姓名：	
项目	评分标准	自我评价	小组评价	教师评价
资料收集（30 分）	优秀：操作熟练，分析合理，判断准确（25~30 分）			
	良好：操作较熟练，报告较准确清晰（15~25 分）			
	及格：操作不太熟练，报告有少量错误（5~15 分）			
	不及格：操作不熟练，判断不准确（0~5 分）			
检查内容（30 分）	静脉注射的操作步骤（0~5 分）			
	肌内注射、皮内注射及皮下注射的对比操作（0~10 分）			
	气管内注射给药的操作步骤（0~10 分）			
	胸腔注射及腹腔注射的对比操作（0~10 分）			

续表

班级：		组别：		姓名：
项目	评分标准	自我评价	小组评价	教师评价
课后评价（40分）	是否熟悉任务内容（0~10分）			
	是否能够准确完成各项给药技术（0~10分）			
	是否能够根据疾病治疗需要准确选择相应的给药技术（0~15分）			
	实训结束是否打扫卫生及东西归位（0~5分）			
合计				
自我评价与总结				
教师点评				

任务三　动物疾病治疗穿刺技术

任务导入

黄牛，3岁，饲料以麦秸为主，采食下降，反刍嗳气停止，张口呼吸且呼吸困难，腹痛明显，腹围增大，左肷部异常凸起，采用穿刺检查技术进行瘤胃穿刺。

根据任务情况，完成表5-3-1的任务工单。

表5-3-1　任务工单

班级：	姓名：	学号：
任务名称	动物疾病治疗穿刺技术	
任务描述	根据实际情况，填写本任务的内容、目的、流程和方法。 任务内容：胸腔穿刺的操作步骤及注意事项。 任务目的：熟悉胸腔穿刺的流程，掌握技能。 任务流程：先学习基本理论知识；完成实训操作。 任务方法：利用互联网了解胸腔穿刺的部位；学习胸腔穿刺的方法及注意事项。	

续表

<table>
<tr><td colspan="2">班级：</td><td colspan="2">姓名：</td><td>学号：</td></tr>
<tr><td>获取信息</td><td colspan="4">要完成任务，需要掌握相关的知识。请收集资料，回答以下问题。
1. 什么是穿刺技术？
2. 腹膜穿刺技术需要注意的事项有哪些？
3. 瘤胃穿刺技术的步骤有哪些？</td></tr>
<tr><td>制订计划</td><td colspan="4"></td></tr>
<tr><td rowspan="6">任务实施</td><td colspan="4">按照预先制订的工作计划，完成本任务，并记录任务实施过程。</td></tr>
<tr><td>序号</td><td>完成的任务</td><td>遇到的问题</td><td>解决办法</td></tr>
<tr><td></td><td></td><td></td><td></td></tr>
<tr><td></td><td></td><td></td><td></td></tr>
<tr><td></td><td></td><td></td><td></td></tr>
<tr><td></td><td></td><td></td><td></td></tr>
</table>

任务准备

- **知识准备**

一、胸膜腔穿刺术

1. 应用

采取腹腔内液体进行实验室检验，以辅助诊断肠变位、胃肠破裂、膀胱破裂、肝脾破裂以及腹腔积水、腹膜炎等疾病；排出腹腔内积液，或向腹腔注射药液用以治疗疾病。临床用于胸膜疾病的诊断，并辅助胸膜疾病的治疗，如采取胸腔内液体做实验室检验，冲洗胸腔并向胸腔内注入药液，排出胸腔内的积液、积气、积血，以减轻对胸腔器官的压力。

2. 准备

盐水针头或静脉注射针头，外科刀与缝合器械等，站立保定，术部剪毛常规消毒。

3. 部位

牛、羊右侧第 6 肋间或左侧第 7 肋间，猪、犬右侧第 7 肋间，与肩关节水平线交点下方 2~3 cm 处，胸外静脉上方约 2 cm 处（图 5-3-1）。

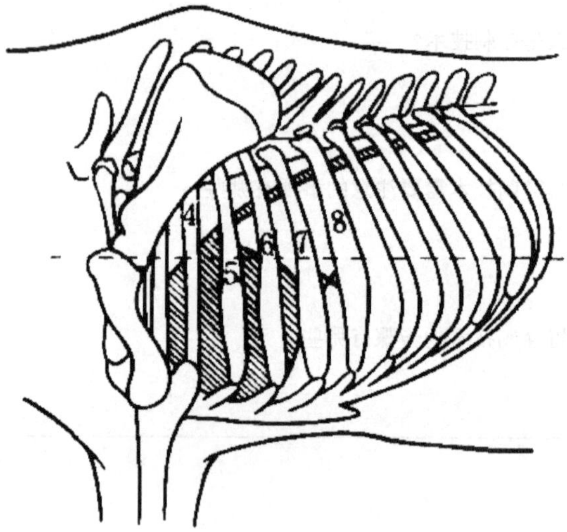

图 5-3-1　牛胸腔穿刺部位

4. 方法

（1）动物站立保定，术部剪毛消毒。

（2）术者左手将术部皮肤稍向上方移动 1~2 cm，右手持套管针，指头控制在 3~5 cm 处，在靠近肋骨前缘垂直刺入。穿刺肋间肌时有阻力感，当阻力消失而感空虚时，即表明已刺入胸腔内。

（3）套管针刺入胸腔后，左手把持套管，右手拔去内针，即可流出积液或血液。放液时不宜过急，应用拇指不断堵住套管口，做间断性引流，防止胸腔减压过急，影响心、肺功能。如针孔堵塞不流时，可用内针疏通，直至放完为止

（4）有时放完积液之后，需要洗涤胸腔，可将装有清洗液的输液瓶乳胶管或输液器连接在套管口或注射针上，高举输液瓶，药液即可流入胸腔，然后将其放出。如此反复冲洗 2~3 次，最后注入治疗性药物。

（5）操作完毕，插入内针，拔出套管针或针头，使局部皮肤复位，术部涂擦碘酊，用碘仿火棉胶封闭穿刺孔。

【注意事项】

①穿刺或排液过程中，应注意无菌操作并防止空气进入胸腔。

②排出积液和注入洗涤剂时应缓慢进行，同时注意观察患病动物有无异常表现。

③穿刺时需注意并防止损伤肋间血管与神经。

④套管针刺入时，应以手指控制套管针的刺入深度，以防过深刺伤心、肺。

⑤穿刺过程中遇有出血时，应充分止血，改变位置再行穿刺。

⑥需进行药物治疗时，可在抽液完毕后，将药物经穿刺针注入穿刺中应注意防止空气进入胸膜腔，用套管针穿刺时，排液应缓慢进行不可过快。针孔如被堵塞，

可用针芯疏通。洗涤中要反复 2~3 次，放出后注入治疗性药物。

二、腹腔穿刺

1. 应用

腹腔内注射是利用药物的局部作用和腹膜的吸收作用，将药液注入腹腔内的一种注射方法。当静脉管不宜输液时可用本法。腹腔内注射在大动物较少应用，而在小动物的治疗上则经常采用。对于犬、猫也可注入麻醉剂。本法还可用于腹水的治疗，利用穿刺排出腹腔内的积液，借以冲洗、治疗腹膜炎。

2. 准备

站立保定，术部剪毛常规消毒。

3. 部位

牛在右侧肷窝部；马在右侧肷窝部；犬、猪、猫则宜在两侧后腹部；猪在第 5~6 乳头之间，腹下静脉和乳腺中间也可进行。

4. 方法

(1) 单纯为了注射药物，牛可选择肷部中央。如有其他目的则可依据腹腔穿刺法进行。

(2) 给犬、猪、猫注射时，先将其两后肢提起，做倒立保定；局部剪毛消毒。

(3) 术者一只手把握腹侧壁，另一只手持连接针头的注射器，在距耻骨前缘 3~5 cm 处的中线旁垂直刺入。刺入腹腔后，摇动针头有空虚感时，即可注射。

【注意事项】

①穿刺或排液过程中，应注意无菌操作并防止空气进入腹腔。

②排出积液和注入洗涤剂时应缓慢进行，同时注意观察患病动物有无异常表现。

③穿刺时需注意并防止损伤肋间血管与神经。

④套管针刺入时，应以手指控制套管针的刺入深度，以防过深刺伤肝、肠。

⑤穿刺过程中遇有出血时，应充分止血，改变位置再行穿刺。

⑥需进行药物治疗时，可在抽液完毕后，将药物经穿刺针注入穿刺中应注意防止空气进入胸腹腔。针孔如被堵塞，可用针芯疏通，洗涤中要反复 2~3 次，放出后注入治疗性药物。

三、瘤胃穿刺

1. 应用

牛、羊急性瘤胃臌气时，穿刺放气紧急救治和向瘤胃内注入防腐制酵药液制止瘤胃内继续发酵产气。

2. 准备

站立保定，术部剪毛常规消毒。

3. 部位

在左侧肷窝部，由髋结节向最后肋骨所引水平线的中点，牛距腰椎横突下方 10~12 cm，羊距腰椎横突下方 3~5 cm 处，也可选在瘤胃隆起最高点穿刺。

4. 方法

先在穿刺点旁 1 cm 处做一小的皮肤切口，有时也可不做切口，羊一般不切口。术者左手将皮肤切口移向穿刺点，右手持套管针将针尖置于皮肤切口内，向对侧肘头方向迅速刺入 10~12 cm，左手固定套管，右手拔出内针，用手指不断堵住管口，间歇放气，使瘤胃内的气体间断排出。若套管堵塞，可插入内针疏通。气体排出后，为防止复发，可经套管向瘤胃内注入制酵剂。穿刺完毕，用力压住皮肤切口。拔出套管针，消毒创口，皮肤切口行结节缝合 1 针，涂碘酊，或以碘仿火棉胶封闭穿刺孔。

在紧急情况下，无套管针或盐水针头时，可就地取材，如取竹管、鹅翎或静脉注射针头等进行穿刺，以挽救患病动物生命，然后再采取抗感染措施。

【注意事项】

①放气速度不宜过快，防止发生急性脑缺血，造成虚脱。

②套管堵塞，可插入针芯疏通。气体排出后为防止复发，可经套管向瘤胃内注入防腐消毒药。

③拔针前需插入针芯，并用力压住皮肤慢慢拔出，以防套管内的污物污染创道或落入腹腔。

④皮肤切口要一针结节缝合。

⑤必要时用火棉胶绷带覆盖针孔。

四、膀胱穿刺

1. 应用

当患病动物尿路阻塞或膀胱麻痹时，尿液在膀胱内潴留，易导致膀胱破裂时，需要膀胱穿刺排出尿液，以缓解症状，为进一步治疗提供条件。

2. 准备

彻底清洁动物的腹部区域，特别是膀胱的位置。使用合适的消毒剂进行消毒。

3. 部位

牛、马可通过直肠对膀胱进行穿刺，猪、羊、犬在耻骨前缘白线侧旁 1 cm 处。

4. 方法

大动物施行站立保定，先灌肠排出粪便，术者将事先消毒好的连有胶管的针头于手掌中并使手呈锥形缓缓伸入直肠，在直肠正下方触到充满尿液的膀胱，在其最高处将头向前下方刺入，并固定好针头，直至排完尿为止。必要时，也可在胶管外端连接注射向膀胱内注入药液。然后，要将针头同样握于掌中而带出肛门。猪、羊、犬可采取横卧保定，助手将其左或右后肢向后牵引，充分暴露术部。术部剪毛消毒后，在耻骨前缘或触诊腹壁波动最明显处进针，向后下方刺入深达 2~3 cm，刺入后，固定好针头，待尿液排完后拔出针头，术部涂以碘酊消毒。

【注意事项】

①动物要确实保定，以确保人和动物安全。

②针头刺入膀胱后，一定要固定好，防止滑脱若进行多次穿刺易引起腹膜炎和

膀炎。

③通过直肠进行膀胱穿刺时，应严格按照直肠检查的要求规范操作。若动物强烈努责，手无法进入直肠时，不可强行操作，可考虑在坐骨切迹下方施行尿道切开术。

知识拓展：其他穿刺技术（二维码 5-2）。

二维码 5-2
知识拓展：其他穿刺技术

- **工具准备**

一次性医用无菌手套、0.5%碘伏、无菌棉签、医用胶布、治疗盘、清洁弯盘、2%利多卡因、5 mL 和 50 mL 注射器、免洗手消毒剂等。

- **人员准备**

人员分组，每组 5 人，明确职责分工（表 5-3-2）。

表 5-3-2　任务分配

任务角色	任务内容
组长：	任务：
组员 1：	任务：
组员 2：	任务：
组员 3：	任务：
组员 4：	任务：

任务筹划

一、方法筹划

胸膜腔穿刺技术，腹腔穿刺技术，瘤胃穿刺技术，膀胱穿刺技术。

二、流程筹划

第一步：学习胸膜腔穿刺技术的应用范围、操作步骤及注意事项。

第二步：学习并比较胸膜腔穿刺、腹腔穿刺及瘤胃穿刺的应用范围、操作步骤及注意事项。

第三步：学习膀胱穿刺技术的应用范围、操作步骤及注意事项。

任务实施

根据任务筹划情况，完成表 5-3-3 的任务实施步骤。

表 5-3-3 任务实施步骤

步骤	任务内容
步骤一	
步骤二	
步骤三	
步骤四	
步骤五	
步骤六	

任务评价

根据任务完成情况，完成任务评价（表 5-3-4）。

表 5-3-4 工作任务完成过程评价

班级：	组别：	姓名：		
项目	评分标准	自我评价	小组评价	教师评价
资料收集（30 分）	优秀：操作熟练，分析合理，判断准确（25~30 分）			
	良好：操作较熟练，报告较准确清晰（15~25 分）			
	及格：操作不太熟练，报告有少量错误（5~15 分）			
	不及格：操作不熟练，判断不准确（0~5 分）			
检查内容（30 分）	胸膜腔穿刺的操作步骤（0~5 分）			
	腹腔穿刺与胸膜腔穿刺的对比操作（0~5 分）			
	瘤胃穿刺的操作步骤（0~10 分）			
	膀胱穿刺的操作步骤（0~10 分）			

续表

班级：	组别：		姓名：	
项目	评分标准	自我评价	小组评价	教师评价
课后评价（40 分）	是否熟悉任务内容（0~10 分）			
	是否能够准确完成各项穿刺技术（0~10 分）			
	是否能够根据疾病治疗需要选择相应的穿刺技术（0~15 分）			
	实训结束是否打扫卫生及东西归位（0~5 分）			
合计				
自我评价与总结				
教师点评				

项目检测

请扫描二维码 5-3 进入在线测试，可反复答题，直到获得满意的结果。

二维码 5-3　项目五检测

项目六 动物疾病外科手术疗法

项目导读

本项目内容包括手术器械的识别、常见手术的操作、手术操作技能等。主要培养学生基本疾病手术操作的能力，从而逐步提高学生收集、处理信息、分析和解决问题的能力。

知识目标

（1）掌握基本的外科手术知识，包括手术解剖学、手术病理学、手术技术等。

（2）熟悉各种常见外科手术操作的步骤和技巧。

（3）培养学生的手术操作技能，包括手术切口、缝合、止血等。

（4）了解外科手术的并发症及急救措施。

（5）了解外科手术中常见的器械及材料。

技能目标

（1）能够正确识别手术中常见的器械及材料。

（2）能够掌握基本的外科手术知识。

（3）能够熟悉常见外科手术操作的步骤和技巧。

（4）能够正确操作手术切口、缝合、止血基本技能等。

（5）能够正确找到脾穿刺的部位并掌握操作要点。

（6）能够了解外科手术的并发症及急救措施。

素质目标

（1）培养热爱本专业技术工作，具有良好的职业道德。

（2）掌握手术操作及步骤分析的能力，培养学生正确使用手术器械和保持手术室卫生意识等。

（3）通过体验兽医临床实训过程与方法，理解临床技术本质，培养学生临床动手能力及科学的探究能力。

(4) 具有团队精神和协作能力，培养学生的敬业精神。
(5) 具有较强的自我知识更新意识、创新意识和创业能力及关爱动物的理念。

思政目标

(1) 培养学生的工匠精神。
(2) 在实验室检查中培养学生严谨的科学态度。
(3) 培养学生的职业精神，做好农牧人、干好农牧事。
(4) 培养学生的工匠精神。

任务一　临床常用手术器械识别及其使用方法

任务导入

学生分组，将所有手术器械摆放桌面，通过讲解及使用方法，学生自行练习，然后每组考核，打分评价。

根据任务情况，完成表 6-1-1 的任务工单。

表 6-1-1　任务工单

<table>
<tr><td colspan="2">班级：</td><td>姓名：</td><td>学号：</td></tr>
<tr><td>任务名称</td><td colspan="3">临床常用手术器械识别及其使用方法</td></tr>
<tr><td>任务描述</td><td colspan="3">根据实际情况，填写本任务的内容、目的、流程和方法。
任务内容：熟悉所有手术器械的名称及使用方法。
任务目的：让学生熟悉手术器械并学会使用。
任务流程：先认识器械名称；再学会使用器械。
任务方法：识别器械、使用器械。</td></tr>
<tr><td>获取信息</td><td colspan="3">要完成任务，需要掌握相关的知识。请收集资料，回答以下问题。

1. 手术器械有哪些？

2. 手术器械的分类有哪些？

3. 怎么进行手术器械的消毒工作？</td></tr>
</table>

续表

<table>
<tr><td>班级：</td><td colspan="2">姓名：</td><td colspan="2">学号：</td></tr>
<tr><td>制订计划</td><td colspan="4"></td></tr>
<tr><td rowspan="6">任务实施</td><td colspan="4">按照预先制订的工作计划，完成本任务，并记录任务实施过程。</td></tr>
<tr><td>序号</td><td>完成的任务</td><td>遇到的问题</td><td>解决办法</td></tr>
<tr><td></td><td></td><td></td><td></td></tr>
<tr><td></td><td></td><td></td><td></td></tr>
<tr><td></td><td></td><td></td><td></td></tr>
<tr><td></td><td></td><td></td><td></td></tr>
</table>

任务准备

- **知识准备**

掌握常用外科手术器械识别及其使用方法。

一、手术刀

手术刀主要用于切开和分离组织，有固定式和活动式两种手术刀。现在临床上常用的是活动式手术刀，由刀柄和刀片两部分组成，可以随时更换刀片，保持手术刀锋利。一般常用的刀柄规格有 4 号、6 号、8 号，用于安装 19~24 号刀片；3 号、5 号、7 号用于安装 18 号以下刀片，动物临床上常用 4 号刀柄，当然也可以根据针对的动物种类不同以及手术部位、性质的不同，选择其他规格的刀柄以及相对应的刀片（图 6-1-1）。

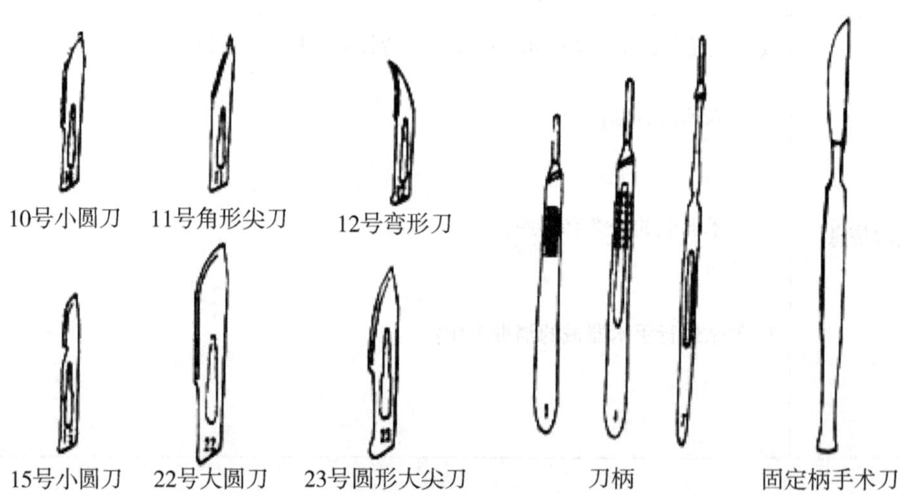

图 6-1-1　不同类型的手术刀片及刀柄

1. 更换刀片

更换刀片有两种方法，一种是徒手更换，另一种是器械更换。

（1）徒手更换。安装新刀片时，左手持刀柄，右手抓刀片的背侧，先使刀柄顶端两侧浅槽与刀片中孔上端狭窄部分衔接，然后轻压刀片，使刀片落于刀柄前端的槽缝内。更换刀片时，与上述动作相反，右手拇指和食指捏刀片背侧，中指挑起刀片尾端，用左手拇指顶住前推，同时右手拇指和中指用力，使刀片和刀柄分离。

（2）器械更换。和徒手更换基本相同，不过是用止血钳或持针钳夹持刀片完成更换。注意用力不可过猛，以免折断刀片（图 6–1–2）。

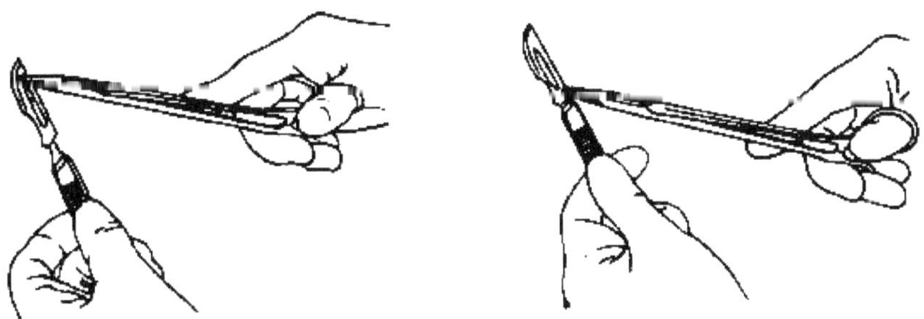

装刀片法　　　　取刀片法

图 6–1–2　手术刀片装、取法

2. 执刀法

使用手术刀的关键在于稳重而精确的动作，执刀的方法必须正确，动作的力量适当，才能保证手术的顺利进行。根据手术对执刀姿势和力量的需要不同，常用的执刀方法有以下几种（图 6–1–3）。

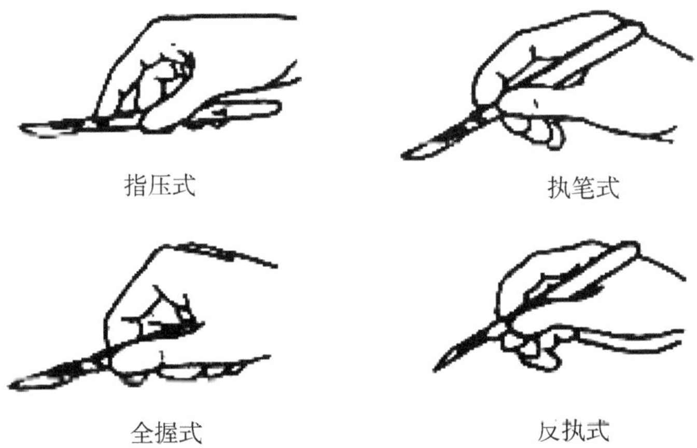

图 6–1–3　执手术刀的姿势

（1）执笔式。临床上最常用的一种持刀法。如同执钢笔姿势，动作涉及腕部，力量主要在手指。此种方法力量较小，但操作灵活，适用于短距离精细操作，用于切割小切口，分离血管、神经等重要的组织或器官。

（2）反挑式（挑起式）。执刀法与执笔式基本相同，但刀刃向上，刀尖刺入组织后向前向外推进切开，以免损伤深层组织，切开腹膜常用此方法。

(3) 指压式（餐刀式）。以拇指与中指、无名指捏住刀柄的执手槽（刻痕处），食指按于刀刃背部后 1/3 处。用刀片的圆凸部分，亦即刀片的最锋利部分，以手腕力量完成切割。此法动作范围大，切开平稳有力，适用于切开皮肤、腹膜及切断钳夹组织。

(4) 全握式（抓持式）。全手握持刀柄，拇指与食指紧捏刀柄的执手槽处。此种切开法力量较大，适用于切割范围较大或坚韧的组织，如切开较长的皮肤切口、筋膜、慢性增手术刀的使用范围，除了用刀刃切割组织外，还可以用刀柄做组织的钝性分离，或代替骨膜分离器剥离骨膜。

二、手术剪

依据用途不同，手术剪可分为两种：一种是沿组织间隙分离和剪断组织的组织剪；另一种是用于剪断缝线的剪线剪（图 6-1-4）。

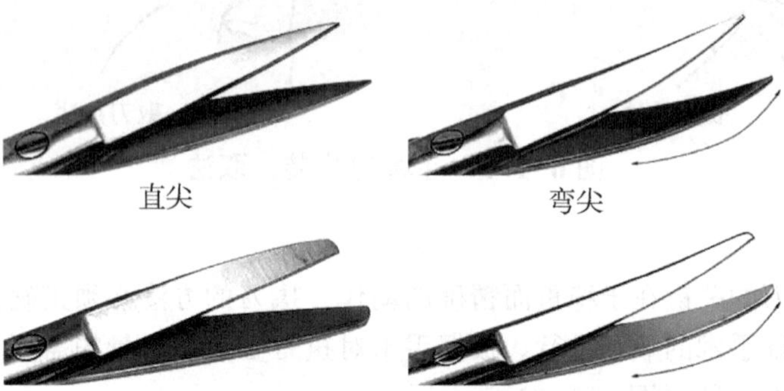

图 6-1-4　手术剪（组织剪）

由于二者的作用不同，所以其结构和要求标准也有所不同。组织剪的尖端较薄，剪刃要求锐利而精细。为了适应不同性质和部位的手术，组织剪分大小、长短和弯、直几种。直剪用于浅部手术操作，弯剪用于深部组织分离，使手和剪柄不妨碍视线，从而达到安全操作的目的。组织剪除用于剪开组织外，有时也用于分离组织，扩大组织间隙，以便剪开。剪线剪头钝而直，在质量和形式上的要求不如组织剪严格但也应足够锋利，这种剪有时也用于剪断较硬或较厚的组织。执剪的方法是以拇指和无名指插入剪柄的两侧环内，但不宜插入过深；食指轻压在剪刀的关节处，中指放在无名指一侧指环的前外方柄上，准确地控制剪的方向和剪开的长度。线剪与组织剪的区别在于组织剪的刃锐薄，线剪的刃较钝厚。所以，绝不能图贪快、方便，以组织剪代替线剪，以致损坏刀刃，造成浪费。

三、手术镊

1. 类别

根据镊的尖端形状不同可分为有齿镊和无齿镊两种，也有不同的长度。可按需要选择。

2. 用途

用于夹持、稳定或提起组织以利切开及缝合。有齿镊损伤性较大，主要用于夹持坚硬组织；无齿镊损伤性小，用于脆弱组织及脏器。

3. 使用方法

（1）拳握式，用来夹持棉球涂擦消毒或夹持皮肤等硬的组织。

（2）以拇指与食指、中指相对捏执镊子中段，用力稳定而灵活。

四、止血钳

1. 类别

止血钳又称血管钳，血管钳在结构上的主要不同是齿槽床，由于手术操作的需要，齿槽床分为直、弯、直角、弧形（如肾蒂钳）等，常见的有直、弯两种，还有有齿血管钳（全齿槽），蚊式直、弯血管钳等（图 6-1-5）。

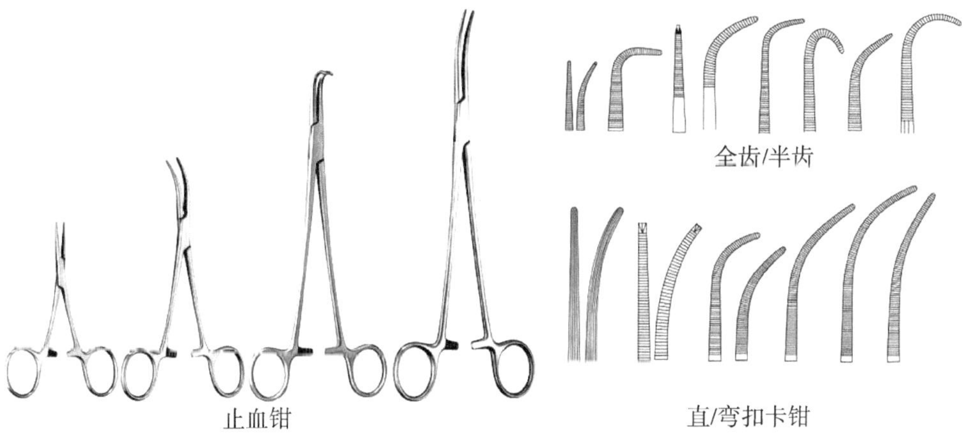

图 6-1-5　止血钳

2. 用途

主要用于夹住出血部位或出血点，以达到直接钳夹止血，由于钳的前端平滑，易插入筋膜内，不易刺破静脉，也供分离解剖组织用。也可用于牵引缝线、拔出缝针或代镊使用。无损伤血管钳：用于血管手术的血管钳，齿槽的齿较细、较浅，弹性较好，对组织的压榨作用及对血管壁、血管内膜的损伤均较轻。

3. 使用方法

（1）执钳法。执拿止血钳的方法同执剪法。

（2）松钳法。如用右手时，将拇指及无名指插入柄环内捏紧使扣分开，再将拇指内旋即可；如用左手时，拇指及食指持一柄环，中指和无名指顶住另一柄环，二者相对用力，即可松开。

【注意事项】

①任何止血钳对组织都有压榨作用，只是程度不同而已，所以不宜用于夹持皮肤、脏器等脆弱组织。

②用于止血时尖端应与组织垂直，夹住出血血管断端，尽量少夹附近组织。

五、持针钳

1. 类别

持针钳也称持针器，有两种形式，即握式持针钳和钳式持针钳（图 6-1-6）。

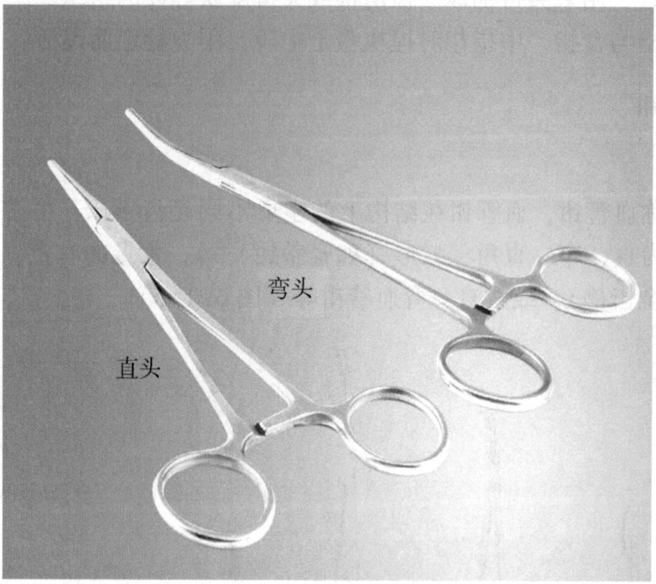

图 6-1-6 持针钳

2. 用途

主要用于夹持缝针缝合各种组织。有时也用于器械打结。用持针器的尖夹住缝针的中、后 1/3 交界处为宜，多数情况下夹持的针尖应向左，特殊情况可向右，缝线应重叠 1/3，且将绕线重叠部分也放于针嘴内。在兽医外科临床上，大动物常使用握式持针钳，小动物常用钳式持针钳。

3. 使用方法

（1）掌握法。也称一把抓或满把握，即用手掌握拿持针钳。钳环紧贴大鱼际肌上，拇指、中指、无名指和小指分别压在钳柄上，后三指并拢起固定作用，食指压在持针钳前部近轴节处。利用拇指及大鱼际肌和掌指关节活动推展，张开持针钳柄环上的齿扣，松开齿扣及控制持针钳的张口大小来持针。合拢时，拇指及大鱼际肌与其余掌指部分对握即将扣锁住。此法缝合稳健，容易改变缝合针的方向，缝合顺利，操作方便。

（2）指套法。用拇指、无名指套入钳环内，以手指活动力量来控制持针钳的开闭，并控制其张开与合拢时的动作范围。用中指套入钳环内的执钳法，因距支点远而稳定性差，故为错误的执法。

（3）掌指法。拇指套钳环内，食指压在钳的前半部做支撑引导，余三指压钳环固定于掌中。拇指可以上下开闭活动，控制持针钳的张开与合拢。

六、其他常用钳类器械

1. 海绵钳（卵圆钳）

海绵钳也称为持物钳，分为有齿纹、无齿纹两种，有齿纹的主要用以夹持、传递已消毒的器械、缝线、缝针、敷料、引流管等。也用于钳夹蘸有消毒液的纱布，以消毒手术野的皮肤，或用于手术野深处拭血，无齿纹的用于夹持脏器，协助暴露。换药室及手术室通常将无菌持物钳置于消毒的大口量杯或大口瓶内，内盛刀剪药液。

2. 组织钳

组织钳又称为鼠齿钳。对组织的压榨较血管钳轻，故一般用以夹持软组织，不易滑脱，如夹持牵引被切除的病变部位，以利于手术进行，钳夹纱布垫与切口边缘的皮下组织避免切口内组织被污染。

3. 布巾钳

用于固定铺盖手术切口周围的手术巾。

4. 直角钳

用于游离和绕过主要血管、胆管等组织的后壁，如胃左动脉、胆囊管等。

5. 肠钳（肠吻合钳）

用于夹持肠管，齿槽薄，弹性好，对组织损伤小，使用时可外套乳胶管，以减少对肠壁的损伤。

6. 胃钳

用于钳夹胃以利于胃肠吻合，轴为多关节，力量大，压榨力强，齿槽为直纹且较深，组织不易滑脱。

【注意事项】

①不可将其头端（即浸入消毒液内的一端）朝上，这样消毒液将流到柄端的有菌区域，放回时将污染头端。正常持法头端应始终朝下。

②专供夹取无菌物品，不能用于换药。

③取出或放回时应将头端闭合，勿碰容器口，也不能接触器械台。

④放持物钳的容器口应用塑料套遮盖。

七、牵引钩类

手持式牵开器由牵开片和手柄两部分组成，按手术部位和深度的需要，牵开片有不同的形状、长短和宽窄。目前使用较多的牵开片为平滑钩状（图 6-1-7），对组织损伤较小。其优点是可随手术操作的需要灵活改变牵引的部位、方向和力量；缺点是手术持续时间较长时，助手容易疲劳。

1. 皮肤拉钩

为耙状牵开器，用于浅部手术的皮肤拉开。

2. 甲状腺拉钩

为平钩状，常用于甲状腺部位的牵拉暴露，也常用于腹部手术做腹壁切开时的皮肤、肌肉牵拉。

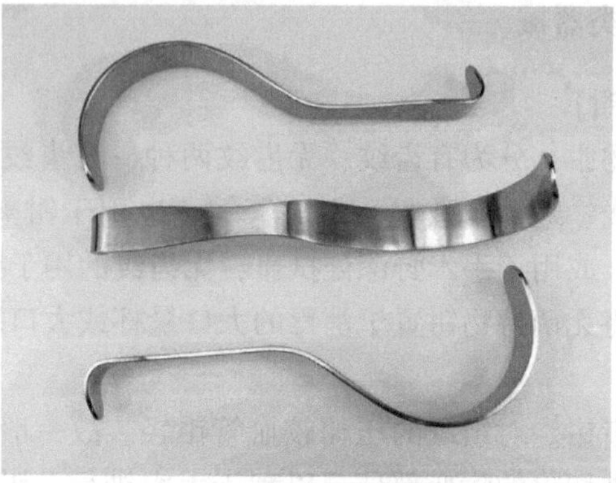

图 6-1-7 牵引钩

3. 钩状牵开器

用于阑尾、疝等手术，用于腹壁牵拉。

4. 腹腔平头拉钩

为较宽大的平滑钩状，用于腹腔较大的手术。

5. “S”形拉钩

一种如“S”形的腹腔深部拉钩。使用拉钩时，应以纱布垫将拉钩与组织隔开，拉力应均匀，不应突然用力或用力过大，以免损伤组织，正确持拉钩的方法是掌心向上。

6. 自动拉钩

为自行固定牵开器，腹腔、盆腔、胸腔手术均可应用。

固定式牵开器也有多种类型，用于牵引力量大，手术人员不足，或显露不需要改变的手术区。

八、缝合针与缝线

1. 缝合针

缝合针主要用于闭合组织或贯穿结扎根据形状缝合针可分为弯针、直针两种。弯针有 1/2 弧形、3/8 弧形和半弯形等，弯针有一定弧度可缝合较深组织，并可在深部腔穴内操作，应用范围较广，使用时需用持针器钳住缝针；直针一般较长，可用手直接操作，动作较快，但需要较大的空间操作所以常适用于浅表组织缝合（图 6-1-8）。

根据缝针尖端横断面又分为圆形和三角形。断面为圆形者称为圆针，一般用于软组织的缝合；直圆针多用于胃肠、子宫等内脏器官的缝合；弯圆针多用于肌肉、筋膜等组织的缝合。断面为三角形者称为三棱针。三棱针有锐利的刃缘，能穿过较厚致密组织，一般仅限于缝合皮肤，有时也用于缝合软骨及粗壮的韧带等坚韧组织。此外，还有一种已将缝线包在针尾部的缝针，针尾较细，仅单股缝线穿过组织，缝合孔道小，因此对组织损伤小，又称为无损伤缝针。这种缝针有特定无菌包装，可以直接利用，现在宠物临床上已广泛使用，多用于血管、肠管等组织的缝合。

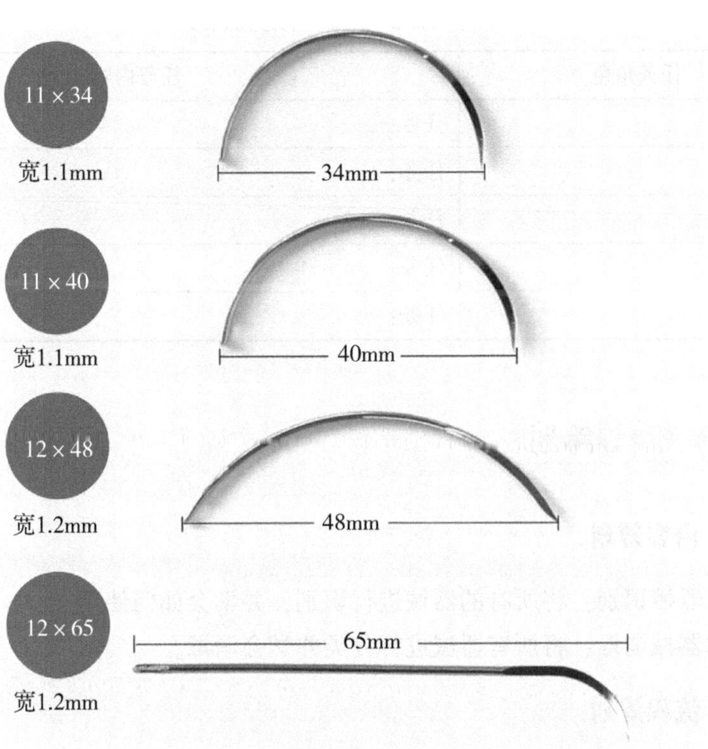

图 6-1-8　缝合针的种类

2. 缝线

缝线主要用于闭合组织和结扎血管。有可吸收缝线和不可吸收缝线两种。

（1）可吸收缝线。其优点是可在组织内被吸收，愈合后不留异物；缺点是在吸收过程中可引起较大的组织炎性反应。临床上常用的肠线，一般由羊的小肠黏膜下层制成，主要为结缔组织和少量弹力纤维。主要用于尿道、膀胱、子宫、胃肠等黏膜层的缝合。但缝合时要注意，由于肠线被水浸湿后易于松弛，在打结时要用三叠结，而且线头应留得较长，以免松脱。除肠线外，临床上还有一种合成的可吸收性缝线即聚乙醇酸线，它具有丝线的操持性和合成线的张力，组织反应比肠线要小，其应用同肠线。

（2）不可吸收缝线。有金属线和非金属线两种。非金属线最常用的是丝线，金属线最常用的是不锈钢丝。在外科手术中最常用的是丝线，其优点是有柔韧性，组织反应小，耐高温高压，易于打结，而且结非常牢固，拉力较大，价格低廉；缺点是在组织内不能被吸收，永久留有异物因此在不影响手术效果的前提下，尽量选用细丝线缝合。

- **工具准备**

手术器械、手套、消毒用具、动物医院或临床检查室。

- **人员准备**

人员分组，每组 5 人，明确职责分工（表 6-1-2）。

表 6-1-2 任务分配

任务角色	任务内容
组长：	任务：
组员 1：	任务：
组员 2：	任务：
组员 3：	任务：
组员 4：	任务：

任务筹划

一、内容筹划

手术器械识别：将所有的器械进行识别，并学会如何使用。
手术器械消毒：将所有器械进行分类并学会消毒。

二、流程筹划

第一步：将所有器械进行识别。
第二步：将所有手术器械进行分类。
第三步：将所有手术器械进行消毒工作。

任务实施

根据任务筹划情况，完成表 6-1-3 的任务实施步骤。

表 6-1-3 任务实施步骤

步骤	任务内容
步骤一	
步骤二	
步骤三	
步骤四	
步骤五	
步骤六	

任务评价

根据任务完成情况，完成任务评价（表 6-1-4）。

表 6-1-4　工作任务完成过程评价

班级：	组别：		姓名：	
项目	评分标准	自我评价	小组评价	教师评价
资料收集（30 分）	优秀：操作熟练，分析合理，判断准确（25~30 分）			
	良好：操作较熟练，报告较准确清晰（15~25 分）			
	及格：操作不太熟练，报告有少量错误（5~15 分）			
	不及格：操作不熟练，判断不准确（0~5 分）			
检查内容（30 分）	熟悉各种器械的名称，并熟练地操作各种手术器械（0~10 分）			
	手术器械的分类（0~10 分）			
	手术器械的消毒程序（0~10 分）			
课后评价（40 分）	是否熟悉任务内容（0~10 分）			
	是否能够准确识别手术器械的名称（0~10 分）			
	是否掌握消毒流程（0~15 分）			
	实训结束是否打扫卫生及东西归位（0~5 分）			
合计				
自我评价与总结				
教师点评				

任务二　器械传递及对待器械的素养

任务导入

学生分组，将所有手术器械摆放桌面，讲解器械传递及如何对待器械，学生自行练习，然后每组考核，打分评价。

根据任务情况，完成表 6-2-1 的任务工单。

表 6-2-1 任务工单

<table>
<tr><td colspan="2">班级：</td><td colspan="2">姓名：</td><td>学号：</td></tr>
<tr><td>任务名称</td><td colspan="4">器械传递及对待器械的素养</td></tr>
<tr><td>任务描述</td><td colspan="4">根据实际情况，填写本任务的内容、目的、流程和方法。
任务内容：熟悉所有手术器械的传递方式。
任务目的：让学生明确手术器械使用的注意方法。
任务流程：先熟悉器械传递的方法；再具备一定的素养。
任务方法：了解器械传递的方法。</td></tr>
<tr><td>获取信息</td><td colspan="4">要完成任务，需要掌握相关的知识。请收集资料，回答以下问题。
1. 所有手术器械的传递方法有哪些？
2. 手术器械最基本的素养是什么？</td></tr>
<tr><td>制订计划</td><td colspan="4"></td></tr>
<tr><td rowspan="6">任务实施</td><td colspan="4">按照预先制订的工作计划，完成本任务，并记录任务实施过程。</td></tr>
<tr><td>序号</td><td>完成的任务</td><td>遇到的问题</td><td>解决办法</td></tr>
<tr><td></td><td></td><td></td><td></td></tr>
<tr><td></td><td></td><td></td><td></td></tr>
<tr><td></td><td></td><td></td><td></td></tr>
<tr><td></td><td></td><td></td><td></td></tr>
</table>

任务准备

- **知识准备**

一、手术器械的传递

1. 正确摆放

在进行手术时，需要较多的器械，为方便取用和防止误伤等，要求器械助手随时整理和摆放器械，使同类器械放在一起，并且相互之间不牵挂和缠绕。

2. 准确传递

器械助手应按照正确的方法来传递器械，基本原则是将器械的可握持部分传递到术者手中，切忌将锋利和尖锐部分递向术者，同时要保护自己的手的安全，例如传递手术刀时，应握住手术刀柄与刀片的衔接处的背部，将刀柄放于术者手中；器械助手在传递器械过程中应注意对器械无菌状态的保持，例如传递缝合针线时，应一只手持针，另一只手将线托在手心分别交给术者，切不可将缝针拖带很长的缝线直接传递，否则线的尾端可能进入污染区域，使手术的无菌效果降低；最后，器械助手应注意观察手术的进行情况，随时了解术者的意图，传递正确的器械，尽量避免术者用话语要求传递某一种器械。

二、对待器械的素养

爱护手术器械是外科工作者必备的素养之一，除要正确而合理地使用外，还必须十分注意爱护和保养手术器械。器械保养方法如下。

(1) 利刃和精密器械要与普通器械分开存放，以免相互碰撞而损坏。

(2) 使用和洗刷器械不可用力过猛或投掷。在洗刷止血钳时要特别注意洗净齿床内的凝血块和组织碎片。不允许用止血钳夹持坚韧、厚重物品，更不允许用止血钳夹碘酊棉球等消毒药棉。刀、剪、注射针头等应专物专用，以免影响锐利。

(3) 手术后要及时将所用器械用清水洗净，擦干涂油、保存，不常用或库存器械要放在医干燥处，放干燥剂，定期检查涂油。橡胶制品应晾干，敷以适量滑石粉，妥善保存。

(4) 金属器械在非紧急情况下，禁止用火焰灭菌。

三、手术前的准备

(一) 手术的组织分工

外科手术是一项集体活动，术前要有良好的分工，同时每个人在手术前要了解自己的职责，切实做好准备工作。

1. 术者（主刀）

手术小组的负责人，也是手术的主要操作者。术前负责提出手术方案并组织有关人员讨论决定，同时拟订手术计划。术者是手术的主要操作者，对手术应承担主要责任。术后负责书写手术记录，制定术后处理意见和护理措施。

2. 手术助手（操作助手）

按手术大小和种类又分为第一助手、第二助手、第三助手。第一助手术前负责动物手术区域消毒处理；术中站在手术者的对面，负责显露手术野、止血、结扎等，全力协助手术者完成手术；术后负责术后护理工作。如遇特殊情况，术者不能继续手术，应代替术者完成手术。第二助手、第三助手主要协助显露术部，参加止血、传递更换器械与敷料，以及剪线等工作。

3. 器械助手

在术前，负责准备和消毒手术器械；术中，器械助手一般站在术者右侧，负责传递和清理所有的器械和敷料，在闭合切口前，认真详细地核对器械和敷料的数目；术后负责手术器械的清洗、整理和保管工作。

4. 麻醉助手

专职负责动物的麻醉工作，手术过程中，密切监护患病动物全身状况，定时记录体温、脉搏、呼吸、血压和中心静脉压等指数，如患病动物全身情况发生突然变化，应及时报告术者，并负责采取抢救措施。术中输液、输血等工作，也由麻醉助手负责。

5. 保定助手

负责患病动物的保定和解除保定。必要时，可要求动物主人协助进行。做好手术场所的消毒工作。

上述的分工，对不同的手术可能不尽相同，要根据手术的大小和繁简、患病动物的种类、疾病的程度等决定。原则是既不浪费人力，又要有利于手术的进行。

（二）手术计划的拟订

手术计划的拟订是术前的必备工作，根据全身检查的结果，制定手术实施方案。手术计划是动物诊疗过程中非常重要的法律文件，是外科医生判断力的综合体现，也是检查判断力的依据。手术计划不强求一律，可根据个人的习惯制订，但一般应包括如下内容。

（1）手术的名称、目的、日期以及手术人员的组成与分工。

（2）保定方法和麻醉种类的选择（包括麻醉前给药）。

（3）术前对动物的准备工作，如禁食、导尿、胃肠减压等。

（4）药品和器械的准备。

（5）手术通路及手术进程。

（6）手术方法及术中应注意事项。

（7）可能发生的手术并发症以及预防、急救措施，如虚脱、休克、窒息、大出血等。

（8）术后护理、治疗和饲养管理。

此外，在手术计划的后面，最好能附上一项手术总结。术后认真总结经验，通过不断的实践和总结，尽快提高外科手术水平。对于手术日程的安排，除开紧急手术外，大手术最好安排在上午进行，以便日间有足够的时间对病情进行观察。污染手术一般均安排在无菌手术之后，以减少污染机会。

（三）施术动物的准备

施术动物准备是外科手术的重要组成部分，尽可能使手术动物以正常生理状态进入手术过程中，提高动物对手术的耐受力。通常施术动物的术前准备包括以下工作。

1. 术前检查

手术的基础工作，做必要的术前临床检查或实验室检查，进一步确诊疾病，然后制订手术计划，确定保定、麻醉及手术方法等。

2. 术前治疗

术前给予抗菌药注射，能较好预防手术创感染；对于严重脱水、失血或体质虚弱者，可输液、强心、输血等增强机体抵抗力；当施术动物腹压高或胃肠臌气时，手术前最好穿刺放气，同时灌注止酵剂；对于预见到术中可能大量出血的病例术前应给予止血剂。

3. 禁食

术前 12~24 h 禁食，临床上有时可采用缓泻剂排空胃肠道内容物。

4. 动物体准备

刷拭动物体表，除去污物。向被毛喷洒 0.1%新洁尔灭或 1%来苏尔，防止污物飞扬，污染创口。

5. 预防注射

非紧急手术前 1 周注射破伤风类毒素，紧急手术可与手术同时注射破伤风抗毒素，大动物 2 万~3 万 U，小动物 3 000~4 000 U。

(四) 手术部位的准备

手术部位的准备通常分为 3 个步骤：术部除毛、术部消毒、术部隔离。

1. 术部除毛

动物的被毛浓密，并藏有大量的微生物，因此手术前必须进行除毛。一般是先用剪毛剪逆毛方向剪毛，再用温肥皂水刷洗，然后顺毛流剃毛。剃毛的范围要超出切口周围 10~15 cm。剃毛后，用肥皂反复擦刷并用清水冲净，最后用灭菌纱布拭干。另外，也可用脱毛剂（6%~8%硫化钠水溶液）在术部涂擦，待被毛呈糊状时，用纱布轻轻擦去，再用清水洗净即可。

2. 术部消毒

术部的皮肤消毒，最常用的药物是 5%碘酊和 75%酒精。先用酒精脱脂，干后用碘酊消毒，完全干后再以酒精将碘酊擦去，以免碘沾及手术器械，带入创内造成不必要的刺激。在消毒时要注意：如是无菌手术，应由手术区中心部向四周涂擦；如是已感染的创口，则应由较清洁处向患处。消毒的范围要相当于剃毛区。

3. 术部隔离

采用大块有孔创巾覆盖于手术区，仅在中间露出切口部位，使术部与周围完全隔离，也可用四块创巾隔离术部。手术巾一般用巾钳固定在皮肤上，也可用缝合代替巾钳。

(五) 手术人员的手及手臂的准备

与消毒手术人员的手及手臂皮肤表面存在大量的细菌，因此手术人员的手臂消毒是防止手术感染的关键。通常手臂消毒有以下几个步骤。

1. 更衣

手术人员在术前应穿套鞋，充分裸露手臂，并戴好手术帽和口罩，手术帽应把头发全部遮住。剪短指甲，除去指甲边缘下的积垢，并将指甲边缘磨光滑。

2. 手、臂的清洁与消毒

（1）手、臂的洗刷。用肥皂反复擦刷和用流水充分冲洗以对手臂进行初步的机械性消毒、处理。对手和臂进行洗刷时，最好用指刷沾肥皂按一定顺序擦刷，避免擦刷部位的遗漏，一般采取从指端到肘上顺序擦刷，全部擦刷一遍后，指端向上用流水（温水或自来水）将肥皂泡沫充分冲洗，然后用灭菌巾（或纱布）按上述顺序拭干。整个过程反复进行2~3次。

（2）手、臂的消毒。手、臂经上述的机械性清洗后，还必须经过化学药品的浸泡消毒，可做手、臂浸泡消毒的化学药品有多种，常用的消毒液如下。

70%酒精（浸泡或擦洗5 min，浸泡前应将手、臂上的水分拭干，以免冲淡酒精浓度，影响酒精消毒效果）；0.1%新洁尔灭溶液（浸泡或擦洗5 min）；也可采用同样浓度的洗必泰或杜米芬溶液进行手、臂的消毒。这种方法在临床上被广泛采用。

3. 穿着无菌手术衣

手术人员在洗手并消毒手臂之后，取出高压灭菌的手术衣穿好，这时应小心手臂不可接触未经消毒的其他部位。由助手协助在其背后，将衣带或腰带系好。通常动物不习惯白色，且白色又影响视力，故兽医临床的手术衣以采用淡蓝色或淡绿色较为合理（图6-2-1）。

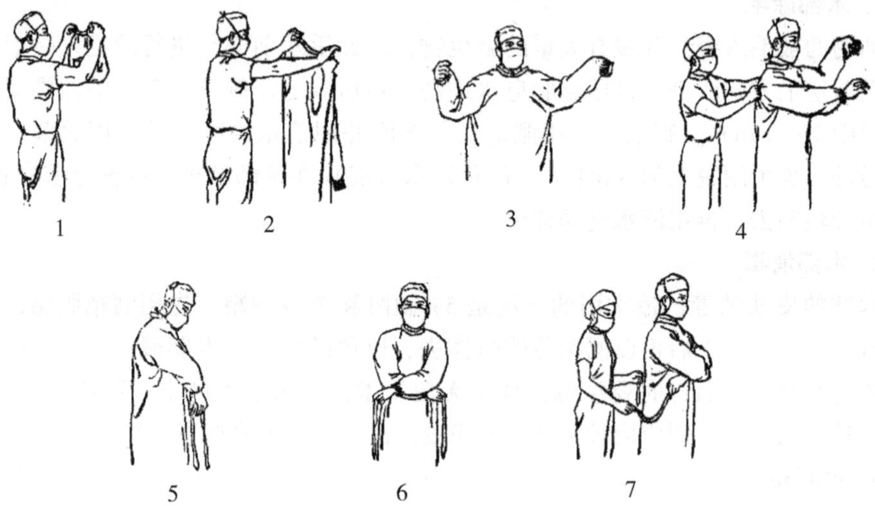

图6-2-1 无菌手术衣穿着步骤

注：1~7为穿着步骤。

4. 戴手套

戴手套有干戴和湿戴两种方法。前者在清洗消毒处理手臂之后，用灭菌的干纱布擦干（或用少量的灭菌滑石粉）后穿戴。而后者则需要在手套内灌注一些无菌的药液（如0.1%新洁尔灭溶液），在溶液的润滑作用下容易穿戴。目前兽医临床上多采用0.1%新洁尔灭溶液浸泡消毒后湿戴法，这种方法很方便。现在宠物临床上多选用一次性手套，这种手套在生产时已经灭菌处理，打开包装即可使用。

（六）手术器械的准备与消毒

1. 消毒前手术器械的准备

首先依据手术计划的要求，清点所准备器械的数量，并注意每件器械的性能，以保障正常使用。然后洗刷器械表面的油脂和其他污物，并用清水去掉残留的洗涤剂。手术刀片、缝合针、注射针头等散碎的物品，最好用纱布包好，以防散落而造成使用上的不便。

2. 常用消毒方法

（1）煮沸灭菌法。外科器械最常用的灭菌方法。此方法简便易行，不一定要求特别的灭菌器，可用一般的铝锅、铁锅等替代，非常适用于广大农村、畜牧场。将被灭菌的器械放入沸水中，从第二次沸腾后 20～30 min 即可杀死一般的细菌。如果在水中加入碳酸氢钠使成 2%的碱性溶液，或加入氢氧化钠成 0.25%的碱性溶液，既可加强灭菌能力，缩短灭菌时间，又可防止器械生锈。

（2）高压蒸汽灭菌法。此方法需要特制的高压灭菌器，即利用高压下的饱和蒸汽随压力增大而温度增高。这种方法可以杀死所有的微生物。

（3）化学药物消毒法。将被消毒的物品洗净后，浸泡于药液中，经一定时间可达到消毒目的。这种消毒方法虽然效果不确实，但使用方便，不需要特殊条件，因此在临床上也是常用的一种消毒方法。常用的消毒剂和使用方法：0.1%新洁尔灭溶液（毒性低，刺激性小，浸泡金属器械 30 min 可杀死一般的细菌，浸泡 18 h 可杀灭细菌芽孢）；70%～75%酒精溶液（杀菌力强，浸泡 1 h 以上能有效杀灭细菌）；5%来苏尔（用于金属器械消毒需浸泡 30 min 以上）。

（4）火焰灭菌法。主要用于搪瓷盘、器械盘以及紧急使用器械的消毒。在搪瓷盘中放入 95%以上的酒精，点燃即可将搪瓷盘与搪瓷盘中手术器械消毒，此方法灭菌效果确实，但对器械损害较大，尤其是对有刃的器械，可以使其变钝，所以手术器械除非在紧急需要的情况下，禁止使用火焰灭菌。

（七）辅料及其他物品的准备与消毒

首先值得提出的是，随着现代外科学的发展以及经济水平的提高，一次性使用的止血纱布、手术创巾、手术衣帽和口罩等均已问世，在宠物临床上现已广泛使用，但在动物临床上由于价格原因使用不多。可重复使用的这类用品都系纯棉材料制成，临床使用之后可以回收再经灭菌后应用。止血纱布由通常用的医用脱脂纱布制成，根据具体需要，先裁成大小不等的方形纱布块，似手帕样，然后以对折的方法折叠，达到最后将剪断缘的毛边完全折在内部为止。再将若干块这种止血纱布用纯棉的小方巾包成小包，这样便于灭菌和使用。止血纱布的大小依使用上的方便而定，没有特殊的规定，制作者可以自行决定。这些用品一般均采用高压蒸汽灭菌法，在 121.6℃的条件下，经过不少于 30 min 的灭菌，则可达到完全无菌的要求。

消毒物品用布单包好，小而零散的可以装入贮槽，或用小的布单包好。贮槽系用金属材料制成的特殊容器。灭菌前，将贮槽的底窗和侧窗（数组很多的小孔眼）完全打开。在灭菌后，从高压蒸汽灭菌器内取出时，立刻将底窗和侧窗关闭。贮槽在封闭的情况下，可以保证1周内的时间是无菌的。如果超过一周，则应考虑重新高压灭菌。施行灭菌的物品包裹不宜大，包扎不宜过紧，排列不宜过密以免影响高压蒸汽的进入，从而影响灭菌效果。

- **工具准备**

消毒用品、手术器械、动物医院或临床检查室。

- **人员准备**

人员分组，每组5人，明确职责分工（表6-2-2）。

表6-2-2 任务分配

任务角色	任务内容
组长：	任务：
组员1：	任务：
组员2：	任务：
组员3：	任务：
组员4：	任务：

任务筹划

一、内容筹划

手术器械的传递、手术器械的消毒、手术前的准备。

二、流程筹划

第一步：手术器械的传递方式。
第二步：手术器械的消毒程序。
第三步：手术前的准备。

任务实施

根据任务筹划情况，完成表6-2-3的任务实施步骤。

表6-2-3 任务实施步骤

步骤	任务内容
步骤一	
步骤二	
步骤三	

续表

步骤	任务内容
步骤四	
步骤五	
步骤六	

任务评价

根据任务完成情况，完成任务评价（表 6-2-4）。

表 6-2-4 工作任务完成过程评价

班级：		组别：		姓名：
项目	评分标准	自我评价	小组评价	教师评价
资料收集（30 分）	优秀：操作熟练，分析合理，判断准确（25~30 分）			
	良好：操作较熟练，报告较准确清晰（15~25 分）			
	及格：操作不太熟练，报告有少量错误（5~15 分）			
	不及格：操作不熟练，判断不准确（0~5 分）			
检查内容（30 分）	熟悉手术器械的传递及其临床意义（0~10 分）			
	手术器械的消毒（0~10 分）			
	手术前的准备（0~10 分）			
课后评价（40 分）	是否熟悉任务内容（0~10 分）			
	是否能够准确掌握手术器械的传递方式（0~10 分）			
	是否掌握常见手术器械的消毒程序（0~15 分）			
	实训结束是否打扫卫生及东西归位（0~5 分）			
合计				
自我评价与总结				
教师点评				

任务三 麻醉技术

任务导入

犬，3岁，身体状况良好，无既往病史，体重15 kg，现在要进行去势手术，需要麻醉，根据所学知识给出麻醉方式、麻醉剂量及注意事项。

根据任务情况，完成表6-3-1的任务工单。

表6-3-1 任务工单

<table>
<tr><td>班级：</td><td colspan="2">姓名：</td><td colspan="2">学号：</td></tr>
<tr><td>任务名称</td><td colspan="4">麻醉技术</td></tr>
<tr><td>任务描述</td><td colspan="4">根据实际情况，填写本任务的内容、目的、流程和方法。
任务内容：掌握所有麻醉方式及常见的麻醉药物；熟悉麻醉注意事项。
任务目的：培养学生学习治疗的手段。
任务流程：了解麻醉方式；了解所有麻醉药及其使用方式；掌握麻醉剂量及注意事项。
任务方法：模拟病例进行治疗。</td></tr>
<tr><td>获取信息</td><td colspan="4">要完成任务，需要掌握相关的知识。请收集资料，回答以下问题。
1. 麻醉方式有哪些？
2. 常用的吸入性麻药有哪些？非吸入性麻药有哪些？
3. 麻醉的注意事项有哪些？</td></tr>
<tr><td>制订计划</td><td colspan="4"></td></tr>
<tr><td rowspan="6">任务实施</td><td colspan="4">按照预先制订的工作计划，完成本任务，并记录任务实施过程。</td></tr>
<tr><td>序号</td><td>完成的任务</td><td>遇到的问题</td><td>解决办法</td></tr>
<tr><td></td><td></td><td></td><td></td></tr>
<tr><td></td><td></td><td></td><td></td></tr>
<tr><td></td><td></td><td></td><td></td></tr>
<tr><td></td><td></td><td></td><td></td></tr>
</table>

任务准备

● **知识准备**

一、局部麻醉技术

1. 常用的局部麻醉药

（1）盐酸普鲁卡因。为临床上常用的局部麻醉药，其特点为毒性小，对感觉神经亲和力强，使用安全，药效迅速，注入组织后 1~3 min 即可呈现麻醉作用，但是药效维持时间短，一般在 45~60 min，其渗透组织的能力弱，一般不做表面麻醉。在临床上盐酸普鲁卡因常用 0.5%~1%做浸润麻醉；用 2%~5%溶液做传导麻醉；用 2%~3%溶液做脊髓麻醉；用 4%~5%溶液做关节腔封闭麻醉。在临床上为了延长局部麻醉药的作用时间，减少创口出血，降低组织对局部麻醉吸收过多、过快，常在局部麻醉药中，每 250~500 mL 加入 0.1%肾上腺素溶液 1 mL，以延长局部麻醉药的作用时间。

（2）盐酸利多卡因。其特点为麻醉强度与毒性在 1%浓度以下与普鲁卡因相似，2%浓度的麻醉强度提高 2 倍，具有较强的穿透性和扩散性，作用时间快、持久，可维持 1 h 以上对组织无刺激性，但毒性较普鲁卡因稍大。在临床上盐酸利多卡因也可用于多种局部麻醉，用 2.5%溶液进行表面麻醉，用 2%溶液进行传导麻醉，用 0.25%~0.5%溶液进行浸润麻醉，用 2%溶液进行硬膜外腔麻醉。

（3）盐酸丁卡因。局部麻醉作用强，迅速、穿透力强。常用于表面麻醉，其毒性较普鲁卡因强 12~13 倍、麻醉效果强 10 倍。常用 0.5%用角膜麻醉，用 1%~2%口鼻黏膜麻醉。

2. 局部麻醉方法

（1）表面麻醉。利用麻醉药的渗透作用，使其透过黏膜而阻滞浅在的神经末梢功能，称为表面麻醉，如口鼻、直肠的黏膜麻醉。

（2）浸润麻醉。沿手术切口线皮下注射或部分分层注射局部麻醉药，阻滞神经末梢的功能，称为浸润麻醉。常用 0.25%~1%普鲁卡因。注射方法：先将针头插至所需深度，然后一边拔针一边推药液，如图 6-3-1 所示。

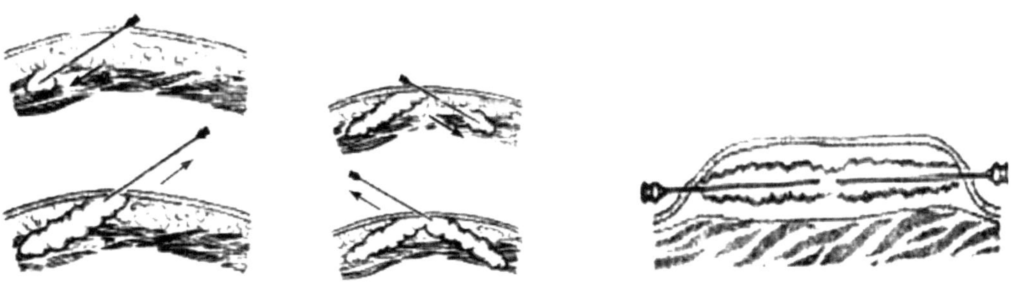

图 6-3-1　浸润麻醉方式

麻醉方式有直线浸润麻醉、菱形浸润麻醉、扇形浸润麻醉、基部和分层浸润麻醉等，如图 6-3-2 所示。

图 6-3-2 浸润麻醉种类

（3）传导麻醉。在神经干周围注射麻醉药，使神经干所支配的区域失去痛觉，称为传导麻醉。传导麻醉的特点是使用麻药量少，产生区域较大的麻醉效果，常用 2%利多卡因或 2%~5%普鲁卡因，药的浓度和用量与麻醉效果成正比。

（4）脊髓麻醉。将局麻药注射到脊髓椎管内，阻滞脊神经的传导。使其所支配的区域无痛，称为脊髓麻醉。兽医临床上多数采用硬外腔麻醉，医学上还有蛛网膜下腔麻醉。脊髓麻醉注射部位有三个部位：一是第 1~2 尾椎间隙；二是荐骨与尾椎间隙；三是腰、荐椎间隙。第一处操作最方便，确定第 1~2 尾椎方法：一只手将尾上下晃动，另一只手指端抵于动物尾根背部中线，可探知尾根固定和活动部分的横沟，即为第 1~2 尾椎间隙，在横沟与中线交点处进针。消毒术部，以 45°~60°角进针 3~4 cm 可刺入硬膜外腔。进针时可感觉到刺破弓间韧带至坚硬尾椎骨体，稍退针头，无回血，即可注射药液。若位置正确，药液注入应无过大阻力。

根据注射剂量大小可分为前位硬膜外腔，药量大，向前扩散至第 2 荐神经或更前方，动物常站立不稳或倒地。后位硬膜外腔，药量小，仅使注射部位少数神经根麻醉，动物常维持站立状态，常应用于难产、尾部、会阴、直肠、膀胱等的手术。例如牛的硬膜外腔麻醉可用 2%普鲁卡因 10~15 mL；利多卡因 5~10 mL；猪和羊的硬膜外腔麻醉多选用荐尾椎间隙或腰荐椎间隙，可用 3%普鲁卡因 3~5 mL。或 1%~2%利多卡因 2~5 mL。前位硬膜外腔可用 3%普鲁卡因，最多不超过 10 mL。

二、全身麻醉技术

1. 吸入麻醉

麻醉药经呼吸道吸入进入血液循环，作用于中枢神经系统而产生麻醉作用者，称为吸入麻醉。常用的吸入麻醉药有乙醚、氟烷、安氟醚、异氟醚及氧化亚氮等。

（1）乙醚。麻醉性能很强，有良好的镇痛和肌松作用。浅麻醉时有兴奋交感作用，深麻醉时则呈抑制。乙醚毒性小，安全范围大，麻醉分期较典型，麻醉深度有明显可靠的体征而易于控制。麻醉前经常使用阿托品。乙醚麻醉适用于各种手术，在使用其他辅助药的基础上，进行乙醚浅麻醉，则是临床常用的一种复合麻醉。但不适用于麻醉诱导。呼吸道急性感染、糖尿病、颅内压增高、肝肾功能严重损害者均属禁忌。

（2）氟烷。麻醉效能较强，麻醉诱导迅速，通常吸入 1%浓度的氟烷，0.5 min

内即可使动物神志消失，麻醉恢复快而舒适。有效而安全的浓度为0.5%~2%。对呼吸道无刺激性，不增加呼吸道分泌物，可松弛支气管平滑肌。浅麻醉时即抑制呼吸，但能维持正常通气量。麻醉加深时呼吸抑制更明显，应行辅助呼吸。氟烷有明显的扩张血管作用，且能直接抑制心肌和阻滞交感神经节，麻醉稍深，呈现血压下降和心动过缓，故可用作控制性降压以减少手术的出血。氟烷能使心肌对儿茶酚胺的敏感性增强，若和肾上腺素同用会造成心律失常。氟烷有强力子宫松弛作用，能增加产后出血。对肝有毒性，可间接或直接导致肝细胞坏死可能由于代谢产物三氟乙酸的毒性作用或是通过免疫抑制所致。

氟烷很少用作开放点滴吸入，多用紧闭或半紧闭法，使用控制氟烷浓度的蒸发器或用普通蒸发器去芯，分期用药。常与氧化亚氮或静脉麻醉复合使用。氟烷是兽医临床上应用较为普遍的吸入麻醉药。

(3) 安氟醚（易使宁）。麻醉性能强，常用浓度为0.5%~2%，诱导和苏醒快而舒适。

2. 非吸入麻醉

麻醉方法非吸入麻醉的给药途径有多种，如静脉内注射、皮下注射、肌内注射、腹腔注射、经口给药及直肠灌注等。其中，静脉内给药方法因作用迅速、确实，在兽医外科临床上占有重要地位。

(1) 水合氯醛。马属动物的首选麻醉药。多静脉给药，治疗上也可经口和直肠给药。水合氯醛催眠效果好，镇痛效果稍差。催眠剂量的维持时间可达数小时，所以本品全麻后的苏醒时间较长。本品对延髓的神经中枢影响不明显，但应用较大剂量时可抑制呼吸，出现血压下降。其麻醉剂量与中毒剂量相差范围很窄，故深麻醉时安全范围并不大。另外，水合氯醛溶液对组织的刺激性很强，如果在静脉麻醉时漏出血管外，可导致剧烈的炎症，甚至化脓和坏死。临床上应用浓度为5%~10%，避免漏出到血管外。经口或灌肠时应用淀粉糊配成1%~3%的溶液使用。该药的迷走效应对呼吸道无刺激性，不增加气道分泌，能扩张支气管。肌肉松弛良好，对子宫平滑肌有一定抑制作用。可降低眼内压。一般麻醉浓度下对循环抑制轻，心律稳定，可合用肾上腺素，深麻醉时出现呼吸抑制和血压下降。对血化学亦无明显影响。在体内生化转化很少，血浆代谢氟化物低，对肝、肾功能影响较氟烷、甲氧氟烷轻。在医学临床上已取代氟烷广泛使用。

(2) 异氟醚。麻醉性能强，常用浓度为0.5%~1.%与安氟醚相比，对循环功能影响更小，即使儿茶酚胺的存在仍可使用。肌松作用较强。生化转变最低，其代谢无机氟量极微，几乎全部以原形从肺呼出，对肝肾的毒性最低。在临床麻醉深度对颅内压影响不大，不引起抽搐，是较好的吸入全麻药。反应之一是引起大量流涎，对于牛和羊尤甚，所以，阿托品作为麻醉前给药是必需的措施，否则可能导致麻醉中的误吸。

(3) 隆朋又称为麻保静。临床上用其盐酸盐可配制成2%~10%的水溶液供肌内、皮下和静脉注射使用。随着使用剂量的不同，隆朋可使动物出现镇静、镇痛、肌松或麻醉作用。增加剂量主要表现为镇静时间的延长。所以，使用隆朋实际上不能使动物进入真正的麻醉状态，而仅能使动物高度沉郁、嗜睡和熟睡，始终保持防卫能力和清醒的意识。但在大剂量时，也能使动物进入深麻醉状态，此时则往往会出现不良反应。

隆朋用药后通常会出现心跳和呼吸次数减少，静脉注射后会出现一过性房室传导阻滞和短暂的血压升高，随即下降至较正常稍低的水平。为防止出现房室传导阻滞，可在麻醉前每千克体重注射 1 mg 阿托品。隆朋肌内注射后 10~15 min，静脉注射后 3~5 min 即出现作用，镇静时间可达 1~2 h，镇痛时间则延续 15~30 min。由于用药后动物一般处于清醒状态，而且其镇静作用较肌肉松弛作用出现得早，消失得迟，所以动物在卧倒和起立时比较平稳。隆朋禁止在反刍动物的妊娠后期使用，因能引起流产。

隆朋的种属差异较大，一般反刍动物较敏感，此外也存在明显的个体差异，这一点需要注意。

（4）氯胺酮。是一种速效、短效的静脉麻醉药。临床表现为痛觉丧失，意识模糊，似醒非醒，睁眼，呈木僵状，对环境变化毫无反应，曾被称作分离麻醉。氯胺酮能兴奋交感中枢和直接抑制心肌，常以兴奋为主而表现血压上升，心率增快等循环兴奋状态。常用量及注速对呼吸抑制轻，不影响肝肾功能。可保存嚼肌张力和咽喉反射。但无肌松作用，能增加唾液分泌，升高颅压和眼压，苏醒期常有兴奋和幻觉现象。

氯胺酮麻醉单用只适合于短小及浅表手术，更多做复合麻醉适用于各种手术。由于它的镇痛效果强，作用及恢复快，不抑制循环，故更适于小动物和危重病例的手术。但严重高压、颅内压高、眼压高、心力衰竭等均不宜选用。应用本品前应禁食 0.5~1 d，可防止胃容积过大影响呼吸或因内容物反流导致异物性肺炎。

（5）速眠新（846 合剂）。近年来在兽医临床上新出现的复合麻醉剂，该药作用迅速维持镇静时间长，使用方便。出售时配有苏醒灵作为专用解毒药供应。在犬经常见到用药后呕吐，应注意禁食，防止误吸。

（6）巴比妥类。

硫喷妥钠：为一速效的巴比妥类药，对中枢神经系统有强烈而短暂的抑制作用，但痛效能差，神志消失后遇到痛刺激，除非全麻深度已接近于呼吸暂停，仍不免有躁动。对吸中枢有明显的抑制作用，特别是当静脉注射速度过快时更为显著。对交感神经有抑制作用，而使副交感神经相对兴奋，因此易发生喉痉挛及支气管痉挛。能抑制心肌和扩张外周血管，短时内快速注入大量药则易发生血压下降。除嚼肌外对其他肌肉无松弛作用。深麻醉下能抑制子宫收缩，可透过胎盘而影响胎儿。此外，又能降低颅内压和眼压。硫喷妥钠适用于全麻诱导，短小手术全麻基础麻醉及抗惊厥治疗。禁用于呼吸道梗塞或难以保持通畅者，哮喘病、严重心功能不全、休克、严重贫血、严重肝肾功能不全及紫癜等。常用 2.5%新配制的水溶液，分次小量静脉注射，中等动物一次量 0.5~1.0g，用于控制惊厥的量要比麻醉用量小。并发症以呼吸抑制和喉痉挛多见。静脉注射时应密切监测呼吸变化，呼吸抑制时应立即施行人工呼吸，待血内药浓度因重新分布而降低后，通气量可 15 min 左右恢复正常。痉挛发生之前常有呼吸抑制、缺氧及舌后坠情况，使喉头敏感，再加喉头受到外物直接刺激或神经反射，均易诱发喉痉挛。麻醉前应给阿托品预防，处理应停止一切刺激，保证呼吸道通畅，面罩吸氧或药物纠正等。

戊巴比妥钠：临床上的常用药物，肝功能不全者慎用，易透过胎盘屏障影响儿，所以怀孕动物或剖宫产时禁用。本品在静脉注射时速度宜慢，同时监测心跳和呼吸，以决定是否继续给药。给犬用戊巴比妥钠麻醉后的苏醒阶段，不可静脉注射葡萄糖溶液，否则可能会重新进入麻醉状态（即葡萄糖反应）。戊巴比妥钠属于中短效麻醉药，主要用于中小动物的麻醉或做基础麻醉用。

三、不同动物的全身麻醉

1. 牛的全身麻醉法

采用846合剂麻醉法具有用法简便、剂量小、毒副作用小、适用范围广、安全范围大、价格低廉等优点，是一种高效全麻法。按0.6 mL/100 kg肌内注射846合剂，5~10 min即平稳进入麻醉状态，持续40~80 min；如剂量增至4 mL/100 kg，除麻醉时间延长外，无明显不良反应。

2. 犬的全身麻醉方法

采用846合剂麻醉法，按0.04~0.3 mL/kg肌内注射，给药3~10 min即平稳进入麻醉状态，可持续90 min麻醉期内犬的声反射不消失，饱食犬有呕吐和排便现象。

【注意事项】

①麻醉前，应进行健康检查，了解整体状态，以便选择适宜的麻醉方法。全身麻醉要绝食，牛应绝食24~36 h，停止饮水12 h，以防麻醉后发生瘤胃臌气，甚至误咽和窒息。麻醉操作要正确，严格控制药量。麻醉过程中要随时观察，监测动物的呼吸、循环、反射功能及脉搏、体温变化，发现不良反应，要立即停药，以防中毒。

②麻醉过程中，药量过大，出现呼吸、循环系统机能紊乱，如呼吸浅表、间歇，脉搏细弱而节律不齐，瞳孔散大等症状时，要及时抢救。可注射苯甲酸钠咖啡因、樟脑磺酸钠、氧化樟脑等中枢兴奋剂：若呼吸停止，可打开口腔，以每分钟20次的频率拉舌或压迫胸壁进行人工呼吸，促使呼吸恢复。一般情况下静脉注射麻醉剂发生中毒很难解救，临床上务必谨慎。

③麻醉后，动物开始苏醒时，其头部常先抬起，护理员应注意保护，以防摔伤或致脑震荡。开始挣扎站立时，应及时扶持头颈并提尾抬起后躯，至自行保持站立时为止，以免发生骨折等损伤。寒冷季节，当麻醉伴有出汗或体温降低时，应注意保温，防止动物发生感冒。

- **工具准备**

麻醉药、实验动物、注射器、动物秤、手术手套、消毒棉球、酒精、碘酒、动物医院或临床检查室。

- **人员准备**

人员分组，每组5人，明确职责分工（表6-3-2）。

表 6-3-2 任务分配

任务角色	任务内容
组长：	任务：
组员 1：	任务：
组员 2：	任务：
组员 3：	任务：
组员 4：	任务：

任务筹划

一、内容筹划

麻醉药的剂量计算、麻醉方式的选用、手术前的准备。

二、流程筹划

第一步：麻醉药的选用。
第二步：选用合适的麻醉方式。
第三步：严格麻药注射剂量。
第四步：熟悉麻醉药使用的注意事项。

任务实施

根据任务筹划情况，完成表 6-3-3 的任务实施步骤。

表 6-3-3 任务实施步骤

步骤	任务内容
步骤一	
步骤二	
步骤三	
步骤四	
步骤五	
步骤六	

任务评价

根据任务完成情况，完成任务评价（表 6-3-4）。

表 6-3-4　工作任务完成过程评价

<table>
<tr><td colspan="2">班级：</td><td colspan="2">组别：</td><td>姓名：</td></tr>
<tr><td>项目</td><td>评分标准</td><td>自我评价</td><td>小组评价</td><td>教师评价</td></tr>
<tr><td rowspan="4">资料收集
（30 分）</td><td>优秀：操作熟练，分析合理，判断准确
（25~30 分）</td><td></td><td></td><td></td></tr>
<tr><td>良好：操作较熟练，报告较准确清晰
（15~25 分）</td><td></td><td></td><td></td></tr>
<tr><td>及格：操作不太熟练，报告有少量错误
（5~15 分）</td><td></td><td></td><td></td></tr>
<tr><td>不及格：操作不熟练，判断不准确
（0~5 分）</td><td></td><td></td><td></td></tr>
<tr><td rowspan="3">检查内容
（30 分）</td><td>掌握常见的麻醉药及其临床意义
（0~10 分）</td><td></td><td></td><td></td></tr>
<tr><td>掌握常见的麻醉方式（0~10 分）</td><td></td><td></td><td></td></tr>
<tr><td>掌握麻醉剂量（0~10 分）</td><td></td><td></td><td></td></tr>
<tr><td rowspan="4">课后评价
（40 分）</td><td>是否熟悉任务内容（0~10 分）</td><td></td><td></td><td></td></tr>
<tr><td>是否能够准确掌握麻醉药物（0~10 分）</td><td></td><td></td><td></td></tr>
<tr><td>是否掌握麻醉剂量（0~15 分）</td><td></td><td></td><td></td></tr>
<tr><td>实训结束是否打扫卫生及东西归位
（0~5 分）</td><td></td><td></td><td></td></tr>
<tr><td colspan="2">合计</td><td></td><td></td><td></td></tr>
<tr><td>自我评价与总结</td><td colspan="4"></td></tr>
<tr><td>教师点评</td><td colspan="4"></td></tr>
</table>

任务四　组织分离技术

任务导入

学生分组，利用模型讲解组织分离技术，学生自行练习，然后每组考核，打分评价。

根据任务情况，完成表 6-4-1 的任务工单。

表 6-4-1 任务工单

<table>
<tr><td>班级：</td><td colspan="2">姓名：</td><td colspan="2">学号：</td></tr>
<tr><td>任务名称</td><td colspan="4">组织分离技术</td></tr>
<tr><td>任务描述</td><td colspan="4">根据实际情况，填写本任务的内容、目的、流程和方法。
任务内容：熟悉所有手术器械的传递方式；掌握组织分离技术。
任务目的：让学生明确手术器械使用的注意方法。
任务流程：先熟悉器械使用方法；再掌握组织分离技术。
任务方法：复习器械使用方法；视频学习组织分离技术。</td></tr>
<tr><td>获取信息</td><td colspan="4">要完成任务，需要掌握相关的知识。请收集资料，回答以下问题。
1. 手术器械的传递方法有哪些？
2. 组织分离技术流程及注意事项有哪些？</td></tr>
<tr><td>制订计划</td><td colspan="4"></td></tr>
<tr><td rowspan="6">任务实施</td><td colspan="4">按照预先制订的工作计划，完成本任务，并记录任务实施过程。</td></tr>
<tr><td>序号</td><td>完成的任务</td><td>遇到的问题</td><td>解决办法</td></tr>
<tr><td></td><td></td><td></td><td></td></tr>
<tr><td></td><td></td><td></td><td></td></tr>
<tr><td></td><td></td><td></td><td></td></tr>
<tr><td></td><td></td><td></td><td></td></tr>
</table>

任务准备

- **知识准备**

一、皮肤切开法

1. 紧张切开法

由于皮肤活动性比较大，切开时易造成皮肤和皮下组织切口不一致，为了防止上述现象的发生，在皮肤做切口时应由术者用拇指和食指将皮肤向切口两侧撑紧，或术者与助手各用一只手在预定切口线两侧撑紧皮肤，然后下刀切开，称紧张切开法。下刀时，先用刀尖在切口上角做垂直刺透皮肤，然后刀刃倾斜约 45°，按预定方向、大小，一刀切透皮肤直至切口下角，然后刀刃与皮肤垂直提出，防止切口两端成斜坡，或多次切开而使切口成锯齿状，造成不必要的皮肤损伤，影响创口愈合

（图 6-4-1）。

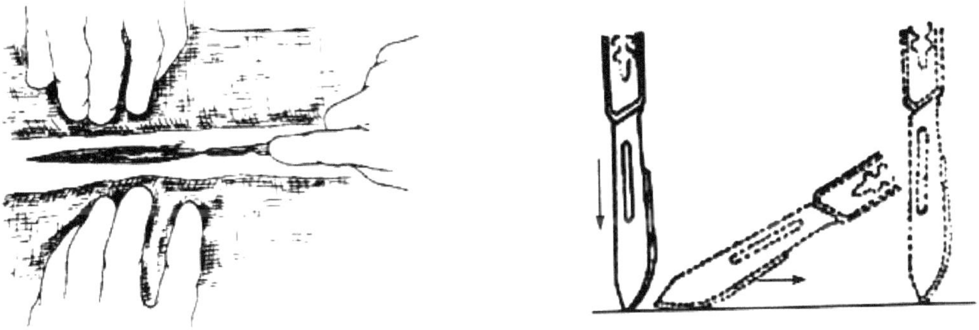

图 6-4-1　紧张切开法

2. 皱襞切开法

适用于皮肤活动性大，且在切口下面有大血管、大神经、分泌管和重要器官，而皮下组织尤其甚为疏松，为了使皮肤切口位置正确而不误伤其下面组织，术者和助手应在预定切口的两侧，用手指或镊子提拉皮肤呈与切口垂直的皱襞，进行垂直切开。

二、肌肉分离法

一般沿肌纤维方向做钝性分离，先做一个沿纤维方向的小切口，然后用止血钳，刀柄等做钝性分离至所需要的长度，但在紧急情况下或肌肉较厚并含有大量腱质时，切开分离。横过切口的血管可用止血钳钳夹或用细缝线从两端结扎后，从中间将血管切断（图 6-4-2）。

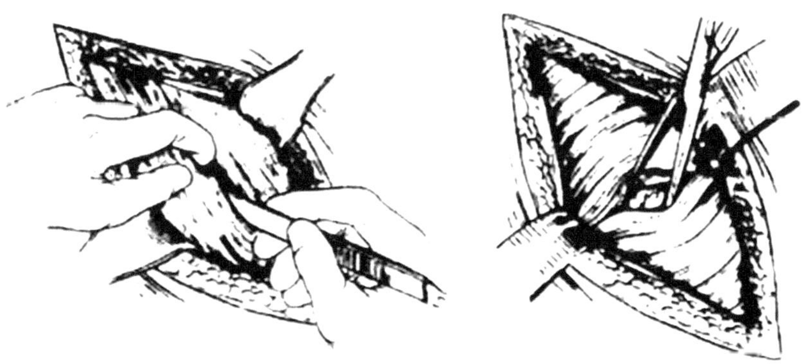

图 6-4-2　肌肉分离法

三、腹膜切开法

腹膜切开时，为了避免伤及内脏，可用组织钳或止血钳提起腹膜做一小切口，利用食指和中指或有沟探针引导，再用手术刀或剪分割（图 6-4-3）。

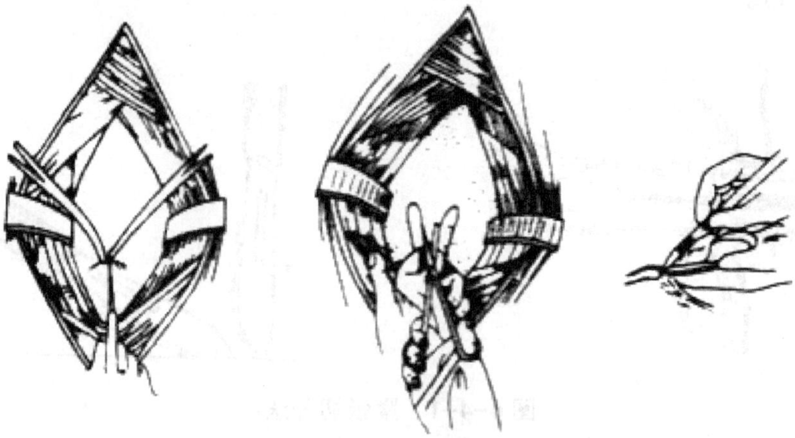

图 6-4-3 腹膜切开法

四、其他组织切开法

1. 肠管切开

肠管的侧壁切开时，一般于肠管纵带上纵行切开，并应避免损伤对侧肠管。

2. 索状物切开

在结扎的情况下用刀或剪分离，也可用刮断、拧断和烧烙的方法，以减少出血。

3. 骨的分离

骨膜分离时先用手术刀切开，然后用骨膜分离器剥开。骨的分离一般用骨剪剪断或骨锯锯断。为防止骨的断端损伤软组织，应在分离骨组织后用骨锉锉平断端的锐缘，并清除骨片。

骨组织的分离：应先分离骨膜然后分离骨组织。骨膜是骨组织愈合的营养组织，应尽可能完整地保留，否则就会影响骨的愈合。

4. 蹄和角的分离

蹄壁和蹄底角质可用蹄刀或蹄刮挖除，牛、羊角的分离可用骨锯或断角器。

【注意事项】

①切口部位要适当，靠近病变部位，以最短的距离到达手术区，以尽快显露病变组织或器官。

②切开组织必须整齐，力求一次切开，避免锯齿状切口，两侧创缘要能密切接触，有利于缝合和愈合，肌肉不要横断，尽可能按皮肤纹理和肌纤维方向分层切开，并沿组织间隙分离。

③组织切开时用分层切开法，不损伤大血管、神经以及腺体的输出管，以免影响术部机能。

④切口部位要选择在健康组织上，坏死组织及被感染的组织要充分切除干净。二次手术避免在伤疤上做切口，否则影响愈合。

⑤切口要确保创液及渗出物顺利排出。

⑥在分离骨组织前，先要分离骨膜，尽可能地保存其健康部位，以利于骨组织愈合。

- **工具准备**

麻醉药、实验动物、注射器、动物秤、手术器械、手术手套、消毒棉球、酒精、碘酒、动物医院或临床监察室。

- **人员准备**

人员分组，每组 5 人，明确职责分工（表 6-4-2）。

表 6-4-2　任务分配

任务角色	任务内容
组长：	任务：
组员 1：	任务：
组员 2：	任务：
组员 3：	任务：
组员 4：	任务：

任务筹划

一、方法筹划

麻醉药的剂量计算、麻醉方式的选用、手术前的准备、组织分离的流程。

二、流程筹划

第一步：麻醉药的选用。
第二步：选用合适的麻醉方式。
第三步：严格麻药注射剂量。
第四步：选用合适的手术器械。
第五步：进行组织分离。

任务实施

根据任务筹划情况，完成表 6-4-3 的任务实施步骤。

表 6-4-3　任务实施步骤

步骤	任务内容
步骤一	
步骤二	

续表

步骤	任务内容
步骤三	
步骤四	
步骤五	
步骤六	

任务评价

根据任务完成情况，完成任务评价（表 6-4-4）。

表 6-4-4 工作任务完成过程评价

班级：	组别：		姓名：		
项目	评分标准		自我评价	小组评价	教师评价
资料收集（30 分）	优秀：操作熟练，分析合理，判断准确（25~30 分）				
	良好：操作较熟练，报告较准确清晰（15~25 分）				
	及格：操作不太熟练，报告有少量错误（5~15 分）				
	不及格：操作不熟练，判断不准确（0~5 分）				
检查内容（30 分）	掌握常见的组织分离技术及其临床意义（0~10 分）				
	掌握常见的麻醉方式（0~10 分）				
	掌握麻醉剂量（0~10 分）				
课后评价（40 分）	是否熟悉任务内容（0~10 分）				
	是否能够准确掌握组织分离技术（0~10 分）				
	是否掌握麻醉剂量（0~15 分）				
	实训结束是否打扫卫生及东西归位（0~5 分）				
合计					
自我评价与总结					
教师点评					

任务五　止血、缝合、包扎技术

任务导入

某宠物医院接诊一病例，泰迪犬，雄性，3 岁，体重 7 kg，身体状况良好，需要做睾丸切除，学生分组，完成去势手术，术后打分评价。

根据任务情况，完成表 6-5-1 的任务工单。

表 6-5-1　任务工单

<table>
<tr><td colspan="2">班级：</td><td colspan="2">姓名：</td><td>学号：</td></tr>
<tr><td>任务名称</td><td colspan="4">止血、缝合、包扎技术</td></tr>
<tr><td>任务描述</td><td colspan="4">根据实际情况，填写本任务的内容、目的、流程和方法。
任务内容：熟悉手术所有流程；掌握止血方式；掌握缝合及包扎技术。
任务目的：让学生明确去势手术整个流程及注意事项。
任务流程：先熟悉去势手术的所有流程；利用模型掌握缝合技术及包扎技术；应对突发情况。
任务方法：熟练掌握去势手术；掌握操作步骤；掌握术后处理。</td></tr>
<tr><td>获取信息</td><td colspan="4">要完成任务，需要掌握相关的知识。请收集资料，回答以下问题。
1. 去势手术整个手术流程及注意事项有哪些？
2. 手术过程中的突发情况及应对措施有哪些？</td></tr>
<tr><td>制订计划</td><td colspan="4"></td></tr>
<tr><td rowspan="6">任务实施</td><td colspan="4">按照预先制订的工作计划，完成本任务，并记录任务实施过程。</td></tr>
<tr><td>序号</td><td>完成的任务</td><td>遇到的问题</td><td>解决办法</td></tr>
<tr><td></td><td></td><td></td><td></td></tr>
<tr><td></td><td></td><td></td><td></td></tr>
<tr><td></td><td></td><td></td><td></td></tr>
<tr><td></td><td></td><td></td><td></td></tr>
</table>

任务准备

- **知识准备**

一、全身预防性止血法

在手术前给动物注射提高血液凝固性的药物，借以提高机体抗出血的能力，减少手术过程中的出血。常用注射提高血液凝固性以及血管收缩的药物如下。

（1）肌内注射维生素 K 注射液，以促进血液凝固，增加凝血酶原。牛用量 10~20 mg，猪、羊用量 2~10 mg。

（2）肌内注射安络血注射液，以增强毛细血管的收缩力，降低毛细血管渗透性。牛用量 30~60 mg，猪、羊用量 5~10 mg

（3）肌内注射止血敏注射液，以增强血小板机能及结合力，减少毛细血管渗透性。牛用量 1.25~2.5 g，猪、羊用量 0.25~0.5 g。

二、局部性预防止血法

1. 肾上腺素止血

应用肾上腺素做局部预防性止血，常配合局部麻醉药进行，一般是在每 1 000 mL 普鲁卡因溶液中加入 0.1%肾上腺素溶液 2 mL，利用肾上腺素收缩血管的作用，达到减少手术局部出血的目的，其作用可维持 20 min~2 h，但手术局部有炎症病灶时，因高度的酸性反应，可减弱肾上腺素的作用。此外，在肾上腺素作用消失后，小动脉管扩张，如若血管内血栓形成不牢固，可能发生二次出血。

2. 止血带止血

适用于四肢、阴茎和尾部手术，可暂时阻断血流，减少手术中的失血，有利于手术操作。用橡胶管、绷带等紧缠于手术部位的近心端，以暂时阻止血液循环，达到止血的目的。

（1）棉布类止血带止血法。在伤口近心端，用绷带、带状布条或绳索等，勒紧止血。一般常作为外伤时现场紧急止血。

（2）橡皮止血带止血法。将橡皮止血带适当拉紧（以远端脉搏即将消失为度），拉长绕肢体 2~3 周。其保留时间不得超过 2~3 h，冬季不超过 40~60 min，在使用止血带的时间内如果手术不能完成，应将其松开 10~30 s，然后重新捆扎。松开止血带时应缓慢，宜采用多次“松-紧-松-紧”的方法，切忌一次松开。

（3）充气式气压止血带止血法。先绑扎气压止血带，为防止松动，可外加绷带绑紧一周固定；气压止血带绑扎妥当后抬高肢体；用驱血带由远端向近端拉紧、加压缠绕；缠绕驱血带后向气压止血带充气并保持所需压力；松开驱血带。

三、手术过程中止血法

1. 机械止血法

（1）压迫止血。是用纱布或泡沫塑料压迫出血部位，以清除术部血液，辨清出血组织和出血处，以便采取止血措施。在毛细血管渗血和小血管出血时，压迫片刻，出血即可自行停止。为了提高压迫止血的效果，可选用温的生理盐水 1%～2%麻黄素、0.1%肾上腺素、2%氯化钙溶液浸湿的纱布挤干后压迫止血。在止血时，只能按压，不可擦拭，否则会损伤组织或使血栓脱落。

（2）钳夹止血。利用止血钳最前端夹住血管的断端，钳夹方向应与血管垂直，钳住的组织要少，不可做大面积钳夹。

（3）钳夹结扎止血。常用且可靠的基本止血法，多用于较大血管出血的止血，其方法有两种。单纯结扎止血。用丝线绕过止血钳所夹住的血管及少量组织而结扎，在结扎时，由助手放开止血钳同时收紧结扣。过早放松，血管可能脱出；过晚放松，则结扎住钳头不能收紧。

（4）缝扎止血。适用于较大血管或重要部位血管出血。先用止血钳钳夹血管及周围少许。组织，然后用缝针穿过血管端和组织并结扎，可行单纯缝扎或 8 字形缝扎

（5）贯穿结扎止血。持结扎线用缝针穿过所钳夹组织（勿穿透血管）层进行结扎。常用的方法有“8”字缝合结扎及单纯贯穿结扎两种。贯穿结扎止血的优点是结扎线不易脱落，适用于大血管或重要部分的止血，在不易用止血钳夹住的出血点，不能用单纯结扎方法止血，而宜采用贯穿结扎止血的方法。

2. 填塞止血法

在深部大血管出血，一时找不到血管断端，钳夹或结扎止血困难时，用灭菌纱布塞紧于出血创腔或解剖腔内，压迫血管断端达到止血的目的。在填入纱布止血时，要将出血创腔填满，有足够的压力压迫血管断端。填塞止血留置的敷料通常是在 18～48 h 后取出。

3. 烧烙止血法

用于弥漫的出血，如羔羊断尾、去角、大动物火骟等。用电烙铁或普通烙铁通过高温使血管断端收缩止血。

四、缝合技术

1. 打结

（1）结的种类。常用的结有方结、三叠结和外科结（图 6-5-1）。①方结。又称平结，是手术中最常用的一种，用于结扎较小的血管和各种缝合时的打结，不易滑脱。②外科结。打第一个结时绕两次，使摩擦面增大，故打第二个结时不易滑脱和松动。此结牢固可靠。多用于大血管、张力较大组织和皮肤的缝合。③三叠结。又称加强结，是在方结的基础上再加一个结，较为牢固但遗留于组织中的结扎线较多。三叠结常用于有张力部位的缝合。

（2）打结方法。①单手打结法。适合于各部的结扎，是最为常用的打结方法。打结时，一只手持线，另一只手动作打结，主要动作由拇指、食指、中指完成。凡持线、挑线、钩线等动作必须运用手指末节近指端处，才能做到迅速有效。拉线作结时要注意线的方向。如用右手打结，右手所持的线要短些。②双手打结法。用于

一般结扎外，对深部或组织张力较大的缝合结扎较为可靠、方便。此法适用于深部组织的结扎和缝合，双手打结方法较单手打结法复杂。③器械打结法。用于深部创口或线头较短而无法用徒手打结进行打结。用持针钳或止血钳打结。

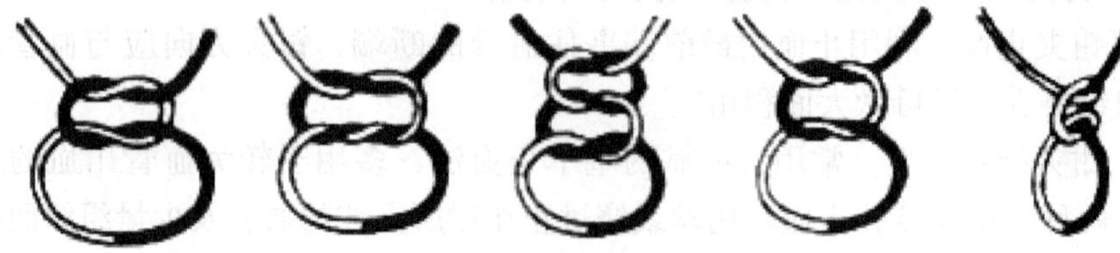

图 6-5-1　打结的种类

【注意事项】

①打结收紧时要求三点成一线，即左、右手的用力点与结扎点成一直线，不可成角向上提起，否则使结扎点容易撕脱或结松动。

②无论用何种方法打结，两手都应用力均匀，打成真结，即第 1 结和第 2 结的两手方向不能相同，两手需要交叉，否则打成假结。

③打第 2 结时，不要让第 1 结松开，尤其器械打结时，此时可由助手用止血钳轻轻夹住第 1 结，待第 2 结收紧时迅速抽出止血钳。

④打结时两手的距离不宜离结太远，特别是深部打结时，最好用两手食指伸到结旁，以指尖顶住双线，两手握住线端，徐徐拉紧，否则易松脱。埋在组织内的结扎线头，以不松脱为原则，尽量剪短以减少组织内的异物；丝线一般 3~5 mm，较大血管的结扎应略长，以防滑脱；肠线留 4~6 mm 打结是外科手术的基本操作之一，正确而牢固地打结是结扎止血和缝合的重要环节。熟练地打结，可以防止结扎线的松脱而造成的创伤裂开和继发性出血，可以缩短手术时间。

2. 软组织缝合技术

软组织缝合常采用对接缝合技术。

（1）结节缝合。最常用的基本缝合法。缝合时，将缝针引入 15~25 cm 缝线，于创缘一侧垂直刺入，于对侧相应的部位穿出打结，每缝一针，打一次结。常用于皮肤、皮下组织、筋膜等组织缝合。其优点是个别缝合线断裂，整体缝合效果不受影响，另外结节缝合对切口创缘的血液循环影响较小，利于愈合。缺点是缝合需要较长的时间和较多的缝线（图 6-5-2）。

（2）螺旋缝合。用一条长的缝线，先在创口一端缝合打结，然后使用同一缝线以等距离缝合，拉紧缝线，最后留下线尾，在一侧打结。应用此方法缝合后能保持较好的密闭性，常用于肌肉、腹膜以及胃肠道第一层缝合等（图 6-5-3）。

3. 表皮下缝合

适用于小动物表皮下缝合。缝合在切口一端开始，缝针刺入真皮下，再翻转缝针刺入另一侧真皮，在组织深处打结。应用连续水平褥式缝合平行切口。最后缝针回转刺向对侧真皮下打结，埋置在深部组织内。一般选择可吸收性缝合线（图 6-5-4）。

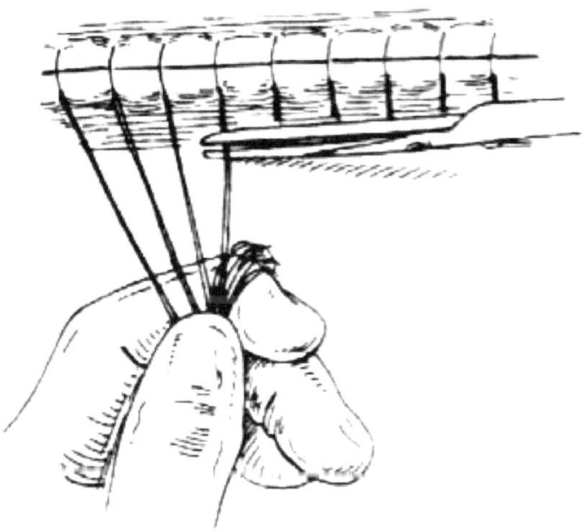

图 6-5-2　结节缝合

图 6-5-3　螺旋缝合

图 6-5-4　表皮下缝合

注：1、2 为操作步骤。

4. 锁边缝合法

在缝合时每次将缝线交锁。此种缝合能使创缘闭合良好，并使每针缝线在进行下一次缝合前就得以固定，多用于皮肤直线形切口及薄而活动性较大的部位缝合。内翻缝合用于胃肠、子宫、膀胱等空腔器官的缝合，要求缝合后切口内翻，外面光滑。常见的方法如下。

（1）伦勃特式缝合法。伦勃特式缝合法是胃肠手术的传统缝合方法。又称为垂直褥式内翻缝合法。分为间断与连续两种，常用的为间断伦勃特式缝合法。在胃肠缝合时，用以缝合浆膜肌层。

（2）间断伦勃特式缝合法。缝线分别穿过切口两侧浆膜及肌层即行打结，使部分浆膜内翻对合，用于胃肠道的外层缝合，如图 6-5-6 所示。

（3）连续伦勃特式缝合法。于切口一端开始先做一浆膜肌层间断内翻缝合，再用同一缝线做浆膜肌层连续缝合至切口另一端。其用途与间内翻缝合相同，如图 6-5-7 所示。

（4）库兴式缝合法。又称连续水平褥式内翻缝合法。这种缝合法是从伦勃特式连续缝合演变来的，缝合方法是于切口一端开始先做一浆膜肌层间断内翻缝合，再

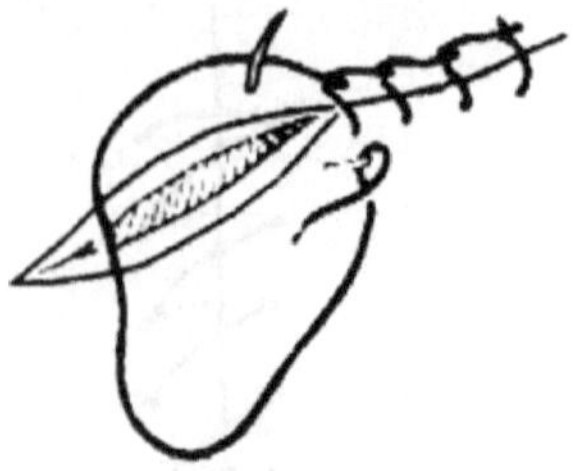

图 6-5-5　锁边缝合法

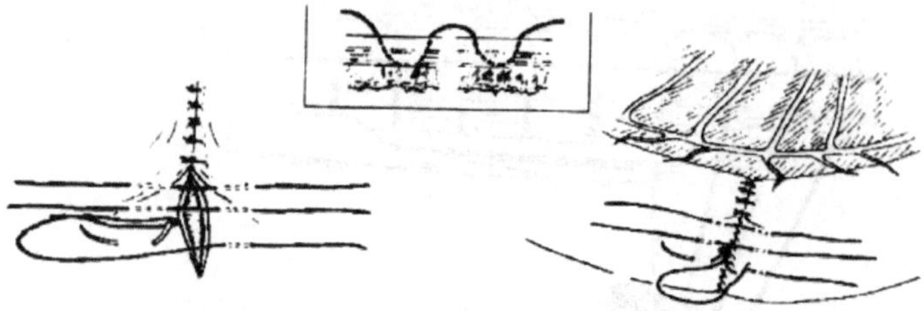

图 6-5-6　间断伦勃特式缝合法

用同一缝线平行于切口做浆膜肌层连续缝合至切口另一端。适用于胃、子宫浆膜肌层缝合，如图 6-5-8 所示。

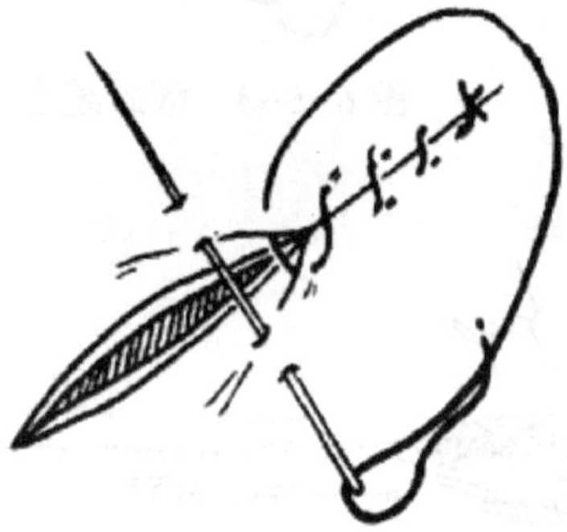

图 6-5-7　连续伦勃特式缝合法

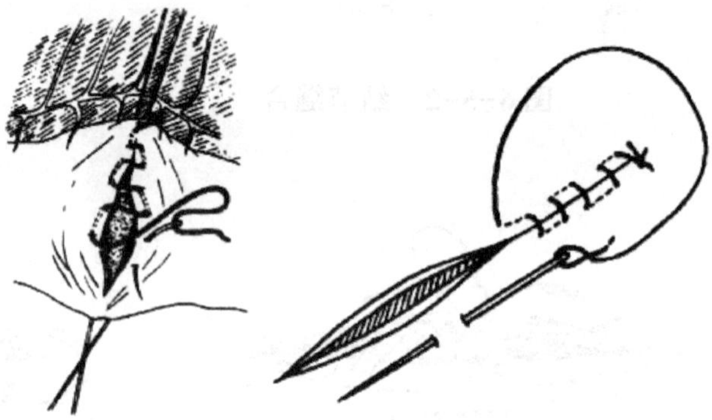

图 6-5-8　库兴式缝合法

（5）康奈尔式缝合法。这种缝合法与连续水平褥式内翻缝合相同，仅在缝合时缝针要贯穿全层组织，当将缝线拉紧时，则肠管切面即翻向肠腔，如图 6-5-9 所示。多用于胃、肠、子宫壁缝合。

（6）荷包缝合。即做环状的浆膜肌层连续缝合。主要用于胃肠壁上小范围的内翻缝合，如缝合小的胃肠穿孔。此外，还用于胃肠、膀胱等引流管的固定以及直肠脱时肛门的暂时性闭合固定。如图 6-5-10 所示。

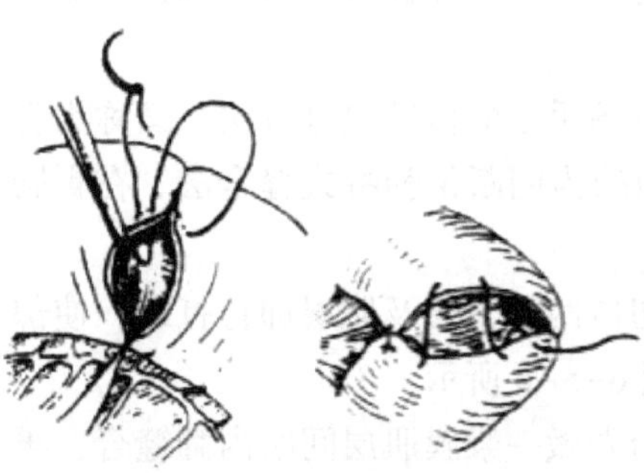

图 6-5-9　康奈尔式缝合

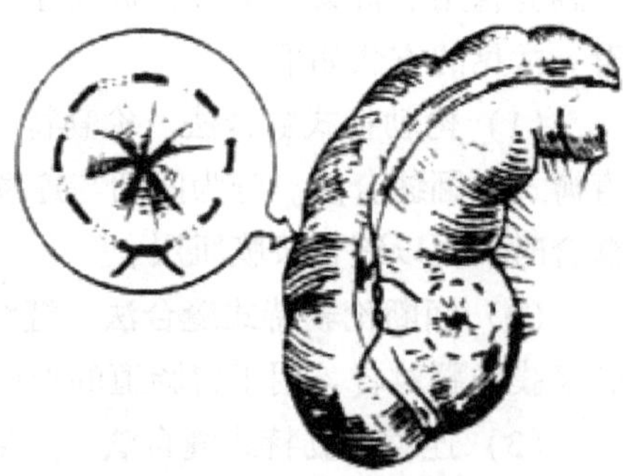

图 6-5-10　荷包缝合

5. 张力缝合

（1）间断水平褥式缝合。这种缝合如图 6-5-11 所示。特别适用于牛和犬的皮肤缝合。针刺入皮肤，距创缘 2~3 mm，创缘相互对合越过切口到对侧相应部位刺出皮肤，然后缝线与切口平行向前约 8 mm，再刺入皮肤，越过切口到相应对侧刺出皮肤，与另一端缝线打结，该缝合要求缝针刺入皮肤时，要求刺在真皮下，不能刺入皮下组织，这样皮肤创缘对合才能良好，不出现外翻。

（2）间断垂直褥式缝合。这种缝合如图 6-5-12 所示。针刺入皮肤，距离侧缘约 8 mm，创缘相互对合，越过切口到相应对侧刺出皮肤。然后缝针翻转在同侧距切口约 4 mm 刺入皮肤，越过切口到相应对侧距切口约 4 mm 刺出皮肤，与另一端缝线打结。该缝合要求缝针刺入皮肤时，只能刺入真皮下，接近切口的两侧刺入点要求接近切口，这样皮肤创缘对合良好，不能外翻，缝线间距为 5 mm。

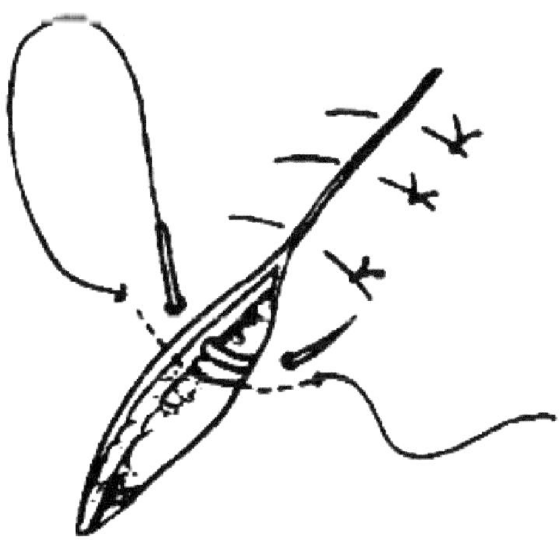

图 6-5-11　间断水平褥式缝合

图 6-5-12　间断垂直褥式缝合

【注意事项】

①缝合时严格遵守无菌操作。

②缝合前必须创口止血、清除凝血块、异物及坏死组织。

③创缘要均匀接近，在两针孔之间要有相当距离，以防拉穿组织。

④缝针刺入和穿出部位应彼此相对，针距相等，防止缝合创伤口形成皱襞和裂隙。

⑤无菌创经外科常规处理后，可做密闭缝合，而化脓腐败创以及具有深包囊的创伤可不缝合，必要时仅做部分缝合。

⑥缝合组织是同层组织相缝合，除非特殊需要，不同类型的组织不可缝合在一起。

⑦缝合后打结应有利于创伤愈合，打结时既要适当收紧又要防止拉穿组织

⑧创缘、创壁应互相均匀对合，皮肤创缘防止内翻，创伤深部不应留有死腔，以防止积血和积液。

⑨缝合的创口，在手术后出现感染时，应迅速拆除部分缝线，以便排出创液。

五、剪线与拆线技术

1. 剪线

（1）应用。剪线是将缝合或结扎后残留的缝线剪除，一般由助手操作完成。

（2）方法。在剪线时，术者将双线尾略提起，用稍张开的剪刀尖沿着拉紧的缝线滑至结扣处，再将剪刀稍倾斜，然后剪断，倾斜的角度取决于要留线头的长短。

2. 拆线

（1）应用。拆线是指拆除皮肤创口的缝线。

（2）方法。拆除皮肤缝线的时间，一般是在手术后 7~8 d 进行，凡营养不良、贫血、老龄动物、缝合部位活动性较大、创缘呈紧张状态等，应适当延长拆线时间至 10~14 d。

拆线方法：用碘酊消毒创口、缝线及创口周围皮肤后，将线结用镊子轻轻提起，剪刀插入线结下，紧贴针眼将线剪断。拉出缝线，拉线方向应向拆线的一侧，动作要轻巧，如强行向对侧硬拉，则可能将伤口拉开。再次用碘酊消毒创口及周围皮肤。当切口张力大时，可隔一针拆一针，分 2~3 次拆完。

【注意事项】

①为了防止结扣松开，需在结扣外留一段线头，丝线留 1~2 mm，肠线及尼龙线留 3~4 mm，细线可留短些，粗线留长些，深部留短些，浅部留长些，结扣次数多的可留短次数少可留长些，重要部位应留长。剪线应在明视下进行，可单手或双手完成剪线动作。

②拆除缝线的时间可根据创口愈合的情况而定：一般愈合良好的创口是在手术后 7~8 d 进行；如果动物营养不良、贫血或缝合部位活动性较大，创口呈紧张状态等，可适当延长拆线时间，但创伤已经化脓或创缘已被缝线撕断，不起缝合作用时，可根据创伤治疗需要随时拆除全部缝线。

六、各种软组织的缝合方法

1. 皮肤缝合

缝合前创缘必须对好，缝线要在同一深度将两侧皮下组织拉拢，以免皮下组织内遗留空隙。滞留血液或渗出液易引起感染，两侧针眼离创缘 1~2 cm，距离相等。皮肤缝合采用间断缝合，缝合反应在创缘侧面打结，打结不能过紧。皮肤缝合完毕后，必须再次将创缘对好。

2. 皮下组织缝合

缝合时要使创缘两侧皮下组织相互接触，一定要消除组织空隙。使用可吸收性缝线，打结应埋置在组织内。

3. 筋膜缝合

筋膜缝合应根据其张力强度，筋膜的切口应该与张力线平行，而不能垂直于张力线。在筋膜缝合时，要垂直于张力线使用间断缝合。大量筋膜切除或缺损时，缝合时使用垂直褥式或远近近远等张力缝合法。

4. 肌肉缝合

肌肉缝合时将纵行纤维紧密连接瘢痕组织生成后，不能影响肌肉收缩功能。可采用结节缝合分别缝合各层肌肉。当小动物手术时，肌肉一般是纵行分离而不切断。

因此，肌肉组织经手术细微整理后，可不需要缝合。对于横断肌肉，因其张力大，应该在麻醉或使用肌肉松弛的情况下连同筋膜一起缝合，进行结节缝合或水平褥式缝合。

5. 腹膜缝合

腹膜薄且不易耐受缝合，应连同部分肌肉组织缝合腹膜。腹膜缝合必须完全闭合，不能使网膜或肠管漏出嵌闭在缝合切口处。

6. 血管缝合

血管缝合常见的并发症是出血和血栓形成。操作要轻巧、细致，不得损伤血管壁。血管端吻合要严格执行无菌操作，防止感染。血管内膜紧密相对。因此，血管的边缘必须外翻，让内膜接触，外膜不得进入血管腔。

7. 神经缝合

操作要轻柔，有精细的缝合器械，神经横断面要准确对合，避免神经鞘内和神经周围出血。缝合时不能损伤神经组织。

8. 腱的缝合

腱的断端应紧密连接，如果末端间有裂缝被结缔组织填补，将影响其目的功能，操作要轻柔，不能使腱的末端挫伤而引起坏死，缝合部位周围粘连，会妨碍腱愈合后的运动。因此，腱的缝合要求腱鞘要保留或重建；腱、腱鞘和皮肤缝合部位，不要相互重叠，以减少腱周围的粘连。手术必须在无菌操作下进行。

9. 空腔器官缝合

空腔器官指胃、肠、子宫、膀胱等器官的缝合。根据空腔器官的生理解剖学和组织学特点，对于不同动物和不同器官，缝合要求是不同的。

（1）犬、猫胃缝合。胃内具有高浓度的酸性内容物和消化酶。缝合时要求良好的密闭性，防止污染，缝线要保持一定的张力强度。因为术后动物呕吐或胃扩张对切口产生较强压力；术后胃腔容积减少，对动物影响不大。因此，胃缝合第 1 层连续全层缝合或连续水平褥式内翻缝合。第 2 层缝合在第一层缝合上面采用浆肌层间断或连续垂直褥式内翻缝合。

（2）小肠缝合。小肠血液供应好，肌肉层发达，其解剖特点是低压力导管，而不是蓄水囊。内容物是液态的，细菌含量少。肠缝合后 3～4 h，纤维蛋白密封在缝线上，产生良好的密闭条件，术后肠内容物泄漏发生机会较少。由于小肠肠腔较小，缝合时防止肠腔狭窄是重要的。犬、猫的小肠缝合使用单层对接缝合。常用压挤缝合法能达到良好对接，不易发生泄漏、狭窄和感染。缝合切口愈合快，有少量纤维结缔组织沉积，反应轻微，愈合后瘢痕较小，肠腔直径变化很小。

（3）大肠缝合。大肠内容物是固态，细菌含量多。大肠缝合并发症是内容物泄漏和感染。内翻缝合是唯一安全的方法。内翻缝合浆膜与浆膜对合，防止肠内容物泄漏，并能保持足够的缝合张力强度，内翻缝合采用第 1 层连续全层或连续水平内翻缝合，第2层采用间断垂直褥式浆肌层内翻缝合。

(4) 子宫缝合。剖腹取胎术实行子宫缝合有其特殊的意义。因为子宫缝合不良会导致母畜不孕，术后出血和腹腔内粘连。母牛子宫缝合：首先在子宫浆膜面做斜行刺口，使第1个结埋置在内翻的组织内，然后连续库兴氏缝合，最后1个结也要求埋置在组织内，不使其暴露在子宫浆膜表面。

七、包扎材料及其应用

1. 敷料

常用敷料有纱布、海绵纱布及棉花。

2. 纱布

纱布要求质软、吸水性强。多选用医用的脱脂纱布。根据需要剪叠成不同大小的纱布块。纱布块四边要光滑，没有脱落棉纱，并用双层纱布包好，经高压蒸汽灭菌后备用。用以覆盖创口、止血、填充创腔和吸液。

3. 海绵纱布

海绵纱布是一种多孔皱褶纺织品，一般是棉制的。质地柔软，吸水性比纱布好，其用法同纱布。

4. 棉花

选用脱脂棉花。棉花不能直接与创面接触，应先放纱布块，棉花则放在纱布上。为此，常可预制成棉垫，即在两层纱布间铺一层脱脂棉，再将纱布四周毛边向棉花折转，使其成方形或长方形棉垫，大小则按需要制作。棉花也是四肢骨折外固定的重要敷料。使用前应经过高压灭菌。

5. 绷带

多由纱布、棉布等制作成圆筒状，故又称卷轴绷带，用途最广。另根据绷带的临床用途及其制作材料的不同，还有复绷带、石膏绷带等其他绷带。

(1) 纱布绷带。纱布绷带是临床上常用的绷带，有多种规格。长度一般6 m，宽度有3 cm、5 cm、7 cm、10 cm和15 cm不等。根据临床需要选用不同规格。纱布绷带质地柔软，压力均匀，价格便宜，但在使用时容易起皱、滑脱。

(2) 棉布绷带。用本色棉布按上述规格制作。因其质地厚实，故坚固耐洗，施加压力后不变形或断裂，常用以固定夹板和肢体。

(3) 弹力绷带。弹力绷带是一种弹性网状织品，质地柔软包扎后有伸缩力，常用于烧伤、关节损伤等的包扎。此种绷带不与皮肤、被毛粘连，故拆除时动物无不适感。

6. 胶带

目前多数胶带是多孔的，能让空气进入其下层纱布、创面，免除创口因潮湿不透气而影响蒸发。我国目前多用布制胶带，故也称胶布或橡皮膏。胶带使用时难以撕开，需用剪刀剪断。胶带是包扎不可缺少的材料。通常局部剪剃被毛，盖上敷料后，多用胶布条粘贴在敷料及皮肤上将其固定；也可在使用纱布或棉布绷带后，再用胶带缠绕固定。

八、包扎基本方法

(一) 基本方法

包扎时，一般以左手持绷带的开端，右手持带卷，以绷带的背面紧贴肢体表面，由左向右缠绕。当第 1 圈缠好之后，将绷带的游离端反转盖在第 1 圈绷带上，再缠第 2 圈绷带，第 2 圈绷带压住第 1 圈绷带。然后根据需要进行不同形式的包扎法缠绕。无论采用何种包扎法，均应以环形开始并以环形终止。包扎结束后将绷带末端剪成两条打个半结，以防撕裂。最后打结于肢体外侧，或以胶布将末端加以固定(图 6-5-13)。

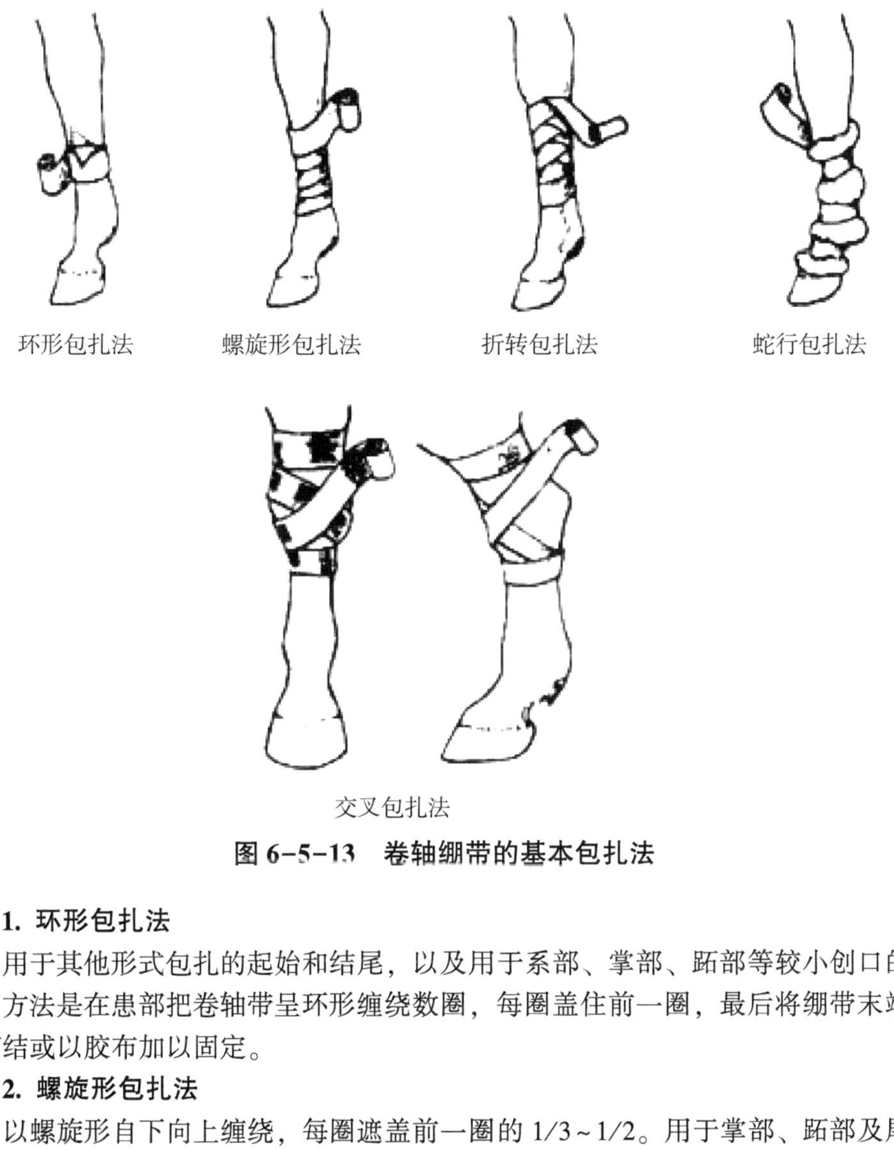

图 6-5-13　卷轴绷带的基本包扎法

1. 环形包扎法

用于其他形式包扎的起始和结尾，以及用于系部、掌部、跖部等较小创口的包扎。方法是在患部把卷轴带呈环形缠绕数圈，每圈盖住前一圈，最后将绷带末端剪开打结或以胶布加以固定。

2. 螺旋形包扎法

以螺旋形自下向上缠绕，每圈遮盖前一圈的 1/3～1/2。用于掌部、跖部及尾部等的包扎。

3. 折转包扎法

折转包扎法又称螺旋回反包扎法，用于上粗下细径圈不一致的部位，如前臂和小腿部。方法是由上向下做螺旋形包扎，每一圈均应向下回折，逐圈遮盖上圈的1/3~1/2。

4. 蛇形包扎法

蛇形包扎法又称蔓延包扎法。斜行向上延伸，各圈互不遮盖。用于固定夹板绷带的衬垫材料。

5. 交叉包扎法

交叉包扎法又称"8"字形包扎法。用于腕、跗、球关节等部位，方便关节屈曲。包扎方法是在关节下方做一环形带，然后在关节前面斜向关节上方，做一圈环形带后再斜行经过关节前面至关节下方。如上操作至患部完全被包扎住，最后以环形带结束。

（二）各部位包扎法

1. 蹄包扎法

方法是将绷带的起始部留出约 20 cm 作为缠绕的支点，在系部做环形包扎数圈后，绷带由一侧斜经蹄前壁向下，折过蹄尖经过蹄底至踵壁时与游离部分扭缠，以反方向由另一侧斜经蹄前壁做经过蹄底的缠绕。同样操作至整个蹄底被包扎，最后与游离部打结固定于系部。为防止绷带被沾污，可在其外部加上帆布套。

2. 蹄冠包扎法

包扎蹄冠时，将绷带两个游离端分别卷起，并以两头之间背部覆盖于患部，包扎蹄冠，使两头在患部对侧相遇，彼此扭缠，以反方向继续包扎。每次相遇均行相互扭缠，直至蹄冠完全被包扎为止。最后打结于蹄冠创伤的对侧。

3. 角包扎法

用于角壳脱落和角折。包扎时先用一块纱布盖在断角上，用环形包扎固定纱布，再用另一角作支点，以"8"字形缠绕，最后在健康角根处环形包扎打结。

4. 尾包扎法

用于尾部创伤或用于后躯，以及肛门、会阴部施术前后固定尾部。先在尾根做环形包扎，然后将部分尾毛折转向上做尾的环形包扎后，将折转的尾毛放下，做环形包扎，目的是防止包扎滑脱。如此反复多次用绷带做螺旋形缠绕至尾尖时，将尾毛全部折转做数圈环形包扎后，绷带末端通过尾毛折转所形成的圈内。

5. 耳包扎法

耳包扎法用于耳外伤。

（1）垂耳包扎法。先在患耳背侧安置棉垫，将患耳及棉垫反折使其贴在头顶部，并在患耳耳郭内侧填塞纱布。然后绷带从耳内侧基部向上延伸到健耳后方，并向下绕过颈上方到患耳，再绕到健耳前方。如此缠绕 3~4 圈将耳包扎。

（2）竖耳包扎法。多用于耳成形术。先用纱布或材料做成圆柱形支撑物填塞于两耳郭内，再分别用短胶布条从耳根背侧向内缠绕，每条胶布断端相交于耳内侧支撑上，依次向上贴紧。最后用胶带“8”字形包扎，将两耳拉紧竖直。

6. 复绷带

复绷带是按畜体一定部位的形状而缝制，具有一定结构、大小双层盖布，在盖布上缝合若干布条以便打结固定。复绷带虽然形式多样，但都要求装置简便、固定确实。

7. 结系绷带

结系绷带也称缝合包扎绷带，是用缝线代替绷带固定敷料的一种保护手术创口或减轻伤口张力的绷带。结系绷带可装在身体任何部位，其方法是在圆枕缝合的基础上利用游离线尾，将若干层灭菌纱布固定在圆枕之间和创口之上。

8. 石膏绷带的装置与拆除方法

（1）石膏绷带的装置方法。应用石膏绷带治疗骨折时，可分为无衬垫和有衬垫两种。根据操作时的速度逐个地将石膏绷带卷轻轻横放到盛 30~35℃温水桶中，使整个绷带卷被淹没。

待气泡出完后，两手握住石膏绷带圈的两端取出，用两手掌轻轻对挤，除去多余水分。从病肢下端先做环形包扎，后做螺旋包扎向上缠绕，直至预定部位。每缠一圈绷带，都需均匀涂抹石膏泥，使绷带紧密结合。骨的凸起部，应放置棉花垫加以保护。石膏绷带上下端不能超过衬垫物，并且松紧适宜。根据伤肢重力和肌肉牵引力的不同，可缠绕 6~8 层（大动物）或 2~4 层（小动物）。在包扎最后一层时，必须将上下衬垫外翻转，包住石膏绷带边缘，最后表面涂石膏泥，待数分钟后即可成型。犬、猫石膏绷带应从第二、四指（趾）近端开始。

在兽医临床上有时为了加强石膏绷带的硬度和固定作用，可在卷轴石膏绷带缠绕后的第 3~4 层（大动物）或第 1~2 层（小动物）暂停缠绕，修整平滑并置入夹板材料，使之成为石膏夹板绷带。

（2）石膏绷带的拆除。石膏绷带拆除的时间，应根据不同的患病动物和病理过程而定。一般大动物为 6~8 周，小动物 3~4 周，如遇下列情况，则应提前拆除或拆开另行处理：石膏夹内有大出血或严重感染；患病动物出现原因不明的高热；包扎过紧，肢体受压，影响血液循环此时患病动物表现不安，食欲减少，末梢部肿胀，蹄（指）温变冷。如出现上述症状，应立即拆除重新包扎。肢体萎缩，石膏夹过大或严重损坏失去作用。拆除石膏绷带的方法：由于石膏绷带干燥后十分坚硬，拆除时多用专门工具，包括锯、刀、剪、石膏分开器。先用热醋、氢氧化钠或饱和食盐水在石膏夹表面画好拆除线，使之软化，然后沿拆除线用石膏刀切开或用石膏剪逐层剪开。

- **工具准备**

实验动物、保定用具、工作服、体温计、去势手术器械 1 套、手术手套 2 副、无菌纱布若干，75%酒精、5%碘酊、生理盐水、氨苄西林 2 瓶、3%新洁尔灭，另需盆、温水、毛巾、保温箱、麻醉药。

- **人员准备**

人员分组，每组 5 人，明确职责分工（表 6-5-2）。

表 6-5-2 任务分配

任务角色	任务内容
组长：	任务：
组员 1：	任务：
组员 2：	任务：
组员 3：	任务：
组员 4：	任务：

任务筹划

一、内容筹划

（1）掌握去势手术的整个过程及其中的注意事项。
（2）掌握去势手术过程中需要的麻醉药的剂量等。
（3）了解整个手术过程中可能的并发症及应对措施。

二、方法筹划

各种手术器械的使用，缝合方法，护理步骤，止血方法。

三、流程筹划

第一步：学习认识手术器械及所需药品。
第二步：熟悉麻醉过程及麻醉剂的剂量及使用。
第三步：掌握保定方法。
第四步：手术整个过程的实施过程。
第五步：睾丸摘除后的缝合机包扎。
第六步：术后护理。

任务实施

根据任务筹划情况，完成表 6-5-3 的任务实施步骤。

表 6-5-3 任务实施步骤

步骤	任务内容
步骤一	
步骤二	
步骤三	
步骤四	

续表

步骤	任务内容
步骤五	
步骤六	

任务评价

根据任务完成情况，完成任务评价（表 6-5-4）。

表 6-5-4　工作任务完成过程评价

班级：		组别：	姓名：		
项目	评分标准		自我评价	小组评价	教师评价
资料收集（30 分）	优秀：操作熟练，分析合理，判断准确（25~30 分）				
	良好：操作较熟练，报告较准确清晰（15~25 分）				
	及格：操作不太熟练，报告有少量错误（5~15 分）				
	不及格：操作不熟练，判断不准确（0~5 分）				
检查内容（30 分）	掌握去势手术的流程及其临床意义（0~10 分）				
	掌握常见的止血方式（0~10 分）				
	掌握包扎技术（0~10 分）				
课后评价（40 分）	是否熟悉任务内容（0~10 分）				
	是否能够准确掌握去势手术流程（0~10 分）				
	是否掌握止血技术（0~15 分）				
	实训结束是否打扫卫生及东西归位（0~5 分）				
合计					
自我评价与总结					
教师点评					

项目检测

请扫描二维码 6-1 进入在线测试，可反复答题，直到获得满意的结果。

二维码 6-1 项目六检测

参考文献

邓干臻，2024. 兽医临床诊断学［M］. 2版. 北京：科学出版社.

丁明星，2019. 兽医外科学［M］. 2版. 北京：科学出版社.

贺建忠，2021. 兽医临床诊断学32讲［M］. 北京：中国林业出版社.

江莎，胥辉豪，曹礼静，2024. 兽医外科学实习与实训［M］. 重庆：西南大学出版社.

李建基，王亨，2023. 小动物外科手术彩色图解［M］. 北京：化学工业出版社.

鲁道夫·布吕尔·戴，玛丽娅·伊琳娜·马丁内斯，帕布罗·迈耶，等，2022. 小动物外科学——外科手术失误与并发症［M］. 马玉忠，主译. 北京：化学工业出版社.

孟庆玲，乔军，2024. 兽医学综合实验技术［M］. 北京：中国农业出版社.

王洪斌，2022. 兽医外科学［M］. 5版. 北京：中国农业出版社.

谢富强，2019. 兽医影像学［M］. 3版. 北京：中国农业大学出版社.

张金宝，陈强斌，杨志隆，2022. 兽医临床诊断学［M］. 杨凌：西北农林科技大学.

周振雷，2024. 兽医影像诊断学［M］. 北京：科学出版社.

